최상위 수학S를 위한 특별 학습 서비스

개념+문제 동영상
최상위S 개념+문제 및 MATH MASTER 전 문항

상위권 학습 자료
상위권 단원평가＋경시 기출문제(디딤돌 홈페이지 www.didimdol.co.kr)

최상위 수학 S 4-1

펴낸날 [초판 1쇄] 2024년 9월 12일 [초판 2쇄] 2025년 1월 8일
펴낸이 이기열
펴낸곳 (주)디딤돌 교육
주소 (03972) 서울특별시 마포구 월드컵북로 122 청원선와이즈타워
대표전화 02-3142-9000
구입문의 02-322-8451
내용문의 02-323-9166
팩시밀리 02-338-3231
홈페이지 www.didimdol.co.kr
등록번호 제10-718호
구입한 후에는 철회되지 않으며 잘못 인쇄된 책은 바꾸어 드립니다.
이 책에 실린 모든 삽화 및 편집 형태에 대한 저작권은
(주)디딤돌 교육에 있으므로 무단으로 복사 복제할 수 없습니다.
상표등록번호 제40-1576339호
최상위는 특허청으로부터 인정받은 (주)디딤돌 교육의 고유한 상표이므로
무단으로 사용할 수 없습니다.

Copyright © Didimdol Co. [2561420]

최상위 수학S 4·1 학습 스케줄표

짧은 기간에 집중력 있게 한 학기 과정을 학습할 수 있도록 설계하였습니다.
방학 때 미리 공부하고 싶다면 8주 완성 과정을 이용하세요.

공부한 날짜를 쓰고 하루 분량 학습을 마친 후, 부모님께 확인 check☑를 받으세요.

1주	월 일	월 일	월 일	월 일	월 일
	1. 큰 수				
	8~13쪽 ☐	14~17쪽 ☐	18~21쪽 ☐	22~25쪽 ☐	26~29쪽 ☐

2주	월 일	월 일	월 일	월 일	월 일
	1. 큰 수	2. 각도			
	30~32쪽 ☐	34~39쪽 ☐	40~43쪽 ☐	44~47쪽 ☐	48~51쪽 ☐

3주	월 일	월 일	월 일	월 일	월 일
	2. 각도		3. 곱셈과 나눗셈		
	52~55쪽 ☐	56~59쪽 ☐	62~65쪽 ☐	66~69쪽 ☐	70~73쪽 ☐

4주	월 일	월 일	월 일	월 일	월 일
	3. 곱셈과 나눗셈				4. 평면도형의 이동
	74~77쪽 ☐	78~81쪽 ☐	82~85쪽 ☐	86~88쪽 ☐	90~93쪽 ☐

공부를 잘 하는 학생들의 좋은 습관 8가지

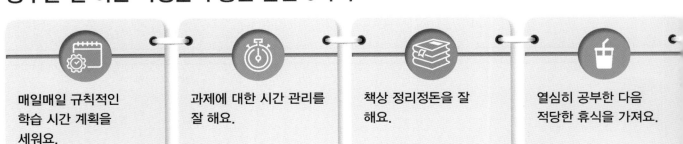

매일매일 규칙적인 학습 시간 계획을 세워요.

과제에 대한 시간 관리를 잘 해요.

책상 정리정돈을 잘 해요.

열심히 공부한 다음 적당한 휴식을 가져요.

12주 완성

	월 일	월 일	월 일	월 일	월 일
7주	**3. 곱셈과 나눗셈**	**4. 평면도형의 이동**			
	86~88쪽 ☐	90~93쪽 ☐	94~97쪽 ☐	98~99쪽 ☐	100~101쪽 ☐

	월 일	월 일	월 일	월 일	월 일
8주	**4. 평면도형의 이동**				
	102~103쪽 ☐	104~105쪽 ☐	106~107쪽 ☐	108~109쪽 ☐	110~111쪽 ☐

	월 일	월 일	월 일	월 일	월 일
9주	**4. 평면도형의 이동**	**5. 막대그래프**			
	112~116쪽 ☐	118~119쪽 ☐	120~123쪽 ☐	124~127쪽 ☐	128~129쪽 ☐

	월 일	월 일	월 일	월 일	월 일
10주	**5. 막대그래프**				
	130~131쪽 ☐	132~133쪽 ☐	134~135쪽 ☐	136~137쪽 ☐	138~142쪽 ☐

	월 일	월 일	월 일	월 일	월 일
11주	**6. 규칙 찾기**				
	144~147쪽 ☐	148~151쪽 ☐	152~155쪽 ☐	156~159쪽 ☐	160~163쪽 ☐

	월 일	월 일	월 일	월 일	월 일
12주	**6. 규칙 찾기**				
	164~167쪽 ☐	168~169쪽 ☐	170~171쪽 ☐	172~173쪽 ☐	174쪽 ☐

최상위 수학S 4·1 학습 스케줄표

부담되지 않는 학습량으로 공부 습관을 기를 수 있도록 설계하였습니다.
학기 중 교과서와 함께 공부하고 싶다면 12주 완성 과정을 이용하세요.

공부한 날짜를 쓰고 하루 분량 학습을 마친 후, 부모님께 확인 check ☑를 받으세요.

1주

월 일	월 일	월 일	월 일	월 일
1. 큰 수				
8~11쪽 ☐	12~15쪽 ☐	16~17쪽 ☐	18~19쪽 ☐	20~21쪽 ☐

2주

월 일	월 일	월 일	월 일	월 일
1. 큰 수				
22~23쪽 ☐	24~25쪽 ☐	26~27쪽 ☐	28~29쪽 ☐	30~32쪽 ☐

3주

월 일	월 일	월 일	월 일	월 일
2. 각도				
34~37쪽 ☐	38~41쪽 ☐	42~43쪽 ☐	44~45쪽 ☐	46~47쪽 ☐

4주

월 일	월 일	월 일	월 일	월 일
2. 각도				
48~49쪽 ☐	50~51쪽 ☐	52~53쪽 ☐	54~55쪽 ☐	56~57쪽 ☐

5주

월 일	월 일	월 일	월 일	월 일
2. 각도	**3. 곱셈과 나눗셈**			
58~59쪽 ☐	62~65쪽 ☐	66~69쪽 ☐	70~73쪽 ☐	74~75쪽 ☐

6주

월 일	월 일	월 일	월 일	월 일
3. 곱셈과 나눗셈				
76~77쪽 ☐	78~79쪽 ☐	80~81쪽 ☐	82~83쪽 ☐	84~85쪽 ☐

8주
완성

표

	월 일	월 일	월 일	월 일	월 일
5주	**4. 평면도형의 이동**				
	94~97 쪽 ☐	98~101 쪽 ☐	102~105 쪽 ☐	106~109 쪽 ☐	110~111 쪽 ☐

	월 일	월 일	월 일	월 일	월 일
6주	**4. 평면도형의 이동**	**5. 막대그래프**			
	112~116 쪽 ☐	118~119 쪽 ☐	120~123 쪽 ☐	124~127 쪽 ☐	128~131 쪽 ☐

	월 일	월 일	월 일	월 일	월 일
7주	**5. 막대그래프**			**6. 규칙 찾기**	
	132~135 쪽 ☐	136~137 쪽 ☐	138~142 쪽 ☐	144~147 쪽 ☐	148~151 쪽 ☐

	월 일	월 일	월 일	월 일	월 일
8주	**6. 규칙 찾기**				
	152~157 쪽 ☐	158~161 쪽 ☐	162~165 쪽 ☐	166~169 쪽 ☐	170~174 쪽 ☐

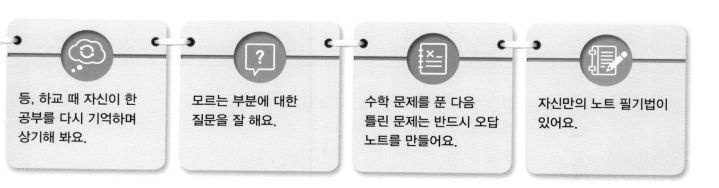

등, 하교 때 자신이 한 공부를 다시 기억하며 상기해 봐요.

모르는 부분에 대한 질문을 잘 해요.

수학 문제를 푼 다음 틀린 문제는 반드시 오답 노트를 만들어요.

자신만의 노트 필기법이 있어요.

초등
4·1

상위권의 기준

최상위
수학
S

디딤돌

상위권의 힘, 느낌!

처음 자전거를 배울 때, 설명만 듣고 탈 수는 없습니다.
하지만, 직접 자전거를 타고 넘어져 가며
방법을 몸으로 느끼고 나면
나는 이제 '자전거를 탈 수 있는 사람'이 됩니다.
그리고 평생 자전거를 탈 수 있습니다.

수학을 배우는 것도 꼭 이와 같습니다.
자세한 설명, 반복학습 모두 필요하지만
가장 중요한 것은 "느꼈는가"입니다.
느껴야 이해할 수 있고,
이해해야 평생 '수학을 할 수 있는 사람'이 됩니다.

"최상위 수학 S는
수학에 대한 느낌과 이해를 통해
중고등까지 상위권이 될 수 있는 힘을 길러줍니다."

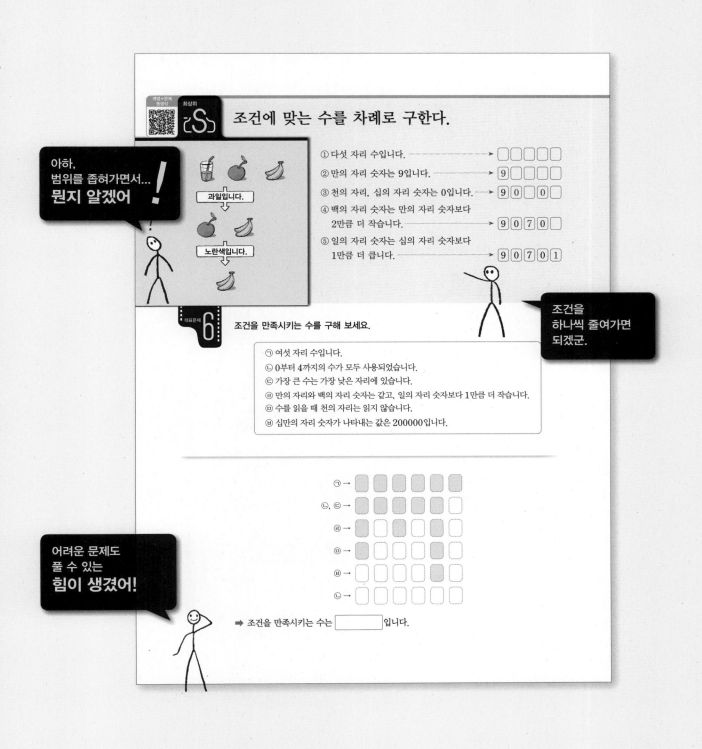

조건에 맞는 수를 차례로 구한다.

아하,
범위를 좁혀가면서...
뭔지 알겠어 !

과일입니다.

노란색입니다.

① 다섯 자리 수입니다. ────────────→ ☐☐☐☐☐
② 만의 자리 숫자는 9입니다. ──────────→ 9☐☐☐☐
③ 천의 자리, 십의 자리 숫자는 0입니다. ──→ 9 0 ☐ 0 ☐
④ 백의 자리 숫자는 만의 자리 숫자보다
   2만큼 더 작습니다. ──────────────→ 9 0 7 0 ☐
⑤ 일의 자리 숫자는 십의 자리 숫자보다
   1만큼 더 큽니다. ──────────────→ 9 0 7 0 1

조건을
하나씩 줄여가면
되겠군.

대표문제 6

조건을 만족시키는 수를 구해 보세요.

┌───┐
│ ㉠ 여섯 자리 수입니다.   │
│ ㉡ 0부터 4까지의 수가 모두 사용되었습니다.   │
│ ㉢ 가장 큰 수는 가장 낮은 자리에 있습니다.   │
│ ㉣ 만의 자리와 백의 자리 숫자는 같고, 일의 자리 숫자보다 1만큼 더 작습니다. │
│ ㉤ 수를 읽을 때 천의 자리는 읽지 않습니다.   │
│ ㉥ 십만의 자리 숫자가 나타내는 값은 200000입니다.   │
└───┘

어려운 문제도
풀 수 있는
힘이 생겼어!

㉠ →
㉡, ㉢ →
㉣ →
㉤ →
㉥ →
㉦ →

➡ 조건을 만족시키는 수는 ☐☐☐☐☐☐ 입니다.

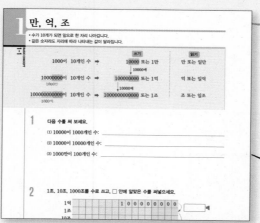

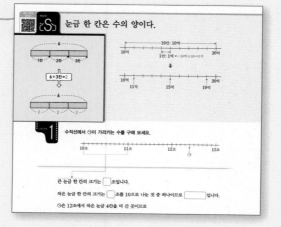

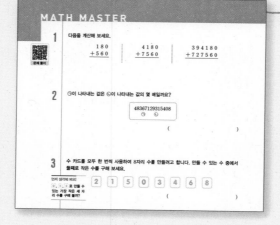

CONTENTS

1

큰 수

1 만, 억, 조

• 수가 10개가 되면 앞으로 한 자리 나아갑니다.
• 같은 숫자라도 자리에 따라 나타내는 값이 달라집니다.

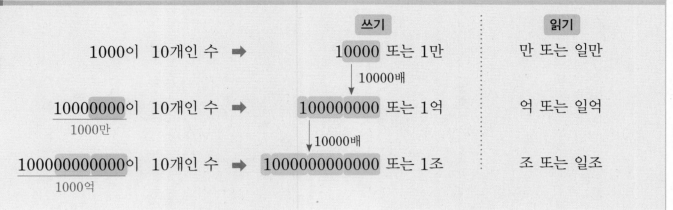

	쓰기	읽기
1000이 10개인 수 ➡	10000 또는 1만	만 또는 일만
10000배 ↓		
10000000이 10개인 수 ➡ 1000만	100000000 또는 1억	억 또는 일억
10000배 ↓		
100000000000이 10개인 수 ➡ 1000억	1000000000000 또는 1조	조 또는 일조

1 다음 수를 써 보세요.

(1) 10000이 1000개인 수: _____

(2) 10000이 10000개인 수: _____

(3) 1000만이 100개인 수: _____

2 1조, 10조, 1000조를 수로 쓰고, ☐ 안에 알맞은 수를 써넣으세요.

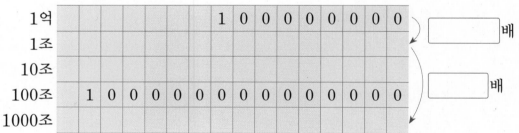

1억				1	0	0	0	0	0	0	0	0		
1조														
10조														
100조	1	0	0	0	0	0	0	0	0	0	0	0	0	0
1000조														

☐배

☐배

3 수직선을 보고 ☐ 안에 알맞은 수를 써넣으세요.

1억   ☐   ☐   11억

8146239750270000의 자릿값 —→ 숫자가 같아도 자리에 따라 나타내는 값이 다릅니다.

→ 자리의 숫자가 1일 때에는 자릿값만 읽습니다.

→ 자리의 숫자가 0일 때에는 숫자와 자릿값을 모두 읽지 않습니다.

8	1	4	6	2	3	9	7	5	0	2	7	0	0	0	0
천	백	십	일	천	백	십	일	천	백	십	일	천	백	십	일
		조				억				만					

→ 네 자리마다 다른 단위(만, 억, 조)를 사용합니다.

8146조   2397억   5027만

읽기 팔천백사십육조 이천삼백구십칠억 오천이십칠만

---

4 다음 수를 써 보세요.

(1) 1억이 5개, 100만이 8개인 수: _____

(2) 1조가 7개, 1억이 12개, 1만이 300개인 수: _____

5 ㉠이 나타내는 값은 ㉡이 나타내는 값의 몇 배일까요?

> 30512375000
> ㉠   ㉡

(   )

6 240020600을 각 자리의 숫자가 나타내는 값의 합으로 나타내 보세요.

240020600 = 200000000 + _____

7 ☐ 안에 알맞은 수를 써넣으세요.

(1) 1000억보다 1000만만큼 더 작은 수는 [   ] 입니다.

(2) 9990만보다 10만만큼 더 큰 수는 [   ] 입니다.

345980을 여러 가지 방법으로 나타내기

100000이 3개 ➡ 300000	100000이 2개 ➡ 200000	10000이 34개 ➡ 340000
10000이 4개 ➡ 40000	10000이 14개 ➡ 140000	100이 59개 ➡ 5900
1000이 5개 ➡ 5000	1000이 5개 ➡ 5000	10이 8개 ➡ 80
100이 9개 ➡ 900	100이 9개 ➡ 900	345980
10이 8개 ➡ 80	10이 8개 ➡ 80	
345980	345980	

8 □ 안에 알맞은 수를 써넣으세요.

(1) 1000만이 5개인 수: _____

　　 1000만이 10개인 수: _____

　　 1000만이 15개인 수: _____

(2) 10억이 8개인 수: _____

　　 10억이 20개인 수: _____

　　 10억이 28개인 수: _____

9 3억 5000만에 대한 설명입니다. □ 안에 알맞은 수를 써넣으세요.

- 1억이 □ 개, 1000만이 5개인 수
- 1억이 2개, 1000만이 □ 개인 수
- 1억이 □ 개, 1000만이 25개인 수
- 1000만이 □ 개인 수

10 □ 안에 알맞은 수를 써넣으세요.

10000이 15개 ─┐
1000이 83개 ─┤
100이 5개 ─┤ 이면 _____ 입니다.
10이 6개 ─┤
1이 2개 ─┘

2 뛰어 세기

- 어느 자리 수가 얼마나 변했는지 살펴보면 뛰어 세는 규칙을 알 수 있습니다.
- 한 자리 올라갈 때마다 자릿값은 10배가 됩니다.

BASIC CONCEPT 2-1

10000씩 뛰어 세기

1430000 ― 1440000 ― 1450000 ― 1460000 ― 1470000 ― 1480000

└─ 만의 자리 수가 1씩 커집니다.

10배씩 뛰어 세기

3억 100만 ― 30억 1000만 ― 301억 ― 3010억 ― 3조 100억

앞으로 한 자리씩 나아갑니다.

1 뛰어 센 규칙을 찾아 빈칸에 알맞은 수를 써넣으세요.

(1) 5600억 ― 6600억 ― 7600억 ― ☐ ― ☐

(2) 2만 ― 200만 ― 2억 ― ☐ ― ☐

2 다음 수를 써 보세요.

(1) 17조 3415억에서 400억씩 3번 뛰어 센 수: _____

(2) 7000억의 10배: _____ , 7000억의 100배: _____

BASIC CONCEPT 2-2

수직선 위의 수 알아보기

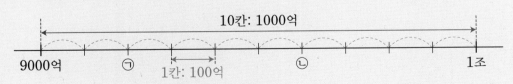

10칸: 1000억

9000억 ㉠ 1칸: 100억 ㉡ 1조

➡ ㉠은 9200억, ㉡은 9600억입니다.

3 수직선을 보고 ☐ 안에 알맞은 수를 써넣으세요.

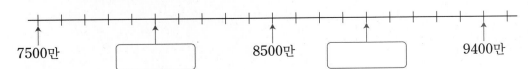

7500만 ☐ 8500만 ☐ 9400만

3 큰 수의 크기 비교

- 자리마다 나타내는 값이 다릅니다.
- 높은 자리일수록 큰 수를 나타냅니다.

두 수의 자릿수가 다를 때: 자릿수가 많은 쪽이 더 큽니다.

207546814832
9457813650

➡ <u>207546814832</u> > <u>9457813650</u>
12자리 수   10자리 수

두 수의 자릿수가 같을 때: 높은 자리 수부터 차례로 비교합니다.

45706843590227
45706543590227

➡ 45706843590227 > 45706543590227
8>5

십억의 자리까지는
수가 같습니다.

아랫자리 수는 비교하지
않아도 됩니다.

---

1 두 수의 크기를 비교하여 ○ 안에 >, =, < 중 알맞은 것을 써넣으세요.

(1) 5847149 ◯ 5842089

(2) 10024634516 ◯ 1027980857

2 큰 수부터 차례로 기호를 써 보세요.

> ㉠ 725483601935   ㉡ 77억 4800만
> ㉢ 100억이 75개, 100만이 77개인 수   ㉣ 7864만을 10000배 한 수

(   )

3 두 수의 크기를 비교하여 ○ 안에 >, =, < 중 알맞은 것을 써넣으세요.

3억 1700만을 100배 한 수 ◯ 317만을 1000배 한 수

□ 안에 들어갈 수 있는 수 구하기

7518̲5̲406437536 > 7518̲□506437536   두 수 모두 14자리 수이고 앞의 네 자리까지는 수가
                                          같으므로 □가 있는 자리의 수를 비교합니다.

↓

5̲406437536 > □506437536   비교하는 자리의 바로 아랫자리 수가 4<5이므로
                            □ 안에 5를 넣으면 <으로 바뀝니다. 따라서 □ 안
                            에는 5보다 작은 0, 1, 2, 3, 4가 들어갈 수 있습니다.

4 0부터 9까지의 수 중에서 □ 안에 들어갈 수 있는 수를 모두 구해 보세요.

(1) | 5340070002091 > 53400□1002091 |

(   )

(2) | □45841936745 > 624841936745 |

(   )

0부터 9까지의 수를 한 번씩만 사용하여 조건을 만족시키는 수 만들기

① 만들려는 자릿수만큼 □를 씁니다.

7자리 수 ➡ □□□□□□□

② 만들려는 조건에 맞게 수를 늘어놓습니다.

가장 큰 7자리 수 ➡ 9 8 7 6 5 4 3 ── • 높은 자리일수록 큰 수를 나타내므로
                                        큰 수부터 차례로 높은 자리에 놓습니다.

가장 작은 7자리 수 ➡ 1 0 2 3 4 5 6 ── • 작은 수부터 차례로 높은 자리에 놓습니다.
                                          0은 맨 앞자리에 놓을 수 없으므로
                                          둘째로 높은 자리에 놓습니다.

5 0부터 9까지의 수를 한 번씩만 사용하여 조건을 만족시키는 수를 만들어 보세요.

(1) 가장 큰 8자리 수   (   )

(2) 억의 자리 숫자가 7인 10자리 수 중 가장 작은 수   (   )

눈금 한 칸은 수의 양이다.

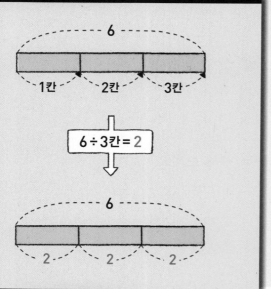

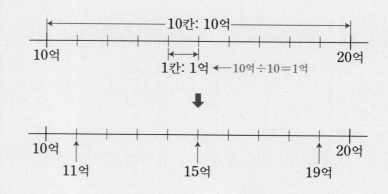

대표문제 1

수직선에서 ㉠이 가리키는 수를 구해 보세요.

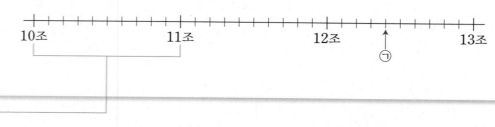

큰 눈금 한 칸의 크기는 ☐조입니다.

작은 눈금 한 칸의 크기는 ☐조를 10으로 나눈 것 중 하나이므로 ☐입니다.

㉠은 12조에서 작은 눈금 4칸을 더 간 곳이므로

12조보다 ☐만큼 더 큰 수인 ☐입니다.

1-1 수직선에서 ㉠이 가리키는 수를 구해 보세요.

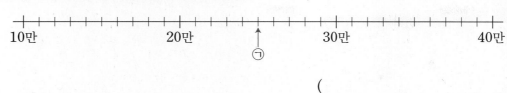

(   )

1-2 수직선을 보고 ☐ 안에 알맞은 수를 써넣으세요.

1-3 수직선에 505조 8000억을 나타내 보세요.

1-4 수직선에서 ㉮가 가리키는 수에 대한 설명입니다. ☐ 안에 알맞은 수를 써넣으세요.

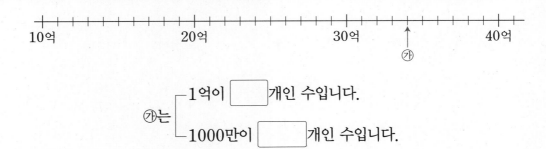

수직선 눈금이 수의 위치다.

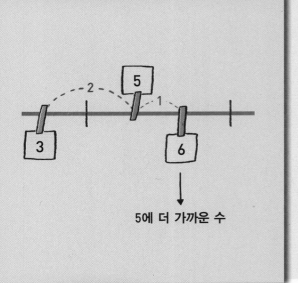

5에 더 가까운 수

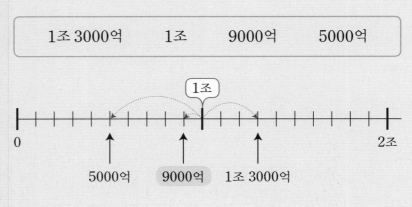

| 1조 3000억 | 1조 | 9000억 | 5000억 |

대표문제 2

다음 중 10000에 가장 가까운 수를 찾아 써 보세요.

| 8800   10500   10100 |

가운데 눈금이 10000인 수직선을 그리고
10000을 기준으로 양쪽에 같은 간격으로 눈금을 표시합니다.

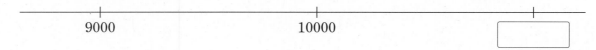

9000   10000

주어진 수를 수직선에 표시합니다.

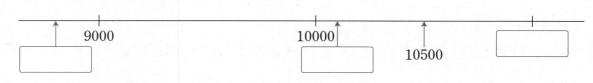

9000   10000   10500

따라서 10000에 가장 가까운 수는 [   ]입니다.

2-1 다음 수를 수직선에 표시하고, 1억 2000만에 가장 가까운 수를 찾아 써 보세요.

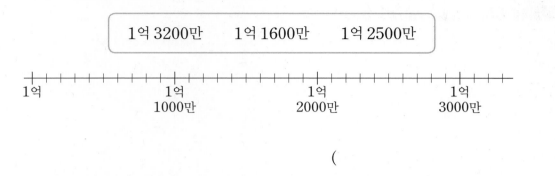

(   )

2-2 다음 중 4500만에 가장 가까운 수를 찾아 써 보세요.

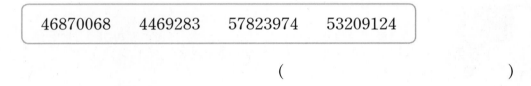

(   )

2-3 51860000에서 양쪽으로 같은 거리에 있는 수를 나타낸 것입니다. ★에 알맞은 수를 구해 보세요.

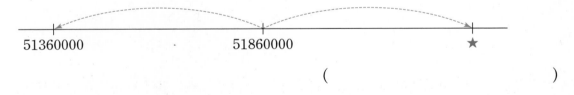

(   )

2-4 다음 중 2698350000과의 차가 가장 큰 수를 찾아 써 보세요.

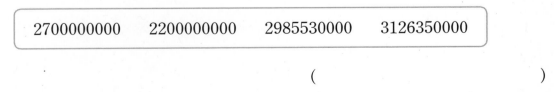

(   )

10개가 되면 앞으로 한 자리 나아간다.

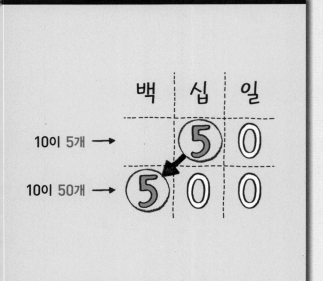

	백	십	일
10이 5개 →		⑤	⓪
10이 50개 →	⑤	⓪	⓪

10만이 4개 ➡   40만
10만이 10개 ➡ 100만
─────────────────
10만이 14개 ➡ 140만

만이 2개 ➡   2만
만이 20개 ➡ 20만
─────────────────
만이 22개 ➡ 22만

대표문제 3

저금통에 10000원짜리 지폐가 12장, 1000원짜리 지폐가 33장, 100원짜리 동전이 45개, 10원짜리 동전이 39개 들어 있습니다. 저금통에 들어 있는 돈은 모두 얼마일까요?

10000원짜리 지폐 12장: | 1 | 2 | 0 | 0 | 0 | 0 | 원

1000원짜리 지폐 33장: | | | | | | | 원

100원짜리 동전 45개: | | | 4 | 5 | 0 | 0 | 원

10원짜리 동전 39개: | | | | | | | 원
─────────────────────────
| | | | | | | 원

➡ 저금통에 들어 있는 돈은 모두 [   ] 원입니다.

3-1 100000이 32개, 10000이 57개, 1000이 20개인 수를 써 보세요.

(   )

3-2 소희네 학교에서 희귀병 어린이를 위한 모금 활동을 하였습니다. 모금한 돈을 세어 보니 10000원짜리 지폐가 71장, 1000원짜리 지폐가 158장, 100원짜리 동전이 840개였습니다. 모금한 돈은 모두 얼마일까요?

(   )

서술형 **3-3** 과수원에서 수확한 귤을 한 상자에 1000개씩 152상자, 100개씩 68상자에 담았더니 10개씩 5봉지와 낱개 6개가 남았습니다. 과수원에서 수확한 귤은 모두 몇 개인지 풀이 과정을 쓰고 답을 구해 보세요.

풀이 ....

....

....

답 ....

3-4 어느 자동차 회사에서 은행에 다음과 같이 입금을 하였습니다. 이 회사가 입금한 돈은 모두 얼마일까요?

> 천만 원짜리 수표: 107장, 백만 원짜리 수표: 286장

(   )

바뀌는 수의 차이만큼 뛰어 센다.

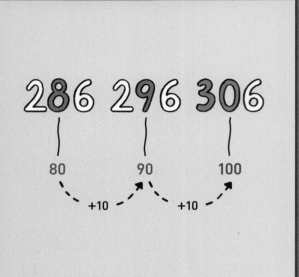

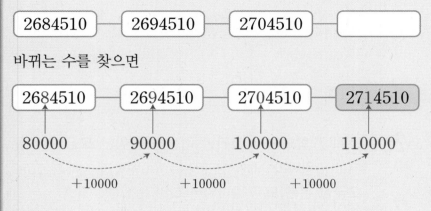

대표문제 4 뛰어 센 규칙을 찾아 ㉠에 알맞은 수를 구해 보세요.

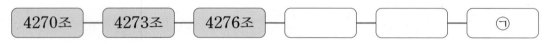

조의 자리 수가 ☐ 씩 커지므로 ☐ 씩 뛰어 센 것입니다.

규칙에 따라 뛰어 세면

| 4270조 | 4273조 | 4276조 | | | |

➡ ㉠에 알맞은 수는 ☐ 입니다.

4-1 뛰어 센 규칙을 찾아 ★에 알맞은 수를 구해 보세요.

(   )

4-2 뛰어 센 규칙을 찾아 ㉠에 알맞은 수를 구해 보세요.

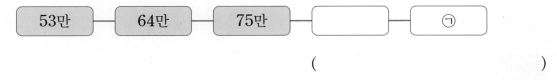

(   )

4-3 뛰어 센 규칙을 찾아 ㉠에 알맞은 수를 구해 보세요.

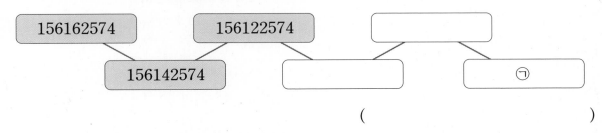

(   )

4-4 뛰어 센 규칙을 찾아 ♥에 알맞은 수를 구해 보세요.

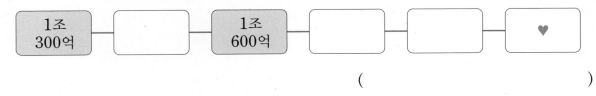

(   )

10배 할 때마다 한 자리씩 늘어난다.

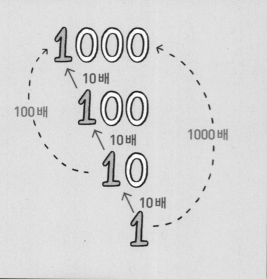

일억	천	백	십	일 만	천	백	십	일	
2	5	0	0	0	0	0	0	0	2억 5000만
	2	5	0	0	0	0	0	0	2500만
		2	5	0	0	0	0	0	250만
			2	5	0	0	0	0	25만

대표문제 5

16만 3000을 100배 한 수는 1630을 몇 배 한 수와 같을까요?

천	백	십	일 만	천	백	십	일
		1	6	3	0	0	0
				1	6	3	0

100배 ☐ 배

➡ 16만 3000을 100배 한 수는 1630을 ☐ 배 한 수와 같습니다.

5-1 2억을 10배 한 수는 2000만을 몇 배 한 수와 같을까요?

(   )

5-2 384만 2900을 1000배 한 수는 3억 8429만을 몇 배 한 수와 같을까요?

(   )

서술형 **5-3** 8700만 2000을 10배 한 수는 어떤 수를 1000배 한 수와 같습니다. 어떤 수는 얼마인지 풀이 과정을 쓰고 답을 구해 보세요.

풀이 ....

....

....

답 ....

5-4 683조 5600억을 10배 한 수보다 200조만큼 더 큰 수는 어떤 수를 10000배 한 수와 같습니다. 어떤 수를 구해 보세요.

(   )

조건에 맞는 수를 차례로 구한다.

과일입니다.

↓

노란색입니다.

↓

① 다섯 자리 수입니다. ──────→ ☐☐☐☐☐

② 만의 자리 숫자는 9입니다. ──────→ 9☐☐☐☐

③ 천의 자리, 십의 자리 숫자는 0입니다. ──→ 9 0 ☐ 0 ☐

④ 백의 자리 숫자는 만의 자리 숫자보다
2만큼 더 작습니다. ──────→ 9 0 7 0 ☐

⑤ 일의 자리 숫자는 십의 자리 숫자보다
1만큼 더 큽니다. ──────→ 9 0 7 0 1

대표문제 6

조건을 만족시키는 수를 구해 보세요.

> ㉠ 여섯 자리 수입니다.
> ㉡ 0부터 4까지의 수가 모두 사용되었습니다.
> ㉢ 가장 큰 수는 가장 낮은 자리에 있습니다.
> ㉣ 만의 자리와 백의 자리 숫자는 같고, 일의 자리 숫자보다 1만큼 더 작습니다.
> ㉤ 수를 읽을 때 천의 자리는 읽지 않습니다.
> ㉥ 십만의 자리 숫자가 나타내는 값은 200000입니다.

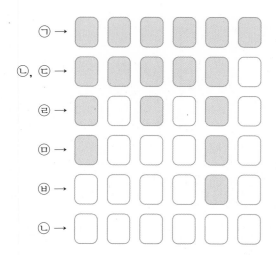

㉠ → ☐☐☐☐☐☐

㉡, ㉢ → ☐☐☐☐☐☐

㉣ → ☐☐☐☐☐☐

㉤ → ☐☐☐☐☐☐

㉥ → ☐☐☐☐☐☐

㉢ → ☐☐☐☐☐☐

➡ 조건을 만족시키는 수는 ☐☐☐☐ 입니다.

6-1 조건을 만족시키는 수를 구해 보세요.

> • 다섯 자리 수입니다.
> • 5부터 9까지의 수가 모두 한 번씩 사용되었습니다.
> • 가장 큰 수는 가장 높은 자리에 있습니다.
> • 가장 작은 수는 백의 자리 숫자입니다.
> • 천의 자리 수는 홀수입니다.
> • 십의 자리 숫자는 백의 자리 숫자보다 1만큼 더 큽니다.

(   )

6-2 조건을 만족시키는 수 중에서 가장 작은 수를 구해 보세요.

> • 10자리 수입니다.
> • 십억의 자리 숫자는 7입니다.
> • 천만의 자리 숫자는 십억의 자리 숫자보다 2만큼 더 큽니다.
> • 백만의 자리 숫자는 천만의 자리 숫자보다 5만큼 더 작습니다.
> • 십만의 자리 숫자는 백만의 자리 숫자보다 3만큼 더 작습니다.

(   )

6-3 8□□6□□□□인 수 중에서 조건을 만족시키는 가장 큰 수를 구해 보세요.

> • 8100만보다 작은 수입니다.
> • 십만의 자리 숫자는 만의 자리 숫자보다 4만큼 더 작습니다.
> • 천의 자리 숫자는 만의 자리 숫자보다 1만큼 더 큽니다.

(   )

□가 있는 수의 크기를 비교할 때는
□의 바로 아랫자리를 비교한다.

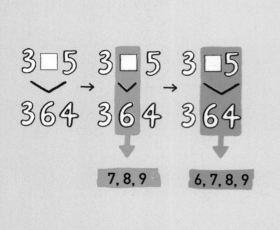

7, 8, 9

6, 7, 8, 9

$$1029\square2769 < 102934586$$

	일	천	백	십	일	천	백	십	일
	억				만				
작은 수	1	0	2	9	□	2	7	6	9
큰 수	1	0	2	9	3	4	5	8	6
					①	②			

① □<3이므로 □=0, 1, 2

② □ 안에 3이 들어갈 수 있으므로

 □=0, 1, 2, 3

대표문제 7

0부터 9까지의 수 중에서 □ 안에 들어갈 수 있는 수를 모두 구해 보세요.

$$4540159278 > 45\square2586719$$

① 두 수는 모두 [ ]자리 수입니다.

② 높은 자리 수부터 차례로 비교하면 십억, 억의 자리 수가 같으므로 천만의 자리 수를 비교합니다.

	십	일	천	백	십	일	천	백	십	일
		억				만				
큰 수	4	5	4	0	1	5	9	2	7	8
작은 수	4	5	□	2	5	8	6	7	1	9

4>□에서 □ 안에 들어갈 수 있는 수는 .... 입니다.

③ 백만의 자리 수를 비교하면 □ 안에 4가 들어갈 수 (있습니다 , 없습니다).

따라서 □ 안에 들어갈 수 있는 수는 .... 입니다.

7-1   0부터 9까지의 수 중에서 □ 안에 들어갈 수 있는 수를 모두 구해 보세요.

$$872500000 < 8\square3400000$$

(   )

7-2   0부터 9까지의 수 중에서 □ 안에 들어갈 수 있는 수를 모두 구해 보세요.

$$932505215482 < 93250\square150169$$

(   )

7-3   0부터 9까지의 수 중에서 □ 안에 들어갈 수 있는 수는 모두 몇 개인지 구해 보세요.

$$54603615837 > 54603\square19876$$

(   )

7-4   0부터 9까지의 수 중에서 □ 안에 들어갈 수 있는 수의 합을 구해 보세요.

$$134조\,7200억 < 134\square58154720000$$

(   )

높은 자리의 □와 비교하는 수가

9 또는 0일 때 □의 바로 아랫자리를 비교한다.

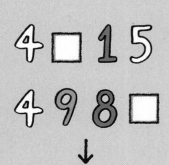

□ 안에 어떤 수가 들어가도 항상

4□15 < 498□

7 8 0 2 □ 4 7 6 5 6
7 8 □ 4 5 3 2 1 5 9   •아랫자리 수들은 비교하지 않아도 됩니다.

2 < 4이므로

□ 안에 어떤 수가 들어가도 항상

7802□47656 < 78□4532159

대표문제 8

□ 안에는 0부터 9까지 어느 수가 들어가도 됩니다. 두 수 중 더 큰 수의 기호를 써 보세요.

┌─────────────────────────────────────┐
│ ㉠ 1604893□84061   ㉡ 16048□2176953 │
└─────────────────────────────────────┘

	일	천	백	십	일	천	백	십	일	천	백	십	일
	조				억				만				
㉠	1	6	0	4	8	9	3	□	8	4	0	6	1
㉡	1	6	0	4	8	□	2	1	7	6	9	5	3

조부터 억까지의 수는 같습니다.

	일	천	백	십	일	천	백	십	일	천	백	십	일
	조				억				만				
㉠	1	6	0	4	8	9	3	□	8	4	0	6	1
㉡	1	6	0	4	8	□	2	1	7	6	9	5	3

백만의 자리 수를 비교하면 3 > 2이므로

□ 안에 어떤 수가 들어가도 ☐ 이 더 큽니다.

8-1 □ 안에는 0부터 9까지 어느 수가 들어가도 됩니다. 두 수 중 더 큰 수의 기호를 써 보세요.

	천	백	십	일	천	백	십	일	천	백	십	일
				억				만				
㉠	4	8	□	3	6	7	2	0	1	9	8	3
㉡	4	8	9	4	□	3	8	4	2	7	5	4

(   )

8-2 □ 안에는 0부터 9까지 어느 수가 들어가도 됩니다. ○ 안에 >, < 중 알맞은 것을 써넣으세요.

8□2345501867 ○ 8012□4883694

8-3 자릿수가 같은 두 수가 쓰인 종이가 찢어졌습니다. 찢어진 자리에는 0부터 9까지 어느 수가 들어가도 됩니다. 두 수 중 더 큰 수의 기호를 써 보세요.

㉠ 39 79857251   ㉡ 39983 77685

(   )

8-4 □ 안에는 0부터 9까지 어느 수가 들어가도 됩니다. 세 수 중 가장 큰 수의 기호를 써 보세요.

㉠ 630□1513□157
㉡ 63□987453□02
㉢ 63004□279034

(   )

1 다음을 계산해 보세요.

$$
\begin{array}{r}
180 \\
+560 \\
\hline
\end{array}
\qquad
\begin{array}{r}
4180 \\
+7560 \\
\hline
\end{array}
\qquad
\begin{array}{r}
394180 \\
+727560 \\
\hline
\end{array}
$$

2 ㉠이 나타내는 값은 ㉡이 나타내는 값의 몇 배일까요?

( )

3 수 카드를 모두 한 번씩 사용하여 8자리 수를 만들려고 합니다. 만들 수 있는 수 중에서 둘째로 작은 수를 구해 보세요.

먼저 생각해 봐요!

0, 5, 2로 만들 수 있는 가장 작은 세 자리 수를 구해 볼까?

    2 1 5 0 3 4 6 8

( )

서술형 4 수해 지역 주민을 돕기 위해 모은 돈이 1748000000원이었습니다. 이 돈을 100만 원짜리 수표의 수를 가장 많게 하여 바꾼다면 100만 원짜리 수표 몇 장으로 바꿀 수 있는지 풀이 과정을 쓰고 답을 구해 보세요.

풀이 ....

....

....

답 ....

5 1광년은 빛이 진공 속에서 1년 동안 갈 수 있는 거리로 약 9조 5000억 km입니다. 20광년은 약 몇 km일까요?

(   )

6 8조 5000억에서 5번 뛰어 세었더니 13조가 되었습니다. 같은 규칙으로 13조에서 한 번 뛰어 센 수는 얼마일까요?

(   )

7 다음을 만족시키는 가장 큰 수를 구해 보세요.

> • 각 자리 숫자가 서로 다른 9자리 수입니다.
> • 억의 자리 숫자는 8, 십의 자리 숫자는 0입니다.
> • 십만의 자리 숫자는 억의 자리 숫자보다 5만큼 더 작습니다.
> • 일의 자리 숫자는 십만의 자리 숫자의 2배입니다.
> • 천만의 자리 숫자와 백의 자리 숫자의 합은 10입니다.

(   )

서술형 **8** 어느 회사의 2023년 수출액은 1억 6000만 달러였습니다. 매년 700만 달러씩 수출액이 증가한다면 수출액이 2억 달러보다 많아지는 해는 언제인지 풀이 과정을 쓰고 답을 구해 보세요.

풀이 ....

....

....

....

답 ....

9 수 카드를 각각 두 번씩 사용하여 만든 10자리 수 중에서 50억에 가장 가까운 수를 구해 보세요.

먼저 생각해 봐요!

50에 가까운 수들

50보다 ← 50 → 50보다
작은 수   큰 수

$$\boxed{8} \quad \boxed{5} \quad \boxed{4} \quad \boxed{0} \quad \boxed{3}$$

( )

10 ☐ 안에는 0부터 9까지의 수가 들어갈 수 있습니다. 두 식의 ☐ 안에 공통으로 들어갈 수 있는 수를 모두 구해 보세요.

187637☐60827 > 187637659135
348458☐4672 < 34845879799

( )

2

각도

1 각의 크기, 예각과 둔각

- 각의 크기를 비교할 수 있습니다.
- 직각과 비교하여 예각과 둔각을 구별할 수 있습니다.

각의 크기

- 각도: 각의 크기 ———• 두 변이 많이 벌어질수록 각의 크기가 큽니다.
- 도(°): 각의 크기를 나타내는 단위
- 1도(1°): 직각의 크기를 똑같이 90으로 나눈 것 중 하나
- 직각의 크기: 90°
- 각도기로 각도를 재는 방법

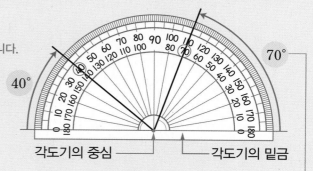

각도기의 중심 ———— 각도기의 밑금

| 각도기의 중심을 각의 꼭짓점에 맞추고, 각도기의 밑금을 각의 한 변에 맞추기 | ➡ | 각의 한 변에 맞춘 쪽의 0에서 시작한 다른 변이 만나는 눈금 읽기 |

각의 한 변이 안쪽 눈금 0에 맞춰져 있으면 안쪽 눈금을, 바깥쪽 눈금 0에 맞춰져 있으면 바깥쪽 눈금을 읽습니다.

예각과 둔각

- 예각: 각도가 0°보다 크고 직각보다 작은 각
- 둔각: 각도가 직각보다 크고 180°보다 작은 각

예각

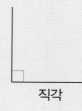
직각

둔각

---

1 각도를 읽어 보세요.

(1)

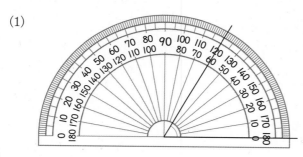

(   )

(2)

(   )

2 삼각형 ㄱㄴㄷ에서 가장 작은 각을 찾아 각의 크기를 재어 보세요.

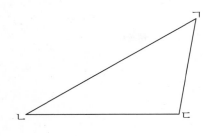

(   )

3 시계의 긴바늘과 짧은바늘이 이루는 작은 쪽의 각이 예각인 시각을 모두 찾아 기호를 써 보세요.

| ㉠ 8시 30분 | ㉡ 1시 40분 |
| ㉢ 7시 | ㉣ 4시 15분 |

(   )

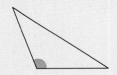

1-2
BASIC CONCEPT

4-2 연계

• 직각삼각형:
한 각이 직각인 삼각형

• 예각삼각형:
세 각이 모두 예각인 삼각형

• 둔각삼각형:
한 각이 둔각인 삼각형

4 예각삼각형, 직각삼각형, 둔각삼각형을 각각 찾아 기호를 써 보세요.

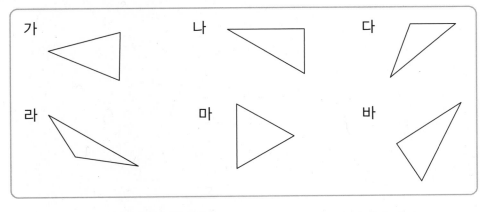

예각삼각형 (   ), 직각삼각형 (   ), 둔각삼각형 (   )

2 각도의 합과 차

• 각도의 합과 차를 이용하여 각도기로 잴 수 없는 각의 크기를 구할 수 있습니다.

각도의 합

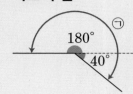

㉠의 각도는 각도기로 잴 수 없으므로 각도의 합을 이용하여 구합니다.

㉠ = 180° + 40° = 220°

└ 자연수의 덧셈과 같은 방법으로 계산합니다.

직각 4개를 이어 붙이면 한 바퀴의 각도는 360°입니다.

각도의 차

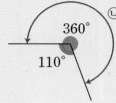

㉡의 각도는 각도기로 잴 수 없으므로 각도의 차를 이용하여 구합니다.

㉡ = 360° - 110° = 250°

└ 자연수의 뺄셈과 같은 방법으로 계산합니다.

각을 만들면 안쪽 각과 바깥쪽 각이 생깁니다.

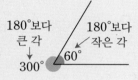

180°보다 큰 각 → 300°   180°보다 작은 각 → 60°

---

1 ↘로 표시한 각의 크기를 구해 보세요.

(1)
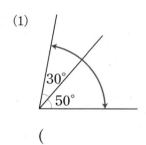

(   )

(2)
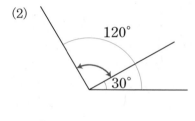

(   )

2 각도기를 사용하여 두 각도의 합과 차를 구해 보세요.

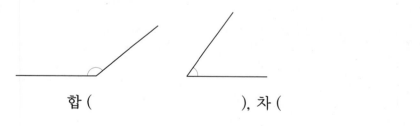

합 (   ), 차 (   )

3 ㉠과 ㉡의 각도를 구해 보세요.

(1)
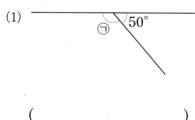

(   )

(2)
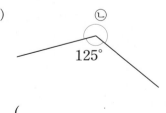

(   )

4 ☐ 안에 알맞은 수를 써넣으세요.

(1)
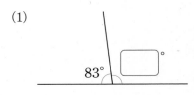

(2)
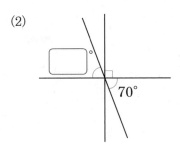

5 각 ㄴㅇㄷ의 크기를 구해 보세요.

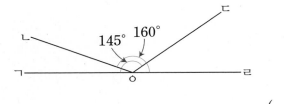

(   )

BASIC CONCEPT **2-2**

중등연계

두 직선이 한 점에서 만날 때 생기는 4개의 각 중에서 서로 마주 보는 두 각을 맞꼭지각이라고 합니다.

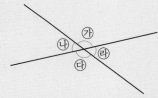

⑦＋④＝180°   ⑦＋④＝180°

⑦＋④＝180°   ④＋④＝180°

→ ④＝④   → ⑦＝④

➡ 맞꼭지각의 크기는 서로 같습니다.

⑦와 ④, ④와 ④는 각각 맞꼭지각입니다.

6 ㉠과 ㉡의 각도를 각각 구해 보세요.

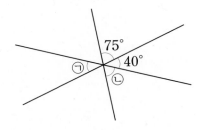

㉠ (   )

㉡ (   )

3 삼각형과 사각형의 각의 크기의 합

• 모양이나 크기에 상관없이 삼각형의 세 각의 크기의 합(사각형의 네 각의 크기의 합)은 항상 같습니다.

삼각형의 세 각의 크기의 합

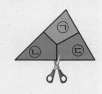 

(삼각형의 세 각의 크기의 합)
=㉠+㉡+㉢=180°

└• 일직선에 놓입니다.

사각형의 네 각의 크기의 합

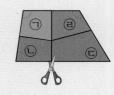 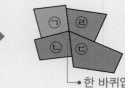

(사각형의 네 각의 크기의 합)
=㉠+㉡+㉢+㉣=360°

└• 한 바퀴입니다.

1 ☐ 안에 알맞은 수를 써넣으세요.

(1)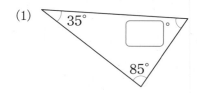

(2)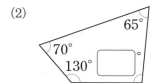

2 세 각의 크기가 다음과 같은 삼각형을 그리려고 합니다. 삼각형을 그릴 수 없는 것의 기호를 써 보세요.

> ㉠ 60°, 110°, 10°
> ㉡ 85°, 75°, 45°
> ㉢ 30°, 50°, 100°

(   )

3 ㉠과 ㉡의 각도를 각각 구해 보세요.

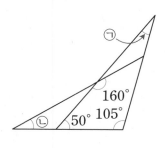

㉠ (   )

㉡ (   )

4 두 삼각자를 이용하여 만든 ㉮와 ㉯의 각도를 구해 보세요.

(1)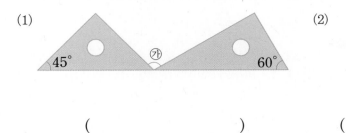

(2)

(   )   (   )

BASIC CONCEPT 3-2

중등연계

도형의 한 변을 늘였을 때 도형의 바깥쪽에 만들어지는 각을 외각이라고 합니다.
삼각형의 한 외각의 크기는 이웃하지 않는 두 각의 크기의 합과 같습니다.

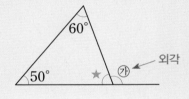

(삼각형의 세 각의 크기의 합)$=60°+50°+$★$=180°$
(일직선에 놓이는 각의 크기의 합)$=$★$+$㉮$=180°$
➡ ㉮$=60°+50°=110°$

5 각 ㄱㄷㄹ의 크기를 구해 보세요.

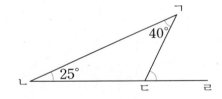

(   )

6 ㉠의 각도를 구해 보세요.

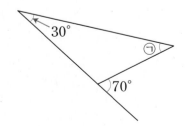

(   )

직선은 한 바퀴(360°)의 절반, 180°이다.

일직선에 놓이는 각의 크기의 합은 180°입니다.

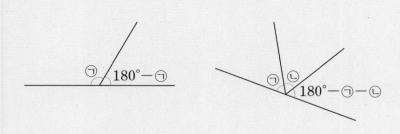

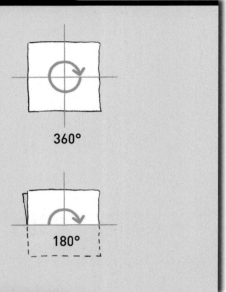

360°

180°

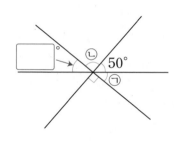

대표문제 1

□ 안에 알맞은 수를 구해 보세요.

일직선에 놓이는 각의 크기의 합은 ⬚°입니다.

① 90°＋㉠＋50°＝180° ➡ ㉠＝180°－90°－50°＝⬚°

② ㉠＋50°＋㉡＝180°, ⬚°＋50°＋㉡＝180° ➡ ㉡＝180°－⬚°－50°＝⬚°

③ □°＋㉡＋50°＝180°, □°＋⬚°＋50°＝180° ➡ □°＝180°－⬚°－50°＝⬚°

따라서 □ 안에 알맞은 수는 ⬚입니다.

1-1   □ 안에 알맞은 수를 써넣으세요.

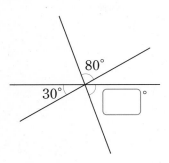

1-2   ㉠과 ㉡의 각도를 각각 구해 보세요.

㉠ (   )

㉡ (   )

1-3   각 ㄱㅅㄴ과 각 ㄴㅅㄷ의 크기가 같을 때 각 ㅁㅅㄹ의 크기를 구해 보세요.

(   )

1-4   ㉠과 ㉡의 각도의 차를 구해 보세요.

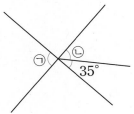

(   )

작은 각들이 모여 큰 각을 만든다.

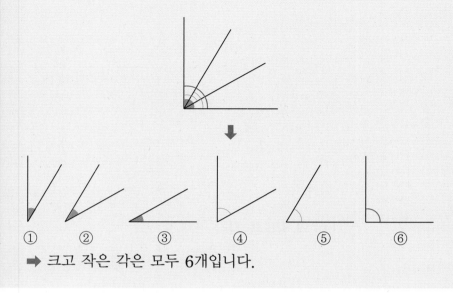

➡ 크고 작은 각은 모두 6개입니다.

2 그림에서 찾을 수 있는 크고 작은 예각은 모두 몇 개인지 구해 보세요.

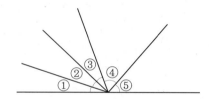

- 한 개짜리 예각: ①, ②, ③, ④, ⑤ ➡ ⬜ 개

- 두 개짜리 예각: ①+②, ②+③, ③+⬜ ➡ ⬜ 개 →④+⑤는 둔각입니다.

- 세 개짜리 예각: ①+②+⬜ ➡ ⬜ 개

따라서 찾을 수 있는 크고 작은 예각은 모두

⬜ + ⬜ + ⬜ = ⬜ (개)입니다.

2-1 그림에서 찾을 수 있는 크고 작은 예각은 모두 몇 개인지 구해 보세요.

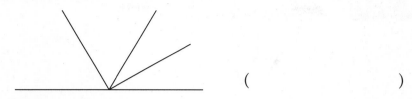

(   )

2-2 그림에서 찾을 수 있는 크고 작은 둔각은 모두 몇 개인지 구해 보세요.

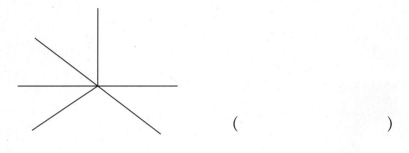

(   )

2-3 오른쪽과 같이 직선을 똑같은 크기의 각으로 나누었습니다.
크고 작은 둔각은 모두 몇 개인지 구해 보세요.

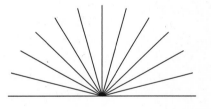

(   )

2-4 그림에서 찾을 수 있는 크고 작은 둔각은 크고 작은 예각보다 몇 개 더 많을까요?

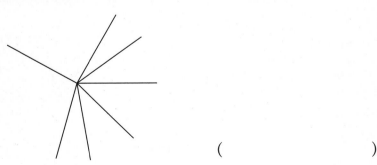

(   )

모든 삼각형의 세 각의 크기의 합은 180°이다.

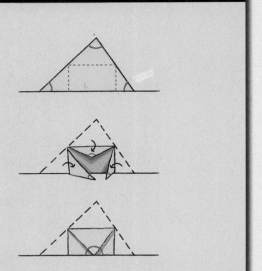

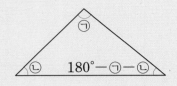
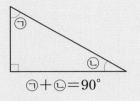

모양과 크기가 달라도 삼각형의 세 각의 크기의 합은 항상 180°입니다.

⑦의 각도를 구해 보세요.

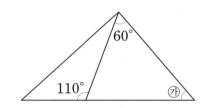

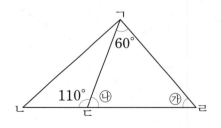

일직선에 놓이는 각의 크기의 합은 180°이므로

⑭=180°−110°=□°입니다.

삼각형의 세 각의 크기의 합은 180°이고,

삼각형 ㄱㄷㄹ에서 60°+⑭+⑦=180°이므로

60°+□°+⑦=180°입니다.

➡ ⑦=180°−60°−□°=□°

3-1 각 ㄷㄱㄹ의 크기를 구해 보세요.

(   )

서술형 **3-2** 각 ㄱㄹㄴ의 크기와 각 ㄴㄹㄷ의 크기가 같을 때 각 ㄷㄴㄹ의 크기를 구하려고 합니다. 풀이 과정을 쓰고 답을 구해 보세요.

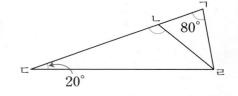

풀이

답

3-3 사각형 ㄱㄴㄷㄹ은 직사각형입니다. 각 ㅁㄱㄴ과 각 ㅁㄴㄱ의 크기가 같을 때 각 ㅁㄴㄷ의 크기를 구해 보세요.

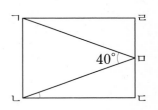

(   )

3-4 직사각형에서 ㉮의 각도를 구해 보세요.

(   )

모든 사각형의 네 각의 크기의 합은 360°이다.

세 각의 크기의 합: 180°

네 각의 크기의 합: 360°

사각형은 삼각형의 2배

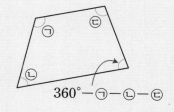

$360° - ⊙ - ⊙ - ⊙$

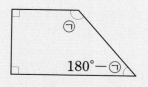

$180° - ⊙$

모양과 크기가 달라도 사각형의 네 각의 크기의 합은 항상 360°입니다.

대표문제 4

⊙의 각도를 구해 보세요.

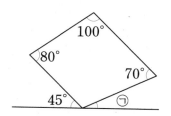

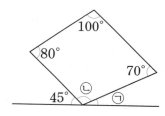

사각형의 네 각의 크기의 합은 $\boxed{}°$이므로

$100° + 80° + ⊙ + 70° = \boxed{}°$,

$⊙ = \boxed{}° - 100° - 80° - 70° = \boxed{}°$입니다.

일직선에 놓이는 각의 크기의 합은 180°이므로

$45° + ⊙ + ⊙ = 45° + \boxed{}° + ⊙ = 180°$입니다.

➡ $⊙ = 180° - 45° - \boxed{}° = \boxed{}°$

4-1 ㉮의 각도를 구해 보세요.

(   )

4-2 직사각형 ㄱㄴㄷㄹ에서 각 ㄴㄱㄹ을 3등분하는 선분 ㄱㅁ과 선분 ㄱㅂ을 그었습니다. 각 ㄱㅂㄷ의 크기를 구해 보세요.

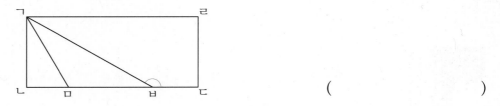

(   )

4-3 직사각형 ㄱㄴㄷㄹ에서 각 ㅂㅈㅇ의 크기를 구해 보세요.

(   )

4-4 ㉠과 ㉡의 각도의 합을 구해 보세요.

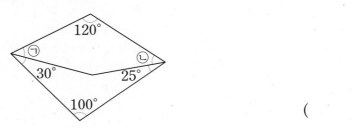

(   )

모르는 수가 하나만 있는 식으로 만든다.

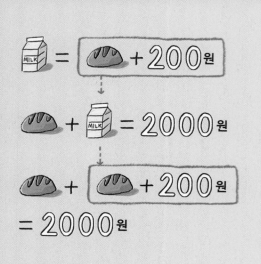

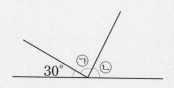

㉠＝㉡＋20°이면
30°＋㉠＋㉡＝180°
30°＋㉡＋20°＋㉡＝180°
50°＋㉡＋㉡＝180°
㉡＋㉡＝180°－50°＝130°
➡ ㉡＝65°

대표문제 5

각 ㄴㅇㄷ은 각 ㄷㅇㄹ보다 30°만큼 더 큽니다. 각 ㄷㅇㄹ의 크기를 구해 보세요.

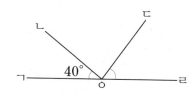

(각 ㄷㅇㄹ)＝■라 하면 (각 ㄴㅇㄷ)＝■＋ ⬜ °입니다.

일직선에 놓이는 각의 크기의 합은 180°이므로

(각 ㄱㅇㄴ)＋(각 ㄴㅇㄷ)＋(각 ㄷㅇㄹ)＝180°입니다.

40°＋■＋ ⬜ °＋■＝180°

■＋■＝180°－40°－ ⬜ °

■＋■＝ ⬜ ° ➡ ■＝ ⬜ °

따라서 각 ㄷㅇㄹ의 크기는 ⬜ °입니다.

5-1 각 ㄱㅇㄴ은 각 ㄷㅇㄹ보다 20°만큼 더 작습니다. 각 ㄱㅇㄴ의 크기를 구해 보세요.

(   )

5-2 각 ㄴㄷㄷ은 각 ㄱㄷㄴ보다 35°만큼 더 크고, 각 ㄱㄴㄷ은 각 ㄱㄷㄴ보다 10°만큼 더 큽니다. 삼각형 ㄱㄴㄷ의 세 각은 각각 몇 도인지 구해 보세요.

(   )

서술형 **5-3** 각 ㄱㄴㄷ은 각 ㄴㄷㄹ보다 50°만큼 더 작을 때 각 ㄱㄴㄷ의 크기를 구하려고 합니다. 풀이 과정을 쓰고 답을 구해 보세요.

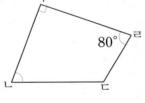

풀이 ....

....

....

답 ....

5-4 삼각형의 세 각 ㉠, ㉡, ㉢은 다음과 같습니다. 세 각 중 가장 큰 각은 몇 도인지 구해 보세요.

> • ㉡은 ㉠보다 20°만큼 더 큽니다.
> • ㉢은 ㉠보다 40°만큼 더 큽니다.

(   )

시계는 12등분된 원이다.

한 바퀴는 360°이고 반 바퀴는 180°이므로 숫자 눈금 한 칸은 180°를 6으로 나눈 것 중 하나입니다.

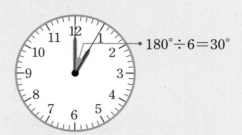

$180° \div 6 = 30°$

대표문제 6

시계가 4시를 가리킬 때 긴바늘과 짧은바늘이 이루는 작은 쪽의 각도를 구해 보세요.

시계가 6시를 가리킬 때 두 시곗바늘이 이루는 각은

[ ]°입니다.

시곗바늘이 일직선으로 놓일 때 숫자 눈금이 6칸이고 [ ]°를

나타내므로 숫자 눈금 한 칸은 [ ]° ÷ 6 = [ ]°입니다.

시계가 4시를 가리킬 때 긴바늘과 짧은바늘이 이루는 작은 쪽의 각도는

숫자 눈금 4칸이므로 [ ]° × 4 = [ ]°입니다.

6-1   시계가 10시를 가리킬 때 긴바늘과 짧은바늘이 이루는 작은 쪽의 각도를 구해 보세요.

(   )

6-2   시계가 2시 30분을 가리킬 때 긴바늘과 짧은바늘이 이루는 작은 쪽의 각도를 구해 보세요.

(   )

6-3   지금 시각은 3시 5분입니다. 긴바늘이 120° 움직인 후의 시각은 몇 시 몇 분일까요?

(   )

6-4   시계가 5시 40분을 가리킬 때 긴바늘과 짧은바늘이 이루는 작은 쪽의 각도를 구해 보세요.

(   )

모든 도형은 여러 개의 삼각형으로 나눠진다.

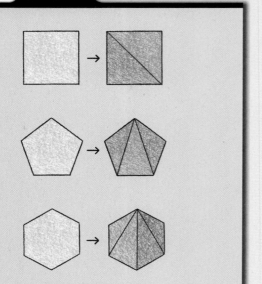

(삼각형의 세 각의 크기의 합)=180°임을 이용하여 도형의 안쪽 각의 크기의 합을 구할 수 있습니다.

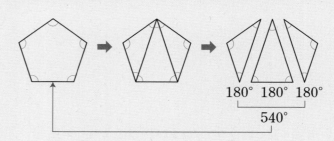

대표문제 7

도형에서 5개의 각의 크기의 합을 구해 보세요.

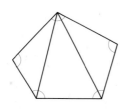

도형은 ☐개의 삼각형으로 나눌 수 있습니다.

(도형의 5개의 각의 크기의 합)

=(삼각형의 세 각의 크기의 합)×3

=☐°×3

=☐°

7-1 도형을 2개의 사각형으로 나누어 6개의 각의 크기의 합을 구해 보세요.

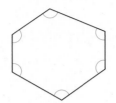

(   )

7-2 도형에서 7개의 각의 크기의 합을 구해 보세요.

(   )

서술형 **7-3** 오른쪽 도형은 각의 크기가 모두 같습니다. 각 ㄱㄴㄷ은 몇 도인지 풀이 과정을 쓰고 답을 구해 보세요.

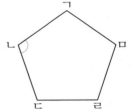

풀이 ....

....

....

답 ....

7-4 다음은 윤재가 한옥 마을에서 본 문의 무늬입니다. 문에 있는 문살 도형의 모든 각의 크기가 같을 때 한 각의 크기를 구해 보세요.

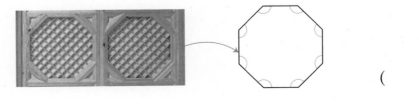

(   )

한 바퀴는 360°, 직선은 180°이다.

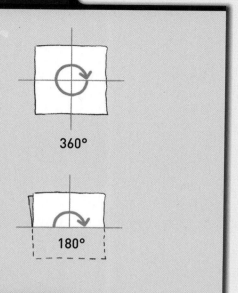

360°

180°

도형의 한 변을 연장한 선은 직선입니다.

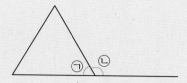

$$㉠+㉡=180°$$
➡ $㉡=180°-㉠$

대표문제 8

㉠의 각도를 구해 보세요.

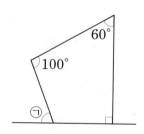

사각형의 네 각의 크기의 합은 $\boxed{}°$입니다.

$60°+100°+㉡+90°=\boxed{}°$

$㉡=\boxed{}°-60°-100°-90°=\boxed{}°$

일직선에 놓이는 각의 크기의 합은 180°이므로

$㉠+㉡=180°$

➡ $㉠=180°-\boxed{}°=\boxed{}°$

8-1 ㉠의 각도를 구해 보세요.

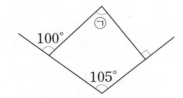

(   )

8-2 ㉠과 ㉡의 각도의 합을 구해 보세요.

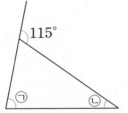

(   )

8-3 도형의 각의 크기는 모두 같습니다. ☐ 안에 알맞은 수를 써넣으세요.

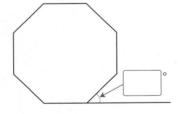

8-4 도형에서 표시한 각의 크기의 합을 구해 보세요.

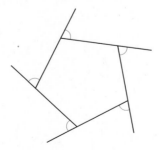

(   )

1 두 삼각자를 이용하여 만든 ㉮의 각도를 구해 보세요.

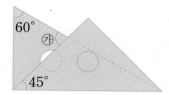

(   )

2 희주네 학교는 매시 정각에 수업을 시작합니다. 희주네 반이 오후 체육 수업을 시작할 때 시계의 긴바늘과 짧은바늘이 이루는 작은 쪽의 각도가 $90°$였다면 체육 수업은 오후 몇 시에 시작할까요?

(   )

3 각 ㄱㄹㄷ의 크기는 각 ㄱㄴㄷ의 크기의 2배입니다. 각 ㄱㄹㄷ의 크기를 구해 보세요.

먼저 생각해 봐요!
■+■×2
=■+■+■
=■×3

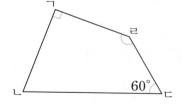

(   )

4 ㉠과 ㉡의 각도의 차를 구해 보세요.

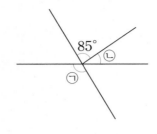

(   )

서술형 **5** 사각형 ㄱㄴㄷㄹ에서 마주 보는 두 각의 크기는 같습니다. ㉠의 각도는 얼마인지 풀이 과정을 쓰고 답을 구해 보세요.

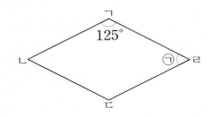

풀이 ....

....

....

답 ....

6 ㉠과 ㉡의 각도를 각각 구해 보세요.

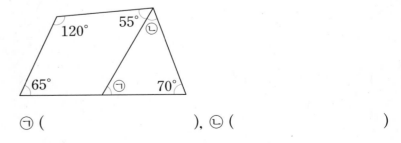

㉠ (   ), ㉡ (   )

7 삼각형 ㄱㄴㄷ에서 각 ㄱㄴㄹ과 각 ㄹㄴㄷ의 크기가 같고, 각 ㄱㄷㄹ과 각 ㄹㄷㄴ의 크기가 같습니다. 각 ㄴㄹㄷ의 크기를 구해 보세요.

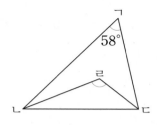

(   )

8 사각형 ㄱㄴㄷㄹ은 직사각형입니다. ㉠의 각도를 구해 보세요.

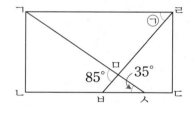

(   )

9 각 ㄱㄴㄷ과 각 ㄱㄷㄴ의 크기가 같고, 각 ㅁㄷㄹ과 각 ㅁㄹㄷ의 크기가 같습니다. ㉮의 각도를 구해 보세요.

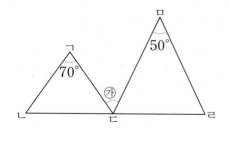

(   )

서술형 **10** ㉮=㉯이고 ㉰=㉱입니다. 각 ㄴㄱㄷ의 크기가 63°일 때 각 ㄹㄱㄷ의 크기는 얼마인지 풀이 과정을 쓰고 답을 구해 보세요.

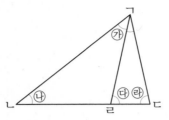

풀이 ....

....

....

답 ....

11 직사각형 모양의 종이를 접은 것입니다. 각 ㅂㅊㅈ의 크기를 구해 보세요.

먼저 생각해 봐요!

정사각형 모양의 종이를 접으면 ㉠은 몇 도일까?

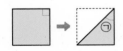

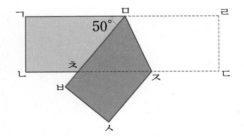

(   )

세 점을 이어 정삼각형을 만들어 보세요.

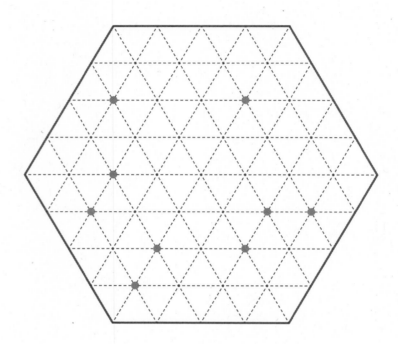

3

곱셈과 나눗셈

1 (세 자리 수) × (두 자리 수)

- 같은 숫자라도 자리에 따라 나타내는 값이 다릅니다.
- 각 자리 수와의 곱을 더한 것이 곱셈의 결과입니다.

(세 자리 수) × (몇십)

- 164×30의 계산

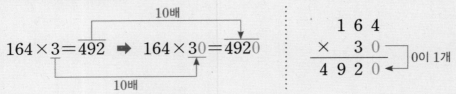

$$164 \times 3 = 492 \implies 164 \times 30 = 4920$$

$$\begin{array}{r} 1\,6\,4 \\ \times \quad 3\,0 \\ \hline 4\,9\,2\,0 \end{array}$$ 0이 1개

(세 자리 수) × (두 자리 수)

- 345×27의 계산

27 = 20 + 7 이므로

$$
\begin{array}{l}
345 \times \ 7 = 2415 \\
345 \times 20 = 6900 \\
\hline
345 \times 27 = 9315
\end{array}
$$

$$
\begin{array}{r}
3\,4\,5 \\
\times \quad 2\,7 \\
\hline
2\,4\,1\,5 \quad \leftarrow 345 \times 7 \\
6\,9\,0\,0 \quad \leftarrow 345 \times 20 \\
\hline
9\,3\,1\,5
\end{array}
$$

---

1 □ 안에 알맞은 수를 써넣으세요.

$$516 \times \ 7 = \boxed{}$$

↓ 10배

$$516 \times 70 = \boxed{}$$

$\boxed{}$ 배

---

2 다음 식을 이용하여 □ 안에 알맞은 수를 써넣으세요.

$$429 \times 2 = 858, \ 429 \times 3 = 1287$$

429×20 429×3

(1) $429 \times 23 = \boxed{} + \boxed{}$

$= \boxed{}$

429×30 429×2

(2) $429 \times 32 = \boxed{} + \boxed{}$

$= \boxed{}$

3 □ 안에 알맞은 수를 써넣으세요.

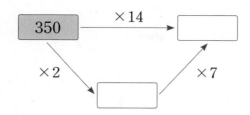

4 어느 공장에서 사과잼을 한 번 만드는 데 사과가 4600개 필요합니다. 한 상자에 148개씩 들어 있는 사과 31상자로 사과잼을 만드는 데 충분할지 어림하여 구해 보세요.

어림 약 ☐ × ☐ = ☐ (개)

➡ 공장에서 사과잼을 만드는 데 사과 31상자는 (충분합니다 , 부족합니다).

BASIC CONCEPT 1-2

중등연계

곱셈의 교환법칙

두 수를 바꾸어 곱해도 결과는 같습니다.

$2 \times 5 = 5 \times 2$ ➡ $a \times b = b \times a$

곱셈의 결합법칙

세 수의 곱셈에서 어느 두 수를 먼저 곱해도 결과는 같습니다.

$(3 \times 2) \times 5 = 3 \times (2 \times 5)$ ➡ $(a \times b) \times c = a \times (b \times c)$

5 계산 과정에서 이용된 법칙이 무엇인지 □ 안에 알맞게 써넣으세요.

$5 \times 527 \times 4$　　곱셈의 ☐

$= 527 \times 5 \times 4$

$= 527 \times (5 \times 4)$　곱셈의 ☐

$= 527 \times 20$

$= 10540$

2 몇십으로 나누기 / (두 자리 수) ÷ (두 자리 수)

• 곱셈으로 몫을 구하고 뺄셈으로 나머지를 구합니다.

몇십으로 나누기

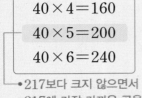

$40 \times 4 = 160$

$40 \times 5 = 200$

$40 \times 6 = 240$

• 217보다 크지 않으면서 217에 가장 가까운 곱을 찾습니다.

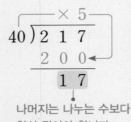

$\begin{array}{r} \times\ 5 \\ 40\,)\,2\ 1\ 7 \\ 2\ 0\ 0 \\ \hline 1\ 7 \end{array}$

나머지는 나누는 수보다 항상 작아야 합니다.

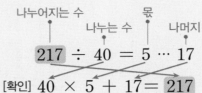

나누어지는 수   나누는 수   몫   나머지

$217 \div 40 = 5 \cdots 17$

[확인] $40 \times 5 + 17 = 217$

$40 \times 5 = 200$, $200 + 17 = 217$을 하나의 식으로 나타내면 $40 \times 5 + 17 = 217$입니다.

(두 자리 수) ÷ (두 자리 수)

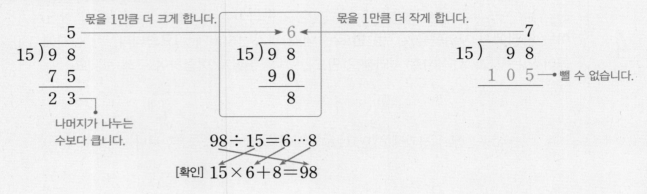

몫을 1만큼 더 크게 합니다.

$\begin{array}{r} 5 \\ 15\,)\,9\ 8 \\ 7\ 5 \\ \hline 2\ 3 \end{array}$

나머지가 나누는 수보다 큽니다.

$\begin{array}{r} 6 \\ 15\,)\,9\ 8 \\ 9\ 0 \\ \hline 8 \end{array}$

몫을 1만큼 더 작게 합니다.

$\begin{array}{r} 7 \\ 15\,)\ \ \,9\ 8 \\ 1\ 0\ 5 \end{array}$ → 뺄 수 없습니다.

$98 \div 15 = 6 \cdots 8$

[확인] $15 \times 6 + 8 = 98$

---

1 □ 안에 알맞은 수를 써넣어 몫이 같은 나눗셈을 만들어 보세요.

(1) $15 \div 3 = 5$

$150 \div \boxed{} = 5$

(2) $72 \div 8 = 9$

$720 \div \boxed{} = 9$

2 나눗셈의 몫이 다른 것을 찾아 기호를 써 보세요.

㉠ $480 \div 60$ ㉡ $560 \div 80$ ㉢ $210 \div 30$

(   )

3 □ 안에 알맞은 수를 써넣으세요.

$320 \div 80 = \boxed{}$ $320 \div 40 = \boxed{}$ $320 \div 20 = \boxed{}$

4 어떤 수를 21로 나누었더니 몫이 3이고 나머지가 14였습니다. 어떤 수를 구해 보세요.

(   )

5 ☐ 안에 들어갈 수 있는 수 중에서 가장 큰 수를 구해 보세요.

$$☐ \div 16 = 3 \cdots ★$$

(   )

6 색종이 85장을 24명에게 똑같이 나누어 주려고 합니다. 물음에 답하세요.

(1) 색종이 85장을 24명에게 똑같이 나누어 주면 한 사람에게 몇 장씩 주고 몇 장이 남을까요?

(   )씩 주고 (   )이 남습니다.

(2) 남는 색종이가 없도록 나누어 주려면 색종이는 적어도 몇 장 더 필요할까요?

(   )

7 지우개 418개를 한 상자에 30개씩 담으려고 합니다. 지우개를 모두 담으려면 상자는 적어도 몇 개 필요할까요?

(   )

3 (세 자리 수)÷(두 자리 수)

• 몫은 나누어지는 수에서 나누는 수를 뺄 수 있는 횟수입니다.

BASIC CONCEPT 3-1

몫이 한 자리 수인 (세 자리 수)÷(두 자리 수)

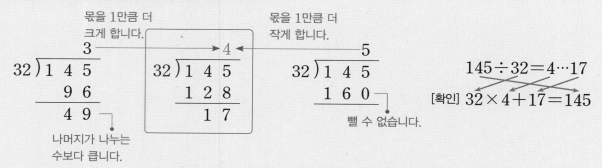

몫을 1만큼 더 크게 합니다.

$$\begin{array}{r} 3 \\ 32\overline{)145} \\ 96 \\ \hline 49 \end{array}$$

나머지가 나누는 수보다 큽니다.

$$\begin{array}{r} 4 \\ 32\overline{)145} \\ 128 \\ \hline 17 \end{array}$$

몫을 1만큼 더 작게 합니다.

$$\begin{array}{r} 5 \\ 32\overline{)145} \\ 160 \end{array}$$

뺄 수 없습니다.

$145 \div 32 = 4 \cdots 17$

[확인] $32 \times 4 + 17 = 145$

몫이 두 자리 수인 (세 자리 수)÷(두 자리 수)

$$\begin{array}{r} \times 2 \\ 27\overline{)694} \\ 540 \\ \hline 154 \end{array} \rightarrow \begin{array}{r} 25 \times \\ 27\overline{)694} \\ 54 \\ \hline 154 \\ 135 \\ \hline 19 \end{array}$$

$694 \div 27 = 25 \cdots 19$

[확인] $27 \times 25 + 19 = 694$

---

1 곱셈식을 보고 나눗셈을 해 보세요.

$$59 \times 6 = 354$$
$$59 \times 7 = 413$$
$$59 \times 8 = 472$$
$$59 \times 9 = 531$$

$$59\overline{)468}$$

2 ☐ 안에 알맞은 수를 써넣으세요.

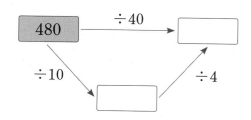

480 →÷40→ ☐

480 ÷10→ ☐ ÷4→ ☐

3 $309 \div \square$의 몫은 한 자리 수입니다. $\square$ 안에 들어갈 수 있는 수 중에서 가장 작은 수를 구해 보세요.

(   )

4 $408 \div 34 = 12$입니다. $425 \div 34$의 나머지는 얼마일까요?

(   )

5 어떤 수를 62로 나누었더니 몫이 13이고 나머지가 45였습니다. 이 수를 27로 나누었을 때의 몫과 나머지를 구해 보세요.

몫 (   )
나머지 (   )

BASIC CONCEPT
3-2

분배법칙 　　　　　　　　　　　　　　　　　　　　　　　중등연계

더하는 두 수를 각각 나누어 더해도 결과는 같습니다.

$(20+15) \div 5 = 20 \div 5 + 15 \div 5$ ➡ $(a+b) \div c = a \div c + b \div c$

35 　　　　　　4　　　3
7 　　　　　　　7

---

6 $\square$ 안에 알맞은 수를 써넣으세요.

(1) $500 \div 20 = \boxed{}$

　　$80 \div 20 = \boxed{}$

　　$580 \div 20 = \boxed{}$

(2) $300 \div 30 = \boxed{}$

　　$162 \div 30 = \boxed{} \cdots \boxed{}$

　　$462 \div 30 = \boxed{} \cdots \boxed{}$

수는 곱으로 분해한 수들로 나누어떨어진다.

```
          42
         /  \
        2    21
            /  \
           3    7
```

➡ $42 = 2 \times 3 \times 7$

➡ 42를 나누어떨어지게 하는 수:

$$1, \quad 2, \quad 3, \quad 6, \quad 7, \quad 14, \quad 21, \quad 42$$
$$2\times3 \qquad 2\times7 \quad 3\times7 \quad 2\times3\times7$$

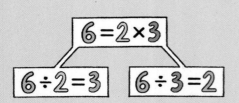

대표문제 1

1240을 1을 제외하고 최대한 작은 수들의 곱으로 나타낸 것입니다. ☐ 안에 알맞은 수를 써넣으세요.

$$1240 = 31 \times 2 \times 2 \times \boxed{} \times \boxed{}$$

$$
\begin{aligned}
1240 &= 124 \times \boxed{} \\
&= 62 \times \boxed{} \times 10 \\
&= 31 \times \boxed{} \times 2 \times 10 \\
&= 31 \times 2 \times 2 \times \boxed{} \times \boxed{}
\end{aligned}
$$

1-1 300을 여러 곱셈식으로 나타낸 것입니다. ☐ 안에 알맞은 수를 써넣으세요.

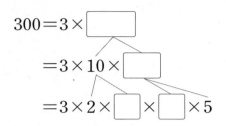

$$300 = 3 \times \boxed{}$$
$$= 3 \times 10 \times \boxed{}$$
$$= 3 \times 2 \times \boxed{} \times \boxed{} \times 5$$

1-2 보기 와 같이 수를 1을 제외하고 최대한 작은 수들의 곱으로 나타내려고 합니다. ☐ 안에 알맞은 수를 써넣으세요.

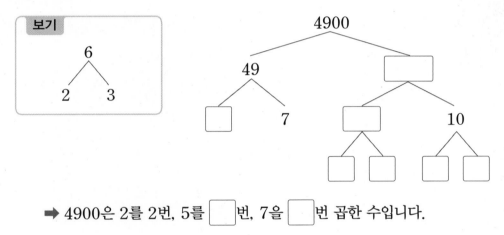

➡ 4900은 2를 2번, 5를 ☐번, 7을 ☐번 곱한 수입니다.

1-3 $9=3 \times 3$, $16=4 \times 4$와 같이 어떤 자연수를 두 번 곱한 수를 제곱수라 합니다. 275에 어떤 수를 곱해서 제곱수가 되게 하려고 할 때, 곱해야 하는 가장 작은 수를 구해 보세요.

$$275 = 5 \times 5 \times 11$$

(   )

최상위 ʑSʃ

큰 수를 작은 수로 나누어야 몫이 커진다.

3 5 4 2 8

수 카드를 한 번씩만 사용하여 만든 (세 자리 수)÷(두 자리 수) 중

┌ 몫이 가장 큰 나눗셈식: 854 ÷ 23
│   가장 큰   가장 작은
│   세 자리 수 두 자리 수
│
└ 몫이 가장 작은 나눗셈식: 234 ÷ 85
                      가장 작은   가장 큰
                      세 자리 수 두 자리 수

대표문제 2

수 카드를 한 번씩만 사용하여 몫이 가장 큰 (세 자리 수)÷(두 자리 수)를 만들고 계산 해 보세요.

5 4 1 8 2

몫이 가장 큰 나눗셈식을 만들려면 나누어지는 수를 가장 크게 하고, 나누는 수를 가장 작게 합니다.

만들 수 있는 가장 큰 세 자리 수: ☐

만들 수 있는 가장 작은 두 자리 수: ☐

➡ ☐ ÷ ☐ = ☐ … ☐
            ↑   ↑
            몫   나머지

2-1 수 카드를 한 번씩만 사용하여 몫이 가장 큰 (두 자리 수)÷(두 자리 수)를 만들고 계산해 보세요.

$$\boxed{7} \quad \boxed{6} \quad \boxed{3} \quad \boxed{2}$$

$$\boxed{} \div \boxed{} = \boxed{} \cdots \boxed{}$$

2-2 수 카드를 한 번씩만 사용하여 몫이 가장 큰 (세 자리 수)÷(두 자리 수)를 만들었을 때의 몫을 구해 보세요.

$$\boxed{3} \quad \boxed{8} \quad \boxed{6} \quad \boxed{0} \quad \boxed{4}$$

(   )

2-3 수 카드를 한 번씩만 사용하여 몫이 가장 작은 (세 자리 수)÷(두 자리 수)를 만들었을 때의 몫을 구해 보세요.

$$\boxed{7} \quad \boxed{5} \quad \boxed{8} \quad \boxed{6} \quad \boxed{9}$$

(   )

2-4 수 카드를 한 번씩만 사용하여 (세 자리 수)÷(두 자리 수)를 만들었습니다. 몫이 가장 클 때와 가장 작을 때의 몫의 합을 구해 보세요.

$$\boxed{2} \quad \boxed{1} \quad \boxed{3} \quad \boxed{0} \quad \boxed{4}$$

(   )

1 단위의 양을 구한다.

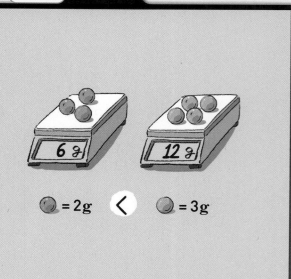

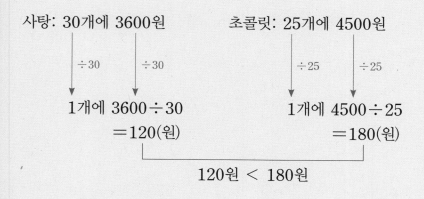

사탕: 30개에 3600원

÷30   ÷30

1개에 3600÷30
= 120(원)

초콜릿: 25개에 4500원

÷25   ÷25

1개에 4500÷25
= 180(원)

120원 < 180원

대표문제 3

문구점과 마트에서 똑같은 구슬을 파는데 문구점은 구슬 24개를 840원에 팔고, 마트는 구슬 16개를 480원에 팝니다. 문구점과 마트 중에서 구슬을 더 싸게 파는 곳은 어디인지 구해 보세요.

(문구점의 구슬 한 개의 값) = 840 ÷ ☐ = ☐ (원)

(마트의 구슬 한 개의 값) = 480 ÷ ☐ = ☐ (원)

➡ ☐ 원 ◯ ☐ 원이므로

구슬을 더 싸게 파는 곳은 ☐ 입니다.

3-1 가 색종이는 25장에 500원이고, 나 색종이는 20장에 480원입니다. 가 색종이와 나 색종이 중에서 더 싼 색종이는 어느 것일까요?

(   )

3-2 34명의 학생들에게 공책 748권과 연습장 612권을 똑같이 나누어 주려고 합니다. 학생 한 명이 받게 되는 공책과 연습장은 각각 몇 권일까요?

공책 (   ), 연습장 (   )

서술형 **3-3** 서연이는 288쪽인 동화책을 하루에 16쪽씩 읽어서 모두 읽었고, 승호는 414쪽인 위인전을 서연이와 같은 기간 동안 모두 읽었습니다. 승호는 위인전을 하루에 몇 쪽씩 읽었는지 풀이 과정을 쓰고 답을 구해 보세요.

풀이 ....

....

....

답 ....

3-4 ㉮ 톱니바퀴는 32초 동안 512번 회전하고, ㉯ 톱니바퀴는 45초 동안 945번 회전합니다. ㉮와 ㉯ 톱니바퀴가 1초 동안 회전하였을 때 회전 수의 차는 몇 번일까요?

(   )

단위량의 몇 배인지 구한다.

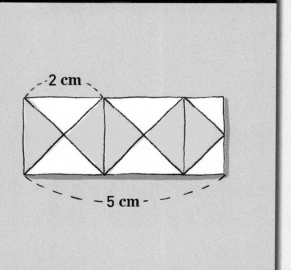

한 시간에 60 km를 가는 자동차가 같은 빠르기로
➡️ ┌ 2시간 동안 가는 거리: $60 \times 2 = 120$ (km)
 └ 30분 동안 가는 거리: $60 \div 2 = 30$ (km)

대표문제 4 한 시간에 864 km를 가는 비행기가 있습니다. 이 비행기가 같은 빠르기로 4시간 30분을 비행한다면 몇 km를 갈 수 있는지 구해 보세요.

비행기가 한 시간에 864 km를 가므로

(4시간 동안 갈 수 있는 거리) = ☐ × 4 = ☐ (km)이고,

1시간 = 60분이고 60분에 864 km를 가므로

(30분 동안 갈 수 있는 거리) = 864 ÷ ☐ = ☐ (km)입니다.

따라서 4시간 30분 동안 갈 수 있는 거리는

☐ + ☐ = ☐ (km)입니다.

4-1 한 시간에 $300\,km$를 가는 KTX가 있습니다. 이 KTX가 같은 빠르기로 1시간 30분을 달린다면 몇 km를 갈 수 있는지 구해 보세요.

( )

서술형 **4-2** 한 자루에 850원인 연필 15자루와 연필값의 2배인 색연필 5자루를 샀습니다. 25000원을 냈다면 거스름돈으로 받아야 하는 돈은 얼마인지 풀이 과정을 쓰고 답을 구해 보세요.

풀이

답

4-3 한 상자에 15개씩 들어 있는 복숭아가 6상자 있습니다. 이 복숭아 중에서 반은 한 개에 950원씩 팔았고 나머지 반은 한 개에 680원씩 팔았습니다. 복숭아를 모두 팔았다면 복숭아를 판 돈은 얼마일까요?

( )

4-4 민지네 집에는 월요일부터 토요일까지 $900\,mL$짜리 우유가 매일 한 팩씩 배달됩니다. 5월 1일이 화요일일 때 5월 한 달 동안 배달된 우유는 모두 몇 mL일까요?

( )

큰 단위를 사용하면 간단한 수로 나타낼 수 있다.

$$(50\,g\text{짜리 추 }100\text{개의 무게})=50\times100=\underline{5000}\,(g)$$

1 kg=1000 g

5 kg

1000 mm = 1m

1000 g = 1kg

3600초 = 1시간

대표문제 5

길이가 243 cm인 막대 78개를 겹치지 않게 이어 붙여 울타리를 만들려고 합니다. 울타리의 길이는 몇 m 몇 cm인지 구해 보세요.

(막대를 이은 전체 길이)=(막대 한 개의 길이)×(막대 수)

$$=\boxed{}\times78=\boxed{}\,(cm)$$

$1\,m=\boxed{}\,cm$이고

18954는 100이 189개, 1이 $\boxed{}$개인 수이므로

$18954\,cm=\boxed{}\,m\,\boxed{}\,cm$입니다.

따라서 울타리의 길이는 $\boxed{}\,m\,\boxed{}\,cm$입니다.

5-1 한 개의 무게가 210 g인 공이 11개 있습니다. 공 11개의 전체 무게는 몇 kg 몇 g일까요?

( )

5-2 세아는 하루에 자전거 타기를 20분씩, 수영을 50분씩 합니다. 세아가 2주 동안 자전거 타기와 수영을 한 시간은 몇 시간 몇 분일까요?

( )

서술형 **5-3** 한 시간에 키 링을 25개씩 만드는 공장이 있습니다. 이 공장에서 하루에 8시간씩 22일 동안 만든 키 링을 한 상자에 100개씩 담으려고 합니다. 몇 상자가 되는지 풀이 과정을 쓰고 답을 구해 보세요.

풀이 ....

....

....

답 ....

5-4 길이가 48 cm인 테이프 245개를 5 cm씩 겹쳐서 길게 이어 붙였습니다. 이어 붙인 테이프의 전체 길이는 몇 m 몇 cm일까요?

( )

물건을 2개 놓을 때 생기는

간격 수는 끊어진 길에 1개, 이어진 길에 2개이다.

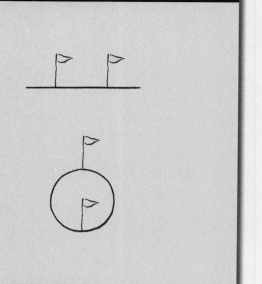

길이가 200 m인 도로에 처음부터 끝까지 20 m 간격으로 나무를 심을 때

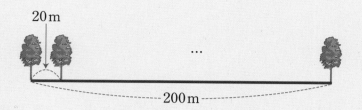

(나무와 나무 사이의 간격 수)=200÷20=10(군데)
(필요한 나무 수)=10+1=11(그루)

대표문제 6

길이가 285 m인 길의 양쪽에 처음부터 끝까지 가로등을 세우려고 합니다. 15 m 간격으로 가로등을 세운다면 가로등은 모두 몇 개 필요한지 구해 보세요. (단, 가로등의 두께는 생각하지 않습니다.)

(간격 수)=(전체 길이)÷(간격)=285÷□=□(군데)

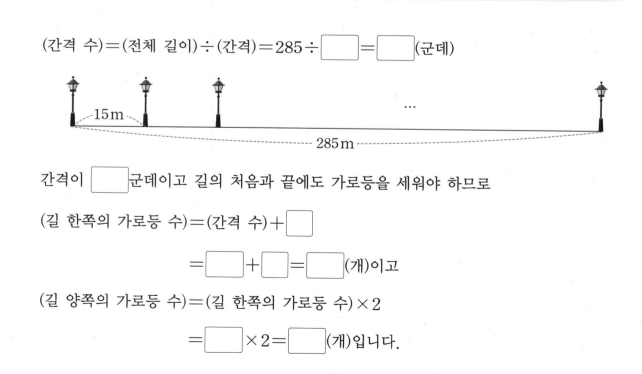

간격이 □군데이고 길의 처음과 끝에도 가로등을 세워야 하므로

(길 한쪽의 가로등 수)=(간격 수)+□

    =□+□=□(개)이고

(길 양쪽의 가로등 수)=(길 한쪽의 가로등 수)×2

    =□×2=□(개)입니다.

6-1 길이가 480 m인 길의 한쪽에 처음부터 끝까지 나무를 심으려고 합니다. 30 m 간격으로 나무를 심는다면 나무는 모두 몇 그루 필요할까요? (단, 나무의 두께는 생각하지 않습니다.)

(   )

6-2 길이가 595 m인 길의 양쪽에 처음과 끝에 장승을 세우고, 장승 사이에 나무를 심으려고 합니다. 17 m 간격으로 나무를 심는다면 나무는 모두 몇 그루 필요할까요? (단, 장승과 나무 사이의 간격도 17m이고, 장승과 나무의 두께는 생각하지 않습니다.)

(   )

6-3 둘레가 782 m인 원 모양의 연못에 23 m 간격으로 의자를 놓으려고 합니다. 필요한 의자는 모두 몇 개일까요? (단, 의자의 너비는 생각하지 않습니다.)

(   )

6-4 길이가 984 m인 도로의 양쪽에 처음부터 끝까지 같은 간격으로 전봇대가 세워져 있습니다. 전봇대가 모두 50개라면 몇 m 간격으로 세워진 것일까요? (단, 전봇대의 두께는 생각하지 않습니다.)

(   )

복잡한 연산을 간단한 기호로 약속할 수 있다.

가●나＝(가＋3)×(나－3)일 때

$$15 \odot 20$$
$$=(15＋3)×(20－3)$$
$$=18×17 \quad \text{( ) 안을 먼저 계산합니다.}$$
$$=306$$

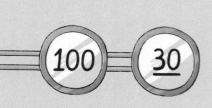

시속 100 km보다 빨리 운전하지 마시오.

시속 30 km보다 느리게 운전하지 마시오.

대표문제 7

가◆나＝가×나＋30일 때 다음을 계산해 보세요.
↳ ×를 먼저 계산합니다.

$$(32◆15)◆23$$
↳ ( ) 안을 먼저 계산합니다.

주어진 식을 약속된 식으로 나타내 차례로 계산합니다.

$$32◆15＝32× \boxed{} ＋30$$
$$=\boxed{}＋30$$
$$=\boxed{}$$

$$(32◆15)◆23＝\boxed{}◆23$$
$$=\boxed{}×23＋30$$
$$=\boxed{}＋30$$
$$=\boxed{}$$

7-1 가◎나＝나×42＋가일 때 다음을 계산해 보세요.

$$(10◎20)◎30$$

(   )

7-2 가★나＝(가＋나)×(가－나)일 때 다음을 계산해 보세요.

$$85★37$$

(   )

7-3 기호 ▲, ▽을 다음과 같이 약속할 때 주어진 식을 계산해 보세요.

ㄱ▲ㄴ ＝(ㄱ을 ㄴ으로 나눈 몫)
ㄷ▽ㄹ＝(ㄷ을 ㄹ로 나누었을 때의 나머지)

$$(740▲25)×(506▽31)$$

(   )

7-4 $\begin{pmatrix} ㄱ & ㄴ \\ ㄷ & ㄹ \end{pmatrix}$＝ㄱ×ㄹ－ㄴ×ㄷ일 때 $\begin{pmatrix} 570 & 164 \\ 70 & 30 \end{pmatrix}$을 계산해 보세요.
└▸ ×를 먼저 계산합니다.

(   )

알 수 있는 것부터 차례로 구한다.

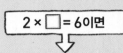

$$\begin{array}{r} ㉠\ 2 \\ \times\quad 3 \\ \hline ㉡\ 8\ ㉢ \end{array}$$

① ㉢=2×3=6

② ㉠×3=㉡8

3과의 곱의 일의 자리 수가 8인 것은 6×3=18이므로

㉠=6, ㉡=1

대표문제 8

㉮, ㉯, ㉰, ㉱, ㉲에 알맞은 수를 각각 구해 보세요.

$$\begin{array}{r} 4\ ㉮\ 2 \\ \times\quad 3\ ㉯ \\ \hline 2\ ㉰\ 1\ 0 \\ 1\ ㉱\ 8\ 6\quad \\ \hline ㉲\ 6\ 1\ 7\ 0 \end{array}$$

먼저 구할 수 있는 수부터 구합니다.

① ㉰+8=11 ➡ ㉰=☐

② 1+2+㉱=6 ➡ ㉱=☐

③ ㉲=☐

④ ㉯는 0이 아니고 ➡ ㉯=0이면 4㉮2×㉯=2㉰10이 될 수 없습니다.

2×㉯의 일의 자리 수가 0이므로 ㉯=☐입니다.

⑤
$$\begin{array}{r} \overset{1}{}\quad\ \\ 4\ ㉮\ 2 \\ \times\quad\quad 5 \\ \hline 2\ 3\ 1\ 0 \end{array}$$
에서 ㉮×5+1=31이므로 ㉮=☐입니다.

8-1 ㉠, ㉡, ㉢에 알맞은 수를 각각 구해 보세요.

$$
\begin{array}{r}
6\ 5\ 7 \\
\times\ \ ㉠\ 0 \\
\hline
1\ ㉡\ ㉢\ 1\ 0
\end{array}
$$

㉠ (   ), ㉡ (   ), ㉢ (   )

8-2 □ 안에 알맞은 수를 써넣으세요.

$$
\begin{array}{r}
\square\ 6\ 8 \\
\times\ \ \square\ 4 \\
\hline
6\ \square\ \square \\
8\ \square\ 0\ \ \\
\hline
\square\ \square\ 7\ \square
\end{array}
$$

8-3 □ 안에 알맞은 수를 써넣으세요.

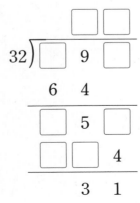

나머지는 나누는 수보다 작다.

$4 \div 2 = 2$

$5 \div 2 = 2 \cdots 1$

$6 \div 2 = 3$

$7 \div 2 = 3 \cdots 1$

$8 \div 2 = 4$

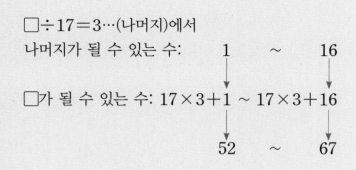

□÷17=3⋯(나머지)에서
나머지가 될 수 있는 수:　1　　～　　16

□가 될 수 있는 수: 17×3+1 ～ 17×3+16

52　～　67

대표문제 9

□ 안에는 0부터 9까지의 수가 들어갈 수 있습니다. 나눗셈식에서 나머지가 가장 클 때 □ 안에 알맞은 수를 구해 보세요.

$$78\square \div 27$$

□가 가장 큰 수인 9라 생각하면

$789 \div 27 = \boxed{} \cdots \boxed{}$ ➡ 78□는 789와 같거나 789보다 작습니다.

27로 나누었을 때 가장 큰 나머지는 $\boxed{}$ 이므로 78□를 27로 나누었을 때 가장 큰

나머지가 되는 경우는 몫이 $\boxed{}$ 이고 나머지가 $\boxed{}$ 일 때입니다.

➡ 78□ = 27 × $\boxed{}$ + $\boxed{}$ = $\boxed{}$

따라서 나머지가 가장 클 때 □ 안에 알맞은 수는 $\boxed{}$ 입니다.

9-1 나눗셈식의 나머지가 가장 클 때 ☐ 안에 알맞은 수를 구해 보세요.

$$\square \div 30 = 6 \cdots \bullet$$

(   )

9-2 ☐ 안에는 0부터 9까지의 수가 들어갈 수 있습니다. 나눗셈식에서 나머지가 가장 클 때 ☐ 안에 알맞은 수를 구해 보세요.

$$22\square \div 25$$

(   )

9-3 ☐ 안에는 0부터 9까지의 수가 들어갈 수 있습니다. 나눗셈식에서 나머지가 가장 클 때 ☐ 안에 알맞은 수를 구해 보세요.

$$50\square \div 43$$

(   )

9-4 어떤 세 자리 수를 34로 나눈 몫이 ㉠, 나머지가 ㉡일 때 ㉠+㉡이 가장 크게 되는 세 자리 수를 구해 보세요.

(   )

1 어떤 수에 27을 곱해야 할 것을 잘못하여 72로 나누었더니 몫이 8이고 나머지가 53이었습니다. 바르게 계산한 값을 구해 보세요.

( )

2 소리는 1초에 약 340 m를 간다고 합니다. 미나가 번개가 치고 1분 30초 후에 천둥 소리를 들었다면 번개가 친 곳에서 약 몇 km 몇 m 떨어져 있는 것일까요?

( )

3 가로가 195 cm, 세로가 132 cm인 직사각형 모양의 종이가 있습니다. 종이의 가로를 13등분, 세로를 12등분하여 학생들에게 한 장씩 나누어 주었습니다. 한 학생이 받은 작은 직사각형 모양 종이의 둘레는 몇 cm일까요?

( )

4 수 카드를 한 번씩만 사용하여 곱이 가장 큰 (세 자리 수)×(두 자리 수)의 곱셈식을 만들려고 합니다. 만든 곱셈식의 곱을 구해 보세요.

먼저 생각해 봐요!

2 , 3 , 5 , 9 를 한 번씩만 사용하여 곱이 가장 큰 (세 자리 수)× (한 자리 수)의 곱셈식을 만들고 계산해 볼까?

9   2   8   4   6

( )

5 조건을 만족시키는 수를 구해 보세요.

> • 세 자리 수입니다.
> • 50으로 나누었을 때 나머지가 16입니다.
> • 각 자리의 수의 합은 10입니다.

(   )

 6 사과 135개를 큰 사과와 작은 사과로 분류하였더니 큰 사과는 78개였습니다. 큰 사과는 한 개에 950원씩, 작은 사과는 한 개에 750원씩 모두 팔았다면 사과를 판 돈은 얼마인지 풀이 과정을 쓰고 답을 구해 보세요.

풀이 ....

....

....

답 ....

7 ☐ 안에 알맞은 수를 써넣으세요.

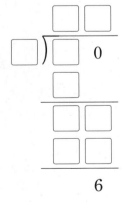

8 곱이 30000에 가장 가까운 수가 되도록 □ 안에 알맞은 수를 구해 보세요.

$$742 \times \square$$

(   )

서술형 **9** 한 자루에 480원인 연필이 있습니다. 이 연필을 ㉮ 문구점에서는 15자루를 살 때마다 1자루를 더 주고, ㉯ 문구점에서는 8자루를 살 때마다 200원씩 할인해 줍니다. 연필이 16자루 필요하다면 어느 문구점에서 살 때 얼마 더 싸게 살 수 있는지 풀이 과정을 쓰고 답을 구해 보세요.

풀이 ....

....

....

....

답 .... ,

10 두 자리 수 ㉮를 4로 나누었을 때의 나머지를 (㉮)로 나타냅니다. 예를 들어 13을 4로 나눈 나머지는 1이므로 (13)=1, 20을 4로 나눈 나머지는 0이므로 (20)=0입니다. (㉮)=2 가 될 수 있는 ㉮는 모두 몇 개일까요?

(   )

먼저 생각해 봐요!

어떤 수를 4로 나누었을 때의 나머지를 모두 구해 볼까?

4

평면도형의 이동

1 점의 이동, 평면도형 밀기

- 평면에서 점의 이동에 대해 위치와 방향을 이용하여 설명할 수 있습니다.
- 도형을 밀면 모양은 변하지 않지만 위치는 변합니다.

BASIC CONCEPT
1-1

점의 이동 ── 점은 선을 따라서 이동합니다.

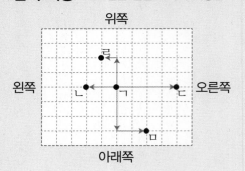

- 점 ㄱ을 왼쪽으로 2칸 이동한 위치에 점 ㄴ이 있습니다.
- 점 ㄱ을 오른쪽으로 4칸 이동한 위치에 점 ㄷ이 있습니다.
- 점 ㄱ을 위쪽으로 2칸, 왼쪽으로 1칸 이동한 위치에 점 ㄹ이 있습니다. ── 점 ㄱ을 왼쪽으로 1칸, 위쪽으로 2칸 이동한 위치라고 할 수도 있습니다.
- 점 ㄱ을 아래쪽으로 3칸, 오른쪽으로 2칸 이동한 위치에 점 ㅁ이 있습니다.

1 점 ㄱ을 어떻게 이동하면 점 ㄴ이 있는 위치로 이동할 수 있는지 알맞은 말에 ○표 하고, □ 안에 알맞은 수를 써넣으세요.

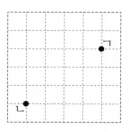

점 ㄱ을 (왼쪽 , 오른쪽)으로 □칸, (위쪽 , 아래쪽)으로 □칸 이동합니다.

2 점을 오른쪽으로 7 cm 이동했을 때의 위치입니다. 이동하기 전의 위치에 점을 그려 보세요.

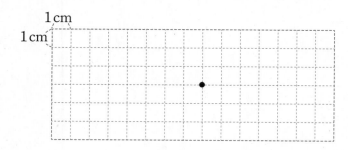

평면도형 밀기

도형을 어느 방향으로 밀어도 모양은 변하지 않고 위치만 바뀝니다.

예 사각형 ㄱㄴㄷㄹ을 오른쪽, 왼쪽, 위쪽, 아래쪽으로 각각 6 cm 밀기

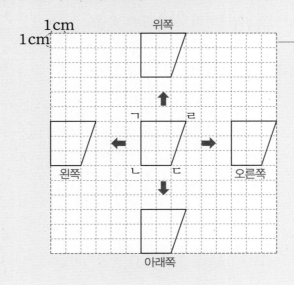

→ 기준이 되는 변을 정한 뒤 모눈의 칸 수를 이용하여 주어진 길이만큼 밀어서 생기는 도형을 완성합니다.

3 모양 조각을 오른쪽으로 밀었습니다. 알맞은 모양을 그려 보세요.

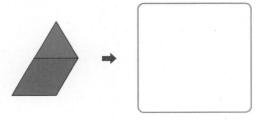

4 빨간색 사각형을 완성하려면 가, 나 조각을 각각 어느 방향으로 몇 cm 밀어야 할까요?

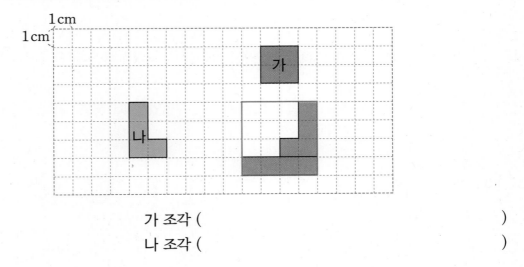

가 조각 (   )

나 조각 (   )

2 평면도형 뒤집기, 돌리기

- 도형을 뒤집으면 모양은 변하지 않지만 뒤집는 방향에 따라 방향이 바뀝니다.
- 도형을 돌리면 모양은 변하지 않지만 돌리는 각도에 따라 방향이 바뀝니다.

평면도형 뒤집기

- 도형을 위쪽이나 아래쪽으로 뒤집으면 도형의 위쪽과 아래쪽이 서로 바뀝니다.
- 도형을 왼쪽이나 오른쪽으로 뒤집으면 도형의 왼쪽과 오른쪽이 서로 바뀝니다.

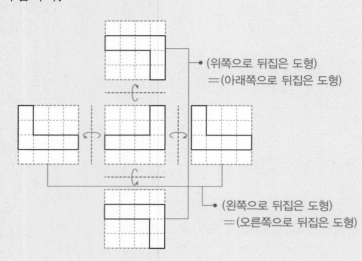

(위쪽으로 뒤집은 도형)
=(아래쪽으로 뒤집은 도형)

(왼쪽으로 뒤집은 도형)
=(오른쪽으로 뒤집은 도형)

뒤집었을 때 처음 도형과 같은 도형

도형의 왼쪽과 오른쪽 또는 위쪽과 아래쪽이 각각 같으면 뒤집기 한 도형이 처음 도형과 같습니다.

(예)

도형을 같은 방향으로 2번, 4번, 6번, ... 뒤집었을 때의 도형은 처음 도형과 같습니다.

---

1 도형을 오른쪽으로 뒤집은 도형과 아래쪽으로 뒤집은 도형을 각각 그려 보세요.

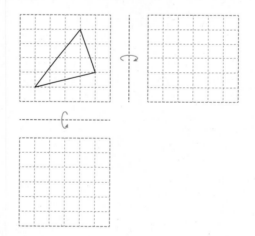

2 다음 중 위쪽으로 뒤집고 오른쪽으로 뒤집었을 때 처음 모양과 같은 알파벳은 모두 몇 개일까요?

A B C D E F G H I J K L

( )

2-2 BASIC CONCEPT

평면도형 돌리기

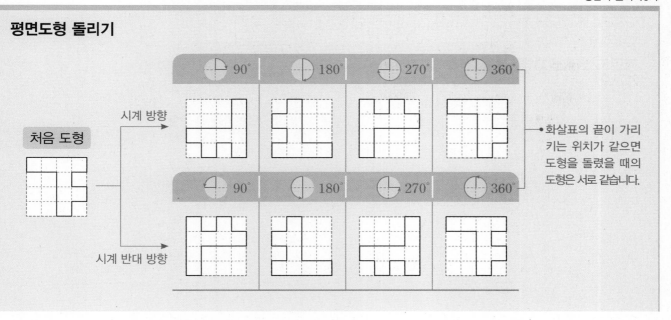

3 왼쪽 도형을 돌렸더니 오른쪽 도형이 되었습니다. 어떻게 돌렸는지 ⬤ 에 알맞은 것을 모두 찾아 기호를 써 보세요.

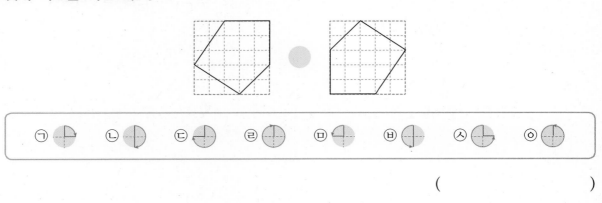

(   )

4 도형을 시계 반대 방향으로 90°만큼 2번 돌린 도형을 그려 보세요.

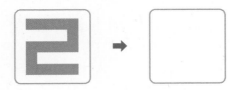

5 왼쪽 도형을 돌렸더니 오른쪽 도형이 되었습니다. 도형을 돌린 방법을 써 보세요.

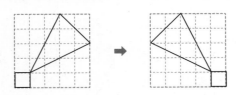

3 평면도형 뒤집고 돌리기, 무늬 꾸미기

• 모양을 밀기, 뒤집기, 돌리기를 이용하여 여러 가지 무늬를 만들 수 있습니다.

평면도형 뒤집고 돌리기

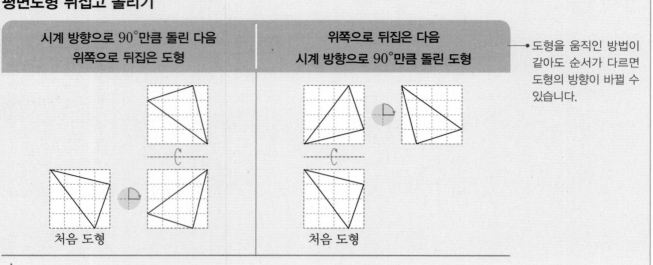

시계 방향으로 90°만큼 돌린 다음 위쪽으로 뒤집은 도형	위쪽으로 뒤집은 다음 시계 방향으로 90°만큼 돌린 도형

▸도형을 움직인 방법이 같아도 순서가 다르면 도형의 방향이 바뀔 수 있습니다.

처음 도형 / 처음 도형

---

1 모양 조각을 아래쪽으로 뒤집고 시계 반대 방향으로 180°만큼 돌렸습니다. 알맞은 모양을 그려 보세요.

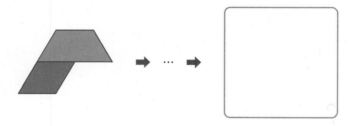

---

2 도형을 오른쪽으로 2번 뒤집고 시계 방향으로 90°만큼 돌린 도형을 그려 보세요.

---

3 오른쪽 도형을 움직여서 처음과 같은 도형으로 만들 수 있는 방법이 아닌 것을 찾아 기호를 써 보세요.

> ㉠ 아래쪽으로 밀기
> ㉡ 오른쪽으로 12번 뒤집기
> ㉢ 시계 방향으로 90°만큼 11번 돌리기

(   )

3-2
BASIC CONCEPT

무늬 꾸미기

• 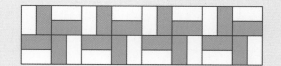 모양을 이용하여 무늬 만들기

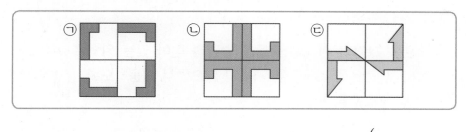

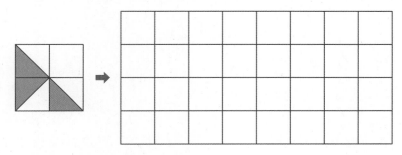 모양을 시계 방향으로 $90°$만큼 돌리는 것을 반복하여 모양을 만들고, 그 모양을 오른쪽으로 밀어서 무늬를 만들었습니다.

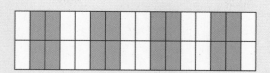 모양을 오른쪽으로 뒤집는 것을 반복하여 모양을 만들고, 그 모양을 아래쪽으로 밀어서 무늬를 만들었습니다.

4 규칙적인 무늬를 만든 방법이 다른 하나를 찾아 기호를 써 보세요.

(   )

5 왼쪽 모양으로 규칙적인 무늬를 만들고, 만든 방법을 설명해 보세요.

방법

점의 이동을 다양하게 나타낼 수 있다.

 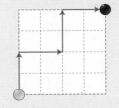

흰색 바둑돌을 검은색 바둑돌이 있는 위치까지 이동하기

방법1 　오른쪽으로 4칸 　→　 위쪽으로 4칸

방법2 　위쪽으로 2칸 　→　 오른쪽으로 2칸

　　　　　　　　위쪽으로 2칸 　→　 오른쪽으로 2칸

오른쪽 그림의 흰색 바둑돌을 빨간색 점이 있는 위치로 이동하려고 합니다. 검은색 바둑돌을 지나지 않으면서 이동하도록 □ 안에 알맞은 말이나 수를 써넣으세요.

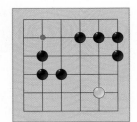

[흰색 바둑돌을 3번 이동]

① 왼쪽으로 4칸 이동하기

② □　　　으로 □ 칸 이동하기

③ □　　　으로 □ 칸 이동하기

[흰색 바둑돌을 4번 이동]

① 위쪽으로 2칸 이동하기

② □　　　으로 □ 칸 이동하기

③ □　　　으로 □ 칸 이동하기

④ □　　　으로 □ 칸 이동하기

[흰색 바둑돌을 3번 이동]

① 왼쪽으로 4칸 이동하기

② (위쪽 , 아래쪽)으로 □ 칸 이동하기

③ (왼쪽 , 오른쪽)으로 □ 칸 이동하기

[흰색 바둑돌을 4번 이동]

① 위쪽으로 2칸 이동하기

③ (위쪽 , 아래쪽)으로 □ 칸 이동하기

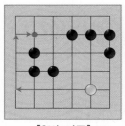 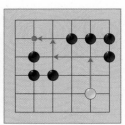

[3번 이동]　　　　[4번 이동]

② (왼쪽 , 오른쪽)으로 □ 칸 이동하기

④ (왼쪽 , 오른쪽)으로 □ 칸 이동하기

1-1 오른쪽 그림의 흰색 바둑돌을 빨간색 점이 있는 위치로 이동하려고 합니다. 검은색 바둑돌을 지나지 않으면서 이동하도록 ☐ 안에 알맞은 말이나 수를 써넣으세요.

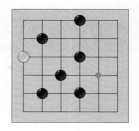

[흰색 바둑돌을 3번 이동]

① 아래쪽으로 3칸 이동하기

② ☐으로 ☐칸 이동하기

③ 위쪽으로 ☐칸 이동하기

[흰색 바둑돌을 4번 이동]

① 오른쪽으로 2칸 이동하기

② ☐으로 ☐칸 이동하기

③ ☐으로 ☐칸 이동하기

④ ☐으로 ☐칸 이동하기

1-2 거북이 출발점에서 시작하여 집이 있는 위치로 이동하려고 합니다. 빨간색 점을 지나지 않으면서 이동하도록 ☐ 안에 알맞은 말이나 수를 써넣으세요.

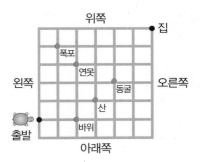

[거북을 2번 이동]

① 위쪽으로 5칸 이동하기

② ☐으로 ☐칸 이동하기

[거북을 3번 이동]

① 아래쪽으로 1칸 이동하기

② 오른쪽으로 ☐칸 이동하기

③ ☐으로 ☐칸 이동하기

[거북을 4번 이동]

① 위쪽으로 2칸 이동하기

② 오른쪽으로 ☐칸 이동하기

③ ☐으로 ☐칸 이동하기

④ ☐으로 ☐칸 이동하기

도형을 같은 방향으로 짝수 번 뒤집으면 처음 도형과 같다.

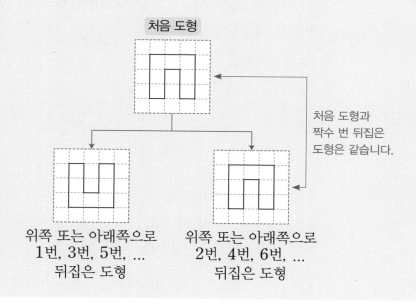

처음 도형과
짝수 번 뒤집은
도형은 같습니다.

위쪽 또는 아래쪽으로
1번, 3번, 5번, ...
뒤집은 도형

위쪽 또는 아래쪽으로
2번, 4번, 6번, ...
뒤집은 도형

대표문제 2 도형을 오른쪽으로 17번 뒤집었을 때의 도형을 그려 보세요.

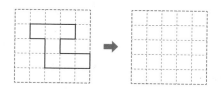

1번 뒤집은 도형　　　2번 뒤집은 도형

도형을 오른쪽으로 2번, 4번, ... 뒤집으면 처음 도형과 같아지므로

도형을 오른쪽으로 17번 뒤집은 도형은 오른쪽으로 (1번 , 2번) 뒤집은 도형과 같습니다.

2-1 도형을 오른쪽으로 뒤집고 다시 오른쪽으로 뒤집었을 때의 도형을 각각 그려 보세요.

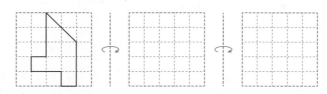

서술형 2-2 도형을 아래쪽으로 13번 뒤집었을 때의 도형을 그리려고 합니다. 풀이 과정을 쓰고 빈칸에 알맞은 도형을 그려 보세요.

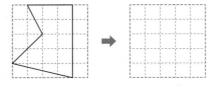

풀이 ....

....

2-3 도형을 오른쪽으로 11번 뒤집고 위쪽으로 3번 뒤집었을 때의 도형을 그려 보세요.

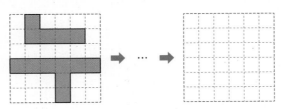

도형을 한 바퀴(360°) 돌리면 처음 도형과 같다.

처음 도형   반 바퀴 돌린 도형   한 바퀴 돌린 도형

한 바퀴는 360°이고, 360°＝90°×4입니다.
같은 방향으로 90°만큼 4번, 8번, 12번, ... 돌린
도형은 처음 도형과 같습니다.

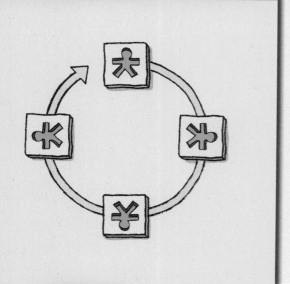

대표문제 3

도형을 시계 반대 방향으로 90°만큼 11번 돌렸을 때의 도형을 그려 보세요.

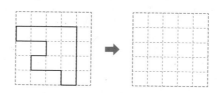

1번   2번   3번   4번

도형을 시계 반대 방향으로 90°만큼 ☐ 번 돌리면 처음 도형과 같아지므로

시계 반대 방향으로 90°만큼 11번 돌렸을 때의 도형은

시계 반대 방향으로 90°만큼 ☐ 번 돌렸을 때의 도형과 같습니다.
└─● 11번－8번

시계 반대 방향으로 90°만큼 3번 돌렸을 때의 도형은 시계 반대 방향으로 ☐° 만큼 돌렸을

때의 도형과 같고 이것은 시계 방향으로 ☐° 만큼 돌렸을 때의 도형과 같습니다.

3-1 도형을 시계 방향으로 180°만큼 돌리고 다시 시계 방향으로 180°만큼 돌렸을 때의 도형을 각각 그려 보세요.

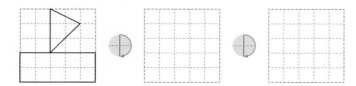

3-2 도형을 시계 방향으로 90°만큼 10번 돌린 도형을 가운데에 그리고, 가운데 도형을 다시 시계 반대 방향으로 270°만큼 돌렸을 때의 도형을 오른쪽에 그려 보세요.

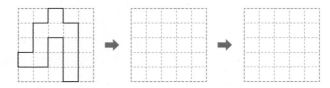

3-3 도형을 오른쪽으로 18번 뒤집고 시계 반대 방향으로 180°만큼 5번 돌렸을 때의 도형을 그려 보세요.

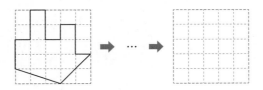

3-4 도형을 아래쪽으로 5번 뒤집고 시계 방향으로 270°만큼 4번 돌렸을 때의 도형을 그려 보세요.

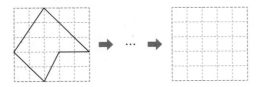

최상위 S

도형을 여러 번 움직인 방법을 단순화하자.

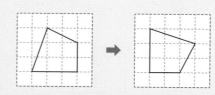

도형을 위쪽으로 4번 뒤집고
└→ 처음 도형

시계 방향으로 90°만큼 5번 돌리기
└→ 시계 방향으로 90°만큼 1번 돌리기

➡ 시계 방향으로 90°만큼 돌리기

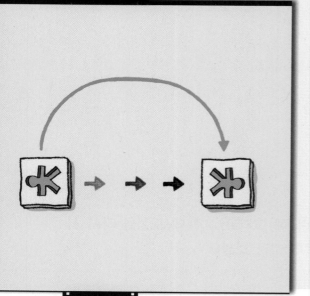

대표문제 4

도형을 오른쪽으로 3번 뒤집고 위쪽으로 1번 뒤집었을 때의 도형은 주어진 도형을 어떤 방법으로 한 번 움직인 도형과 같을까요?

오른쪽으로 3번 뒤집은 도형은 오른쪽으로 ☐ 번 뒤집은 도형과 같습니다.

오른쪽으로 3번 뒤집고 위쪽으로 1번 뒤집은 도형은 다음과 같습니다.

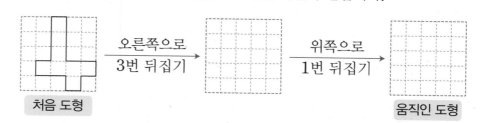

처음 도형 — 오른쪽으로 3번 뒤집기 → — 위쪽으로 1번 뒤집기 → 움직인 도형

움직인 도형은 처음 도형의 위쪽과 아래쪽이 서로 바뀌었고 왼쪽과 오른쪽이 서로 바뀌었으므로 처음 도형을 시계 방향으로 ☐°만큼 또는 시계 반대 방향으로 ☐°만큼 (밀기 , 뒤집기 , 돌리기) 한 도형과 같습니다.

4-1 도형을 아래쪽으로 5번 뒤집고 왼쪽으로 3번 뒤집었을 때의 도형은 주어진 도형을 어떤 방법으로 한 번 움직인 도형과 같은지 기호를 써 보세요.

⊙ 시계 방향으로 90°만큼 돌리기
ⓒ 왼쪽으로 뒤집기
ⓒ 시계 반대 방향으로 180°만큼 돌리기
㉣ 오른쪽으로 밀기

( )

4-2 도형을 오른쪽으로 7번 뒤집고 시계 방향으로 180°만큼 돌렸을 때의 도형은 주어진 도형을 어떤 방법으로 한 번 움직인 도형과 같은지 써 보세요.

( )

4-3 도형을 시계 반대 방향으로 90°만큼 6번 돌리고 위쪽으로 9번 뒤집었을 때의 도형은 주어진 도형을 어떤 방법으로 한 번 움직인 도형과 같은지 써 보세요.

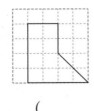

( )

움직인 방향과 순서를 거꾸로 하면 처음 도형이 된다.

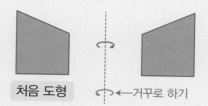

오른쪽으로 뒤집은 도형을

처음 도형 ⟲ ←거꾸로 하기

다시 왼쪽으로 뒤집으면 처음 도형이 됩니다.

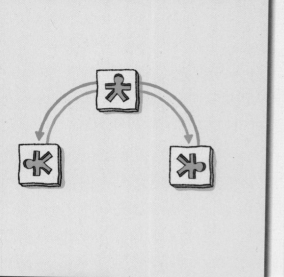

 어떤 도형을 위쪽으로 7번 뒤집고 시계 방향으로 90°만큼 돌린 도형입니다. 처음 도형을 그려 보세요.

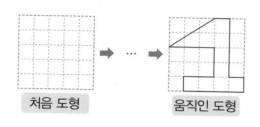

처음 도형 ➡ … ➡ 움직인 도형

움직인 도형을 시계 반대 방향으로 90°만큼 돌리고 아래쪽으로 7번 뒤집으면 처음 도형이 됩니다.

① 움직인 도형을 시계 반대 방향으로 [ ]°만큼 돌린 도형을 그리면

② ①의 도형을 아래쪽으로 7번 뒤집은 도형을 그리면
   └─• 아래쪽으로 1번 뒤집은
      도형과 같습니다.

처음 도형

5-1 어떤 도형을 시계 반대 방향으로 90°만큼 돌리고 아래쪽으로 뒤집은 도형입니다. 처음 도형을 그려 보세요.

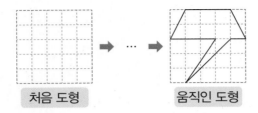

처음 도형   → … →   움직인 도형

5-2 어떤 도형을 시계 방향으로 90°만큼 돌리고 아래쪽으로 5번 뒤집은 도형입니다. 처음 도형을 그려 보세요.

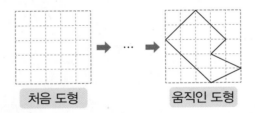

처음 도형   → … →   움직인 도형

5-3 어떤 도형을 오른쪽으로 9번 뒤집고 시계 반대 방향으로 180°만큼 돌린 도형입니다. 처음 도형을 그려 보세요.

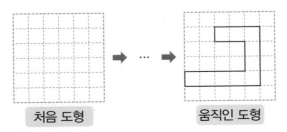

처음 도형   → … →   움직인 도형

최상위 S

점을 기준으로 돌리면
점이 있는 곳은 움직이지 않는다.

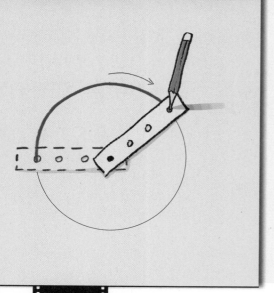

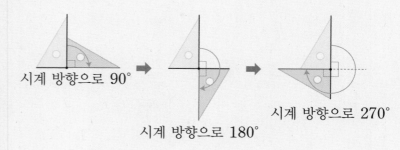

시계 방향으로 90°

시계 방향으로 180°

시계 방향으로 270°

대표문제 6

초록색 도형은 주황색 도형을 빨간색 점을 기준으로 시계 방향으로 돌려서 만든 도형입니다. 돌린 각도가 가장 큰 것의 기호를 써 보세요. (단, 돌린 각도는 0°보다 크고 360°보다 작습니다.)

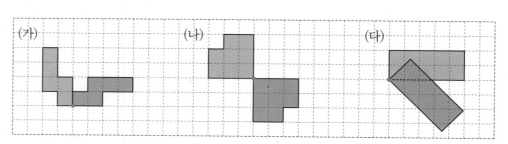

(가)   (나)   (다)

빨간색 점을 기준으로

(가)는 시계 방향으로 ☐°만큼 돌린 것이고,

(나)는 시계 방향으로 ☐°만큼 돌린 것이고,

(다)는 시계 방향으로 ☐°만큼 돌린 것입니다.

따라서 도형을 시계 방향으로 돌린 각도가 가장 큰 것은 ☐입니다.

6-1 보라색 도형은 초록색 도형을 빨간색 점을 기준으로 시계 반대 방향으로 돌려서 만든 도형입니다. 돌린 각도가 더 작은 것의 기호를 써 보세요. (단, 돌린 각도는 0°보다 크고 360°보다 작습니다.)

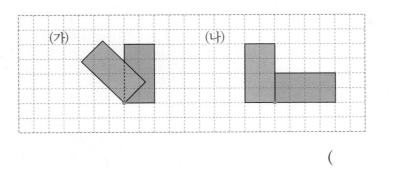

(   )

6-2 초록색 도형은 주황색 도형을 빨간색 점을 기준으로 시계 방향으로 돌려서 만든 도형입니다. 돌린 각도가 더 큰 것의 기호를 써 보세요. (단, 돌린 각도는 0°보다 크고 360°보다 작습니다.)

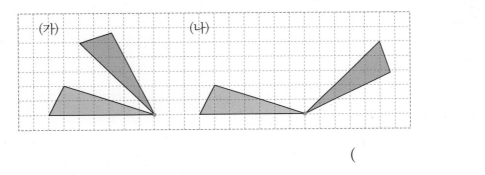

(   )

6-3 보라색 도형은 초록색 도형을 빨간색 점을 기준으로 시계 반대 방향으로 돌려서 만든 도형입니다. 돌린 각도가 가장 작은 것의 기호를 써 보세요. (단, 돌린 각도는 0°보다 크고 360°보다 작습니다.)

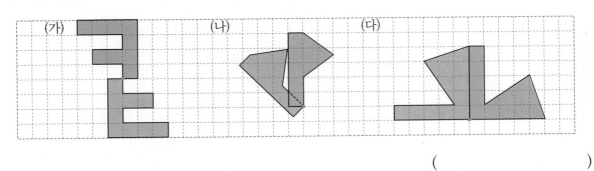

(   )

최상위

뒤집거나 돌려서 다른 수, 글자를 만들 수 있다.

・6을 돌려서 9 만들기

・ㅕ를 뒤집어서 ㅑ 만들기

대표문제 7

다음 5장의 수 카드 중에서 3장을 골라 한 번씩만 사용하여 가장 큰 세 자리 수를 만들려고 합니다. 이 수를 시계 방향으로 180°만큼 돌려서 만들어지는 수와 처음 만든 수의 차를 구해 보세요. (단, 세 자리 수를 한꺼번에 돌립니다.)

| 8 | 5 | 9 | 1 | 0 |

수의 크기를 비교하면 $9 > 8 > 5 > 1 > 0$이므로

만들 수 있는 가장 큰 세 자리 수는 ⑨⑧⑤ 입니다.

만든 수를 시계 방향으로 180°만큼 돌리면

 입니다.

따라서 두 수의 차는 ☐ − ☐ = ☐ 입니다.

7-1

다음 수 카드를 오른쪽으로 뒤집고 아래쪽으로 뒤집었을 때 만들어지는 수를 구해 보세요.

(   )

7-2

다음 한글 모음 중에서 위쪽으로 뒤집은 모양과 시계 방향으로 180°만큼 돌렸을 때의 모양이 같은 것은 모두 몇 개일까요?

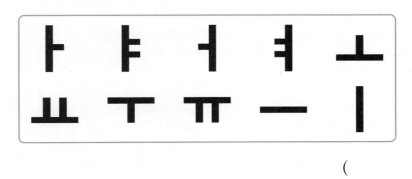

(   )

7-3

다음 4장의 수 카드를 한 번씩만 사용하여 가장 작은 네 자리 수를 만들었습니다. 이 수를 왼쪽으로 뒤집었을 때 만들어지는 수를 ㉠, 아래쪽으로 뒤집었을 때 만들어지는 수를 ㉡, 시계 반대 방향으로 180°만큼 돌렸을 때 만들어지는 수를 ㉢이라 할 때, ㉠+㉡-㉢을 구해 보세요. (단, 네 자리 수를 한꺼번에 돌립니다.)

(   )

한 모양을 움직여서 규칙적인 무늬를 꾸밀 수 있다.

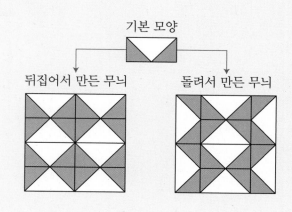

기본 모양

뒤집어서 만든 무늬　　돌려서 만든 무늬

대표문제 8

보기 의 모양을 돌리거나 뒤집어서 만들 수 없는 무늬를 찾아 기호를 써 보세요.

보기

㉠　㉡　㉢

㉠은 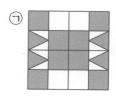 모양을 (돌리기 , 뒤집기) 하여 만든 무늬입니다.

㉡은 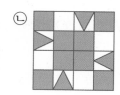 모양을 (돌리기 , 뒤집기) 하여 만든 무늬입니다.

㉢은 (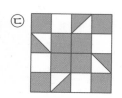 , ,) 모양을 (돌리기 , 뒤집기) 하여 만든 무늬입니다.

따라서  모양을 돌리거나 뒤집어서 만들 수 없는 무늬는 ▢ 입니다.

8-1 왼쪽 모양을 이용하여 만든 무늬를 찾아 기호를 써 보세요.

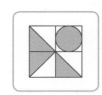
가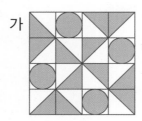
나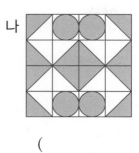

(   )

8-2 모양을 이용하여 만든 무늬입니다. 모양을 돌리기만 하여 만든 모양은 모두 몇 개일까요?

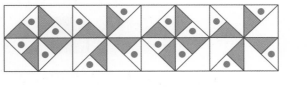

(   )

8-3 왼쪽 모양을 이용하여 만든 무늬입니다. 빈칸에 알맞게 색칠해 보세요.

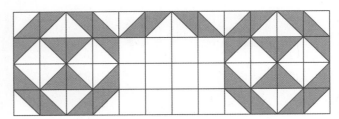

1 도형을 오른쪽으로 10 cm 밀고 위쪽으로 3 cm 밀었을 때의 도형을 그려 보세요.

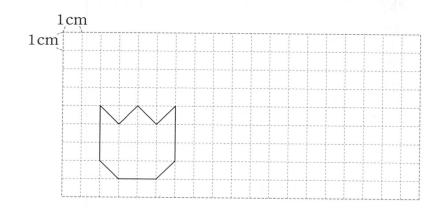

2 조각을 움직여서 오른쪽 정사각형을 완성하려고 합니다. ㉠과 ㉡에 알맞은 조각을 각각 찾아 기호를 써 보세요.

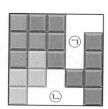

가   나   다   라   마

㉠ (   )

㉡ (   )

3 보기 와 같은 방법으로 주어진 모양 조각을 움직였습니다. 알맞은 모양을 그려 보세요.

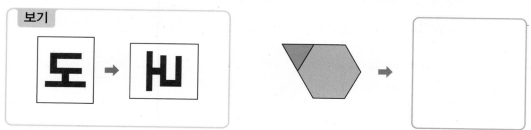

4 왼쪽 도형은 어떤 도형을 위쪽으로 뒤집었을 때의 도형입니다. 처음 도형을 시계 반대 방향으로 270°만큼 돌린 도형을 오른쪽에 그려 보세요.

5 다음과 같이 다섯 변의 길이가 모두 같은 도형에 선분 ㄱㄴ을 그었습니다. 점선을 기준으로 접었을 때 선분 ㄱㄴ과 겹치는 선분을 그어 보세요.

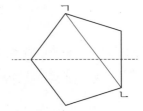

서술형 **6** 어느 날 오후에 거울에 비친 시계의 모양입니다. 소희가 거울에 비친 시각부터 오후 5시까지 수학 공부를 하였을 때, 수학 공부를 한 시간은 몇 시간 몇 분인지 풀이 과정을 쓰고 답을 구해 보세요.

먼저 생각해 봐요!
거울에 비친 모양은 밀기, 뒤집기, 돌리기 한 것 중 무엇과 같을까?

풀이 ....

....

....

답 ....

7 오른쪽 글자가 종이에 찍히도록 도장을 새기려고 합니다. 왼쪽 도장에 새겨야 할 모양을 그려 보세요.

도장

8 시작 칸에서 출발하여 명령어대로 이동하며 칸을 색칠하였을 때 나타나는 알파벳을 써 보세요.

명령어	
①	시작 칸 색칠하기
②	왼쪽으로 1칸 이동하여 색칠하기
③	왼쪽으로 1칸 이동하여 색칠하기
④	아래쪽으로 1칸 이동하여 색칠하기
⑤	아래쪽으로 1칸 이동하여 색칠하기
⑥	오른쪽으로 1칸 이동하여 색칠하기
⑦	오른쪽으로 1칸 이동하여 색칠하기
⑧	왼쪽으로 2칸, 아래쪽으로 1칸 이동하여 색칠하기
⑨	아래쪽으로 1칸 이동하여 색칠하기

(   )

서술형 **9** 일정한 규칙으로 도형을 움직인 것입니다. 규칙을 설명하고 빈칸에 알맞은 도형을 그려 보세요.

먼저 생각해 봐요!
규칙에 따라 ☐ 안에 알맞은 모양은?
← ↑ → ☐

 ➡ 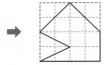 ➡ ➡ ☐ ➡

규칙 ....

....

10 점을 보기 와 같이 이동했을 때 위치가 다음과 같습니다. 이동하기 전의 위치에 점을 그려 보세요.

보기

왼쪽으로 6 cm, 아래쪽으로 3 cm 이동
➡ 오른쪽으로 4 cm, 위쪽으로 5 cm 이동

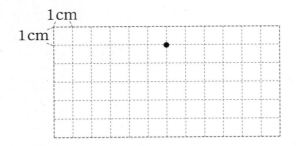

11 주어진 도형을 선 가를 기준으로 오른쪽으로 뒤집은 도형과 처음 도형을 이어 그린 것을 시계 반대 방향으로 270°만큼 돌렸을 때의 도형을 그려 보세요.

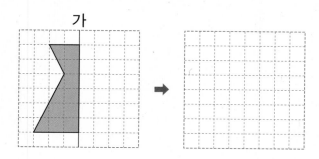

12 왼쪽에 있는 모양을 다음과 같은 순서로 움직였습니다. 오른쪽에 있는 모양에서 ♠가 있는 칸의 기호를 써 보세요.

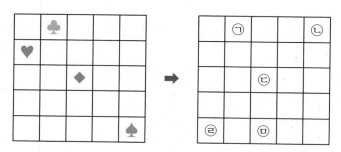

① 오른쪽으로 뒤집기
② 시계 방향으로 90°만큼 돌리기
③ 아래쪽으로 뒤집기

(   )

5

막대그래프

1 막대그래프

• 막대그래프를 알고 그 특징을 이해할 수 있습니다.

막대그래프: 조사한 자료의 수량을 막대 모양으로 나타낸 그래프

좋아하는 색깔

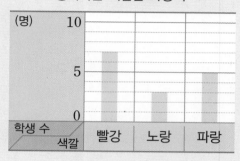

좋아하는 색깔별 학생 수

색깔	빨강	노랑	파랑	합계
학생 수(명)	7	3	5	15

좋아하는 색깔별 학생 수

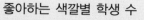

• 가로는 색깔을, 세로는 학생 수를 나타냅니다.
• 막대의 길이는 좋아하는 색깔별 학생 수를 나타냅니다.
• 세로 눈금 5칸이 5명을 나타내므로 세로 눈금 한 칸은 1명을 나타냅니다.

표	각 항목별로 조사한 수량과 조사한 자료의 수량의 합계를 알기 쉽습니다.
그래프	조사한 자료의 수량을 한눈에 비교하기 쉽습니다.

[1~6] 지윤이네 반 학생들이 받고 싶어 하는 생일 선물을 조사하여 나타낸 표와 막대그래프입니다. 물음에 답하세요.

받고 싶어 하는 생일 선물별 학생 수

선물	컴퓨터	휴대 전화	장난감	자전거	옷	합계
학생 수(명)	5	7	1	3	.	20

받고 싶어 하는 생일 선물별 학생 수

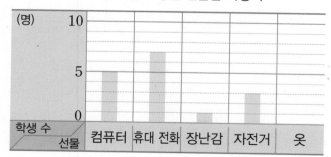

1 막대그래프의 가로와 세로는 각각 무엇을 나타낼까요?

가로 (   )

세로 (   )

2 막대의 길이는 무엇을 나타내고, 세로 눈금 한 칸은 몇 명을 나타낼까요?

막대의 길이 (   )

세로 눈금 한 칸 (   )

3 옷을 받고 싶어 하는 학생은 몇 명일까요?

(   )

4 막대그래프에서 옷은 막대의 길이를 몇 칸으로 나타내야 할까요?

(   )

5 조사한 전체 학생 수를 쉽게 알 수 있는 것은 표와 막대그래프 중 어느 것인가요?

(   )

6 표와 비교하였을 때 막대그래프의 좋은 점을 써 보세요.

....

....

2 막대그래프 내용 알아보기

• 막대그래프를 보고 여러 가지 내용을 알고 설명할 수 있습니다.
• 정리된 자료를 통해 새로운 정보를 예상할 수 있습니다.

막대그래프 내용 알아보기

좋아하는 과일별 학생 수

• 가장 많은 학생들이 좋아하는 과일은 포도입니다.
  막대의 길이가 가장 긴 것은 포도입니다.
• 가로 눈금 한 칸이 2명을 나타내므로 배를 좋아하는 학생은 16명입니다.
• 복숭아를 좋아하는 학생은 사과를 좋아하는 학생보다 4명 더 많습니다.
  복숭아의 막대는 사과의 막대보다 2칸 더 깁니다.
• 포도를 좋아하는 학생이 가장 많으므로 급식에 나오는 과일은 포도가 좋을 것입니다.

[1~4] 지후네 학교 4학년 반별 안경을 쓴 학생 수를 조사하여 나타낸 막대그래프입니다. 물음에 답하세요.

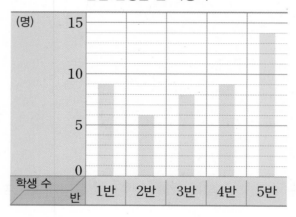

반별 안경을 쓴 학생 수

1 안경을 쓴 학생이 가장 많은 반은 몇 반일까요?

( )

2 안경을 쓴 학생 수가 같은 반은 몇 반과 몇 반일까요?

(,)

3 3반보다 안경을 쓴 학생 수가 더 많은 반을 모두 써 보세요.

(   )

4 지후네 학교 4학년 학생 중에서 안경을 쓴 학생은 모두 몇 명일까요?

(   )

[5~6] 초희네 학교 4학년 학생들이 배우고 싶어 하는 국악기를 조사하여 나타낸 막대그래프입니다.
물음에 답하세요.

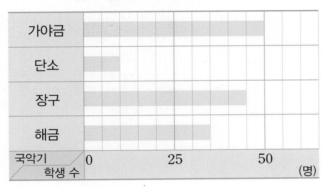

배우고 싶어 하는 국악기별 학생 수

5 장구를 배우고 싶어 하는 학생은 단소를 배우고 싶어 하는 학생보다 몇 명 더 많을까요?

(   )

6 초희네 학교에서 4학년 학생을 대상으로 국악기를 배우는 방과 후 수업을 하려고 합니다. 어떤 국악기를 배우는 방과 후 수업을 하면 좋을지 쓰고, 그 까닭을 써 보세요.

국악기 (   )

까닭 ....

....

3 막대그래프로 나타내기

• 주어진 자료를 막대그래프로 나타낼 수 있습니다.

막대그래프로 나타내기

태어난 계절별 학생 수

계절	봄	여름	가을	겨울	합계
학생 수(명)	7	3	5	6	21

① 가로와 세로에 나타낼 것을 정합니다.
  └• 가로: 계절, 세로: 학생 수
② 눈금 한 칸의 크기를 정하고, 조사한 수 중 가장 큰 수를 나타낼 수 있도록 눈금의 수를 정합니다.
③ 조사한 수에 맞게 막대를 그립니다.
④ 막대그래프에 알맞은 제목을 씁니다.
  └• 제목을 가장 먼저 써도 됩니다.

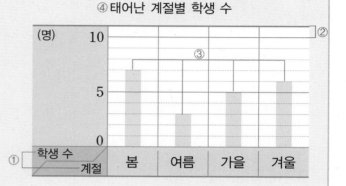
④태어난 계절별 학생 수

[1~4] 은수네 반 학생들이 하려는 환경 보호 활동을 조사하여 나타낸 표입니다. 물음에 답하세요.

환경 보호 활동별 학생 수

활동	전기 아껴 쓰기	일회용품 사용 줄이기	재활용 분리배출 하기	대중교통 이용하기	합계
학생 수(명)	14	8	4	2	

1 조사한 학생은 모두 몇 명일까요?

( )

2 막대그래프의 가로에 활동을 나타낸다면 세로에는 무엇을 나타내야 할까요?

( )

3 세로 눈금 한 칸이 2명을 나타내는 막대그래프를 그린다면 전기 아껴 쓰기 활동은 눈금 몇 칸으로 나타내야 할까요?

( )

4 표를 보고 막대그래프를 완성해 보세요.

두 가지 자료를 나타낸 막대그래프

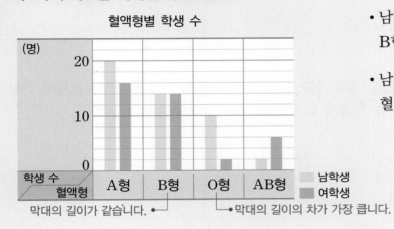

• 남학생 수와 여학생 수가 같은 혈액형은 B형입니다.

• 남학생 수와 여학생 수의 차가 가장 큰 혈액형은 O형입니다.

막대의 길이가 같습니다. ● ┘ └ ● 막대의 길이의 차가 가장 큽니다.

5 선우네 학교 4학년 반별 학급 문고에 있는 동화책과 위인전의 수를 조사하여 나타낸 막대그래프입니다. 다음 설명을 보고 막대그래프를 완성해 보세요.

• 2반의 위인전 수는 4반의 동화책 수와 같습니다.
• 3반의 동화책은 3반의 위인전보다 6권 더 많습니다.

반별 학급 문고의 책 수

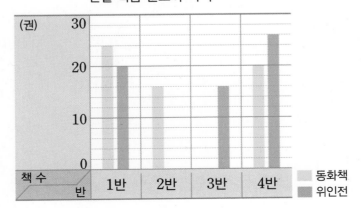

눈금 한 칸의 크기를 구한다.

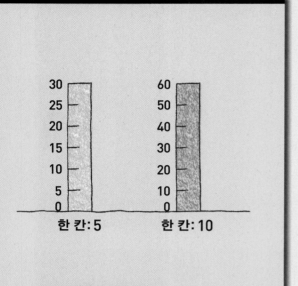

한 칸: 5 한 칸: 10

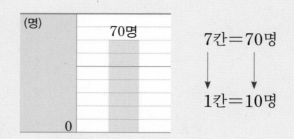

70명

7칸=70명

1칸=10명

대표문제 1

수호네 학교 4학년 학생 46명이 하고 싶어 하는 야외 활동을 조사하여 나타낸 막대그래프입니다. 캠핑을 하고 싶어 하는 학생은 몇 명인지 구해 보세요.

하고 싶어 하는 야외 활동별 학생 수

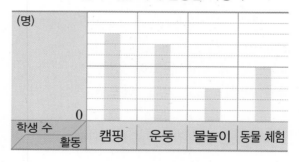

막대그래프에서 활동별 막대의 눈금 수를 각각 세어 모두 더해 보면

8+□+□+□=□(칸)입니다.

□칸이 46명을 나타내므로 세로 눈금 한 칸은 □명을 나타냅니다.

따라서 캠핑을 하고 싶어 하는 학생은 □명입니다.

서술형 **1-1**

*고궁: 옛 궁궐

어느 *고궁에 하루 동안 관람한 나라별 사람 수를 조사하여 나타낸 막대그래프입니다. 고궁을 관람한 일본인이 80명일 때 고궁을 관람한 중국인은 몇 명인지 풀이 과정을 쓰고 답을 구해 보세요.

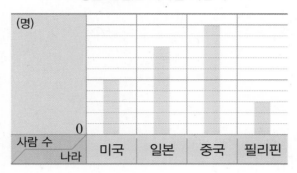

고궁을 관람한 나라별 사람 수

풀이 ....

....

....

답 ....

1-2

연우네 학교 4학년 학생들이 좋아하는 과목을 조사하여 나타낸 막대그래프입니다. 수학을 좋아하는 학생이 25명일 때 연우네 학교 4학년 학생은 모두 몇 명일까요?

좋아하는 과목별 학생 수

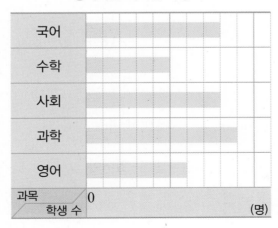

(   )

눈금은 자료의 가장 큰 값까지 나타낼 수 있어야 한다.

가	나	다
25	40	35

➡ 자료 중 가장 큰 값은 40입니다.
세로 눈금 한 칸이 5를 나타내는 막대그래프를 그린다면
눈금은 적어도 40÷5＝8(칸) 필요합니다.

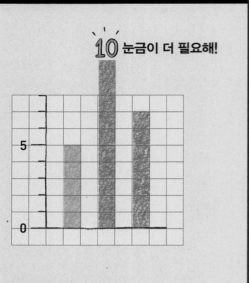

대표문제 2

건우네 동네 사람들이 좋아하는 꽃을 조사하여 나타낸 표입니다. 표를 막대그래프로 나타낼 때 세로 눈금 한 칸이 2명을 나타내도록 그린다면 세로 눈금은 적어도 몇 칸 필요할까요?

좋아하는 꽃별 사람 수

꽃	장미	튤립	백합	국화	합계
사람 수(명)		18	10	14	64

(장미를 좋아하는 사람 수)＝□－(18＋10＋14)

＝□(명)

장미를 좋아하는 사람은 □명이고 가장 많은 사람들이 좋아하는 꽃은 □이므로

세로 눈금은 □명까지 나타낼 수 있어야 합니다.
　　　↳ 가장 많은 사람들이 좋아하는 꽃의 사람 수
세로 눈금 한 칸이 2명을 나타내도록 그린다면 세로 눈금은 적어도 □칸 필요합니다.

2-1 현수네 학교 4학년 학생들이 체육 시간에 하고 싶어 하는 운동을 조사하여 나타낸 표입니다. 표를 막대그래프로 나타낼 때 세로 눈금 한 칸이 2명을 나타내도록 그린다면 세로 눈금은 적어도 몇 칸 필요할까요?

체육 시간에 하고 싶어 하는 운동별 학생 수

운동	축구	줄넘기	피구	합계
학생 수(명)	20		16	70

(   )

서술형 **2-2** 단비네 반 학생들이 좋아하는 채소를 조사하여 나타낸 표입니다. 오이를 좋아하는 학생은 당근을 좋아하는 학생보다 2명 더 많습니다. 표를 막대그래프로 나타낼 때 세로에 학생 수를 나타내려면 세로 눈금은 적어도 몇 명까지 나타낼 수 있어야 할까요?

좋아하는 채소별 학생 수

채소	오이	당근	감자	가지	합계
학생 수(명)			8	5	25

풀이 ....

....

....

답 ....

2-3 지혜네 학교 4학년 학생들이 좋아하는 간식을 조사하여 나타낸 표입니다. 표를 막대그래프로 나타낼 때 떡볶이의 막대를 세로 눈금 10칸이 되게 그리려고 합니다. 김밥은 세로 눈금 몇 칸으로 그려야 할까요?

좋아하는 간식별 학생 수

간식	햄버거	피자	김밥	떡볶이	합계
학생 수(명)	15	18		30	84

(   )

막대그래프는 많은 정보를 한눈에 알려 준다.

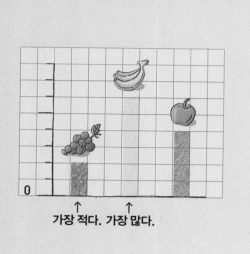

↑ ↑
가장 적다. 가장 많다.

마을별 인구수

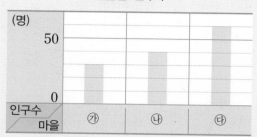

(전체 인구수)=30+40+60=130(명)

(전체 인구수에 대한 ㉯ 마을의 인구수)=$\dfrac{40}{130}$

3 대표문제

어느 주스 가게에서 하루 동안 팔린 과일주스를 조사하여 나타낸 막대그래프입니다. 팔린 전체 과일주스 수에 대한 포도주스 수를 분수로 나타내 보세요.

하루 동안 팔린 종류별 과일주스 수

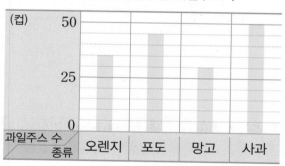

세로 눈금 5칸이 ☐ 컵을 나타내므로 세로 눈금 한 칸은 ☐ 컵을 나타냅니다.

오렌지주스: 7칸 → ☐ 컵, 포도주스: 9칸 → ☐ 컵, 망고주스: 6칸 → ☐ 컵,

사과주스: 10칸 → ☐ 컵이므로 팔린 전체 과일주스는 ☐ 컵입니다.

➡ $\dfrac{(팔린\ 포도주스\ 수)}{(팔린\ 전체\ 과일주스\ 수)}=\dfrac{☐}{☐}$

3-1 미술 대회에서 입상한 학년별 학생 수를 조사하여 나타낸 막대그래프입니다. 전체 입상한 학생 수에 대한 4학년 입상한 학생 수를 분수로 나타내 보세요. (단, 미술 대회에는 4, 5, 6학년만 참가하였습니다.)

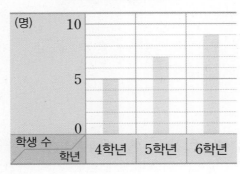

입상한 학년별 학생 수

(   )

3-2 알뜰 시장에서 판매한 종류별 책 수를 조사하여 나타낸 막대그래프입니다. 종류별 한 권의 판매 가격이 다음과 같고 동화책과 위인전을 모두 팔았다면 동화책과 위인전을 판매한 금액을 합하면 모두 얼마인지 구해 보세요.

판매한 종류별 책 수

종류	판매 가격
동화책	250원
역사책	200원
위인전	300원
과학책	450원

종류별 한 권의 판매 가격

(   )

막대그래프는 막대의 길이로 정보를 알려 준다.

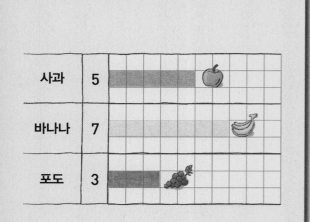

사과	바나나
3	8

표에 없는 자료는 그래프에서,
그래프에 없는 자료는 표에서 찾아 완성합니다.

유찬이네 반 학생들이 좋아하는 TV 프로그램을 조사하여 나타낸 표와 막대그래프입니다. 만화를 좋아하는 학생 수가 영화를 좋아하는 학생 수의 2배일 때 표와 막대그래프를 완성해 보세요.

좋아하는 TV 프로그램별 학생 수

프로그램	만화	예능	영화	뉴스	합계
학생 수(명)		8			26

좋아하는 TV 프로그램별 학생 수

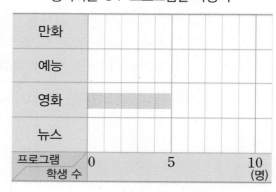

① 막대그래프에서 영화의 막대가 ☐칸이므로 영화를 좋아하는 학생은 ☐명입니다.

② (만화를 좋아하는 학생 수)=(영화를 좋아하는 학생 수)×2

$$=☐×2=☐(명)$$

③ (뉴스를 좋아하는 학생 수)=26-(☐+8+☐)=☐(명)

④ 표와 막대그래프를 완성합니다.

4-1 25명의 학생들이 가고 싶어 하는 나라를 조사하여 나타낸 표와 막대그래프입니다. 미국에 가고 싶어 하는 학생 수가 일본에 가고 싶어 하는 학생 수보다 3명 더 많을 때 표와 막대그래프를 완성해 보세요.

가고 싶어 하는 나라별 학생 수

나라	미국	중국	일본	합계
학생 수(명)				25

가고 싶어 하는 나라별 학생 수

4-2 제니네 학교 4학년 학생들이 좋아하는 운동을 조사하여 나타낸 표와 막대그래프입니다. 가장 인기가 적은 운동을 좋아하는 학생이 12명일 때 표와 막대그래프를 완성해 보세요.

좋아하는 운동별 학생 수

운동	배드민턴	농구	탁구	야구	합계
학생 수(명)	28	20			

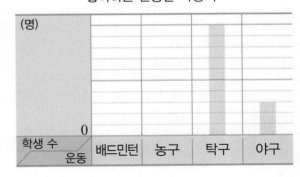

좋아하는 운동별 학생 수

알 수 있는 것부터 차례로 구하여 막대로 나타낸다.

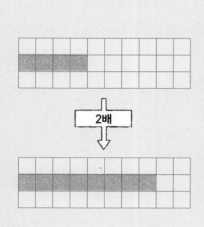

2배

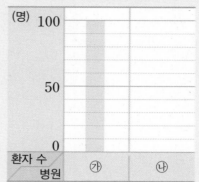

병원별 하루 동안 환자 수

㉯ 병원의 환자 수가 ㉮ 병원의 환자 수의 절반보다 3명 더 많으면
㉯ 병원의 환자는 $100 \div 2 + 3 = 53$(명)입니다.

대표문제 5

오른쪽은 1월부터 6월까지의 강수량을 조사하여 나타낸 막대그래프입니다. 처음 3개월 동안의 강수량이 마지막 3개월 동안의 강수량보다 100 mm 더 적다고 할 때 막대그래프를 완성해 보세요.

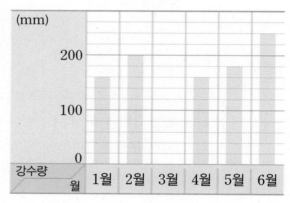

월별 강수량

① 세로 눈금 5칸이 100 mm를 나타내므로 세로 눈금 한 칸은 ☐ mm를 나타냅니다.

② 각 월의 강수량은 1월: 160 mm, 2월: ☐ mm, 4월: 160 mm,

5월: 180 mm, 6월: ☐ mm입니다.

③ 3월의 강수량을 ■ mm라 하면 $160 + $ ☐ $ + ■ = 160 + 180 + $ ☐ $ - 100$

➡ ☐ $ + ■ = $ ☐ , ■ = ☐

④ 막대그래프에서 3월의 막대를 ☐ 칸으로 그립니다.

5-1 서준이네 반 학생 26명의 혈액형을 조사하여 나타낸 막대그래프입니다. B형인 학생 수와 AB형인 학생 수가 같을 때 막대그래프를 완성해 보세요.

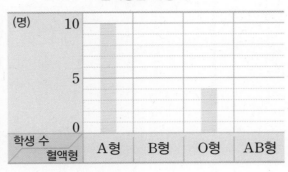

혈액형별 학생 수

5-2 87명의 학생들이 지난 주말에 방문한 장소를 하나씩 조사하여 나타낸 막대그래프입니다. 박물관을 방문한 학생이 21명이고, 도서관을 방문한 학생 수는 체육관을 방문한 학생 수의 2배일 때 막대그래프를 완성해 보세요.

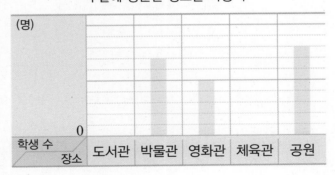

주말에 방문한 장소별 학생 수

한 항목에 2개의 자료를 그리면 두 자료를 동시에 알 수 있다.

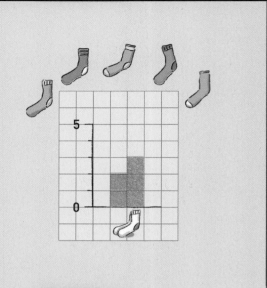

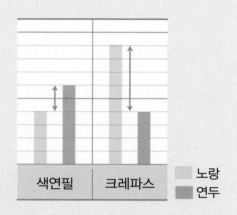

➡ 색깔별 수의 차가 큰 것은 크레파스입니다.

대표문제 6

어느 영화관에서 월요일부터 금요일까지 영화를 관람한 남자와 여자의 수를 조사하여 나타낸 막대그래프입니다. 영화를 관람한 남자 수와 여자 수의 차가 가장 큰 요일의 관람객은 모두 몇 명일까요?

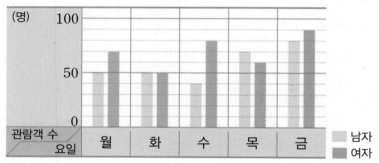

① 남자와 여자의 막대의 길이의 차는

월요일: 2칸, 화요일: ☐칸, 수요일: ☐칸, 목요일: ☐칸, 금요일: ☐칸입니다.

② 막대의 길이의 차가 가장 큰 요일은 ☐요일입니다.

③ 세로 눈금 5칸이 50명을 나타내므로 세로 눈금 한 칸은 ☐명을 나타냅니다.

④ ☐요일의 남자 관람객은 ☐명, 여자 관람객은 ☐명이므로

관람객은 모두 ☐명입니다.

6-1 수학을 좋아하는 학생 수를 학년별로 조사하여 나타낸 막대그래프입니다. 수학을 좋아하는
남학생 수와 여학생 수의 차가 가장 큰 학년의 남학생과 여학생 수의 차는 몇 명일까요?

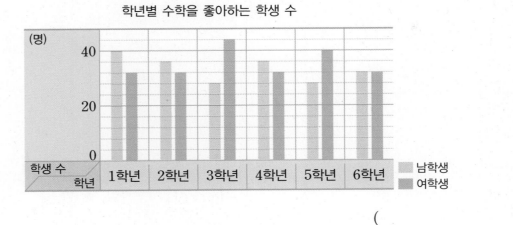

학년별 수학을 좋아하는 학생 수

(   )

6-2 마을별 사과 생산량과 배 생산량을 조사하여 나타낸 막대그래프입니다. 가 마을과 라 마을의
사과와 배 생산량의 합이 같을 때 네 마을의 사과 생산량과 배 생산량의 차는 몇 kg일까요?

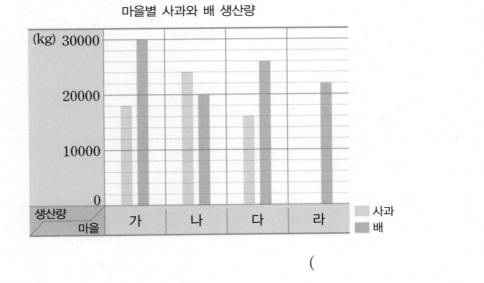

마을별 사과와 배 생산량

(   )

두 그래프를 연관시켜 보면 정보를 더 알 수 있다.

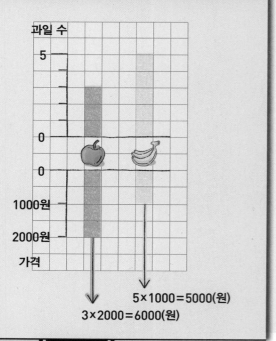

5×1000=5000(원)

3×2000=6000(원)

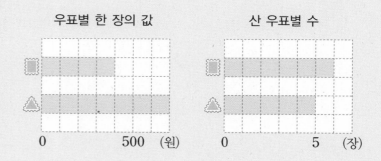

(■를 사는 데 쓴 돈)=400×6=2400(원)

(▲를 사는 데 쓴 돈)=700×5=3500(원)

대표문제 7

정희네 반 학생들이 산 간식 한 개의 값과 간식의 수를 조사하여 나타낸 막대그래프입니다. 정희네 반 학생들이 빵을 사는 데 쓴 돈은 얼마인지 구해 보세요.

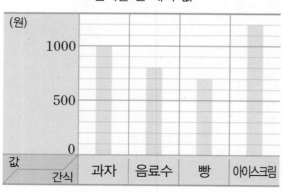

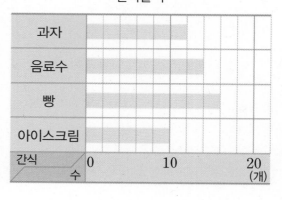

① 왼쪽 막대그래프에서 세로 눈금 한 칸은 [   ]원을 나타내므로 빵 한 개의 값은

[   ]원입니다.

② 오른쪽 막대그래프에서 가로 눈금 한 칸은 [   ]개를 나타내므로 산 빵은 [   ]개입니다.

③ (빵을 사는 데 쓴 돈)=[   ]×[   ]=[   ](원)

　　　　　빵 한 개의 값 ←┘　　　　└→ 산 빵의 수

서술형 **7-1** 맛별 봉지에 들어 있는 사탕 수와 구매한 사탕 맛별 봉지 수를 조사하여 나타낸 막대그래프입니다. 딸기 맛 사탕을 몇 개 구매했는지 풀이 과정을 쓰고 답을 구해 보세요.

맛별 봉지에 들어 있는 사탕 수

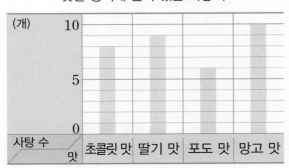

구매한 사탕 맛별 봉지 수

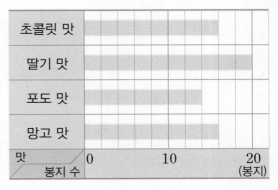

풀이 ....

....

....

답 ....

7-2 지수는 4학년 4반입니다. 지수네 학교 4학년 학생들이 현장 체험 학습을 가려고 합니다. 지수네 반 학생들이 B 자동차를 타고 현장 체험 학습을 가려면 B 자동차는 적어도 몇 대 필요할까요? (단, 운전자는 생각하지 않습니다.)

반별 학생 수

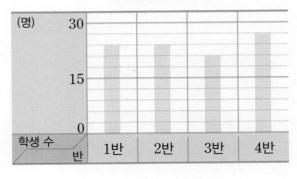

자동차별 한 대에 탈 수 있는 사람 수

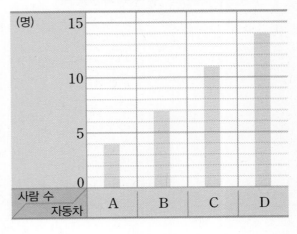

( )

MATH MASTER

문제 풀이

지호네 학교 4학년 1반과 2반의 학생들이 좋아하는 음식을 조사하여 두 종류의 그래프로 나타낸 것입니다. ㈎ 그래프와 ㈏ 그래프는 각각 어떤 점을 알기 좋은지 설명해 보세요.

좋아하는 음식별 학생 수

음식	짜장면	햄버거	스파게티	피자	불고기	합계
1반	8명	6명	4명	3명	4명	25명
2반	3명	8명	6명	6명	2명	25명

㈎   좋아하는 음식별 학생 수

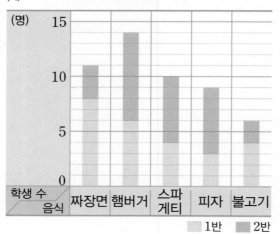

㈏   좋아하는 음식별 학생 수

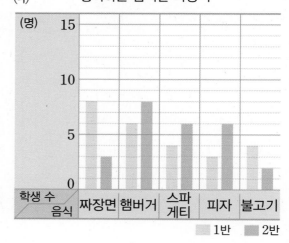

㈎ 그래프: ....

....

㈏ 그래프: ....

....

서술형 **2** 지나가 사회 수행 평가 준비를 하기 위해 연도별 노인 인구수와 연도별 노인 복지 시설 수를 조사하여 나타낸 막대그래프입니다. 두 그래프를 보고 알 수 있는 것을 2가지 써 보세요.

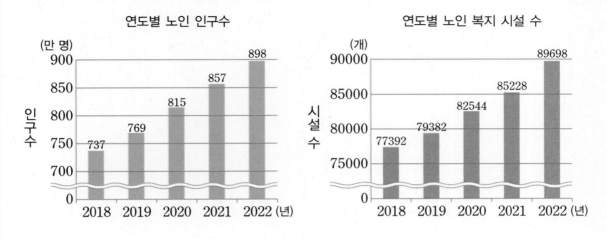

3 어느 날 편의점별 남자 손님과 여자 손님의 수를 조사하여 나타낸 막대그래프입니다. 손님이 가장 많은 편의점과 가장 적은 편의점의 손님 수의 차는 몇 명일까요?

편의점별 손님 수

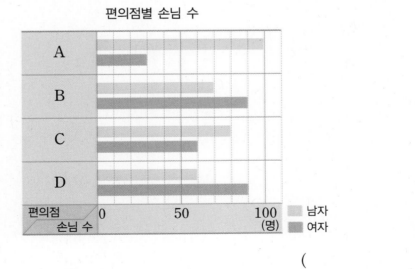

( )

4 수지네 학교 4학년 반별로 방과 후 수업을 신청한 학생 수를 조사하여 나타낸 막대그래프입니다. 신청한 학생이 모두 81명일 때 3반의 신청한 학생은 몇 명일까요?

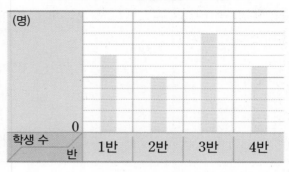

반별 방과 후 수업을 신청한 학생 수

( )

5 어느 해의 월별 비 온 날수를 조사하여 나타낸 막대그래프의 일부분이 찢어져 보이지 않습니다. 3월부터 6월까지 비 온 날이 모두 24일이고 6월은 5월보다 비가 2일 더 많이 왔습니다. 5월과 6월에 비가 오지 않은 날은 모두 며칠일까요?

먼저 생각해 봐요!
5월의 날수와 6월의 날수는
각각 며칠일까?

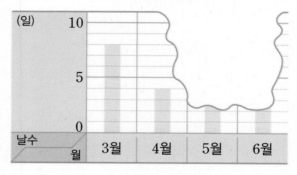

월별 비 온 날수

( )

6 채하네 모둠 학생들이 화살을 쏘아 과녁 맞히기 놀이를 하였습니다. 막대그래프는 한 학생당 화살 10개를 쏘았을 때 각 점수에 맞힌 화살 수를 나타낸 것입니다. 점수가 가장 높은 학생과 가장 낮은 학생의 점수의 차는 몇 점일까요? (단, 경계선에 맞히거나 과녁 밖으로 나가는 경우는 없습니다.)

먼저 생각해 봐요!

2점짜리와 3점짜리가 있는 과녁에 화살 5개를 쏘아 2점짜리에 3개를 맞혔다면 3점짜리에 맞힌 화살은 몇 개일까?

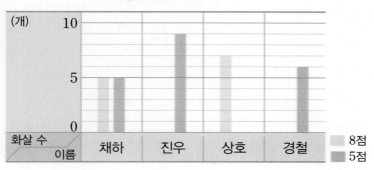

학생별 맞힌 화살 수

(   )

7 주사위를 40번 던져서 각각의 눈이 나온 횟수를 조사하여 나타낸 막대그래프입니다. 전체 나온 눈의 수의 합이 153일 때 4의 눈이 나온 횟수는 몇 번인지 구해 보세요.

주사위의 눈별 나온 횟수

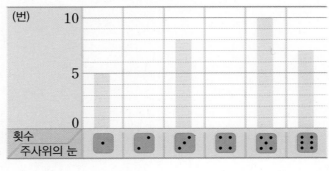

(   )

8 어느 마트에서 월요일부터 금요일까지 팔린 초콜릿과 젤리의 수와 판매 금액을 조사하여 나타낸 막대그래프입니다. 초콜릿은 한 개에 700원, 젤리는 한 개에 500원일 때 물음에 답하세요.

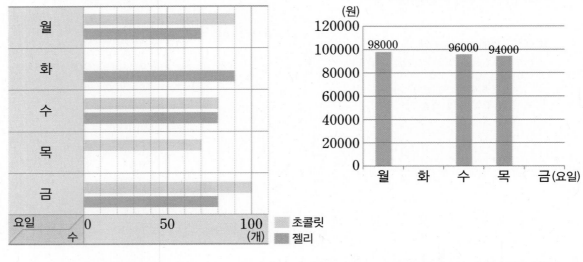

(1) 화요일에 팔린 젤리는 초콜릿보다 30개 더 많습니다. 오른쪽 막대그래프를 완성해 보세요.

(2) 월요일부터 금요일까지 팔린 젤리는 모두 몇 개일까요?

(   )

(3) 위의 두 그래프를 보고 알 수 있는 것을 써 보세요.

6

규칙 찾기

1 수의 배열에서 규칙

• 규칙은 이웃하는 두 수 사이의 관계입니다.

BASIC CONCEPT
1-1

수의 배열에서 규칙 찾기

5010	5020	5030	5040	5050
6010	6020	6030	6040	6050
7010	7020	7030	7040	7050
8010	8020	8030	8040	8050
9010	9020	9030	9040	9050

• 오른쪽으로 10씩 커집니다.
• 아래쪽으로 1000씩 커집니다.
• ↘ 방향으로 1010씩 커집니다.
• ↗ 방향으로 990씩 작아집니다.

1 수 배열표를 보고 조건을 만족시키는 규칙적인 수의 배열을 찾아 색칠해 보세요.

> • 가장 큰 수는 80587입니다.
> • 다음 수는 앞의 수보다 10100씩 작아집니다.

40187	40287	40387	40487	40587
50187	50287	50387	50487	50587
60187	60287	60387	60487	60587
70187	70287	70387	70487	70587
80187	80287	80387	80487	80587

2 규칙적인 수의 배열에서 ■, ●에 알맞은 수를 각각 구해 보세요.

20358	21558	22758	■	25158	

	7758	8958	●	11358	12558

■ (   )

● (   )

1-2 BASIC CONCEPT

덧셈표에서 규칙 찾기

+	11	12	13	14
15	6	7	8	9
16	7	8	9	0
17	8	9	0	1
18	9	0	1	2

- 두 수의 덧셈의 결과에서 일의 자리 숫자를 쓴 규칙입니다.
- 6부터 시작하는 가로줄은 1씩 커집니다.
- ╱ 방향에는 모두 같은 숫자가 있습니다.

곱셈표에서 규칙 찾기

×	13	14	15	16
3	9	2	5	8
4	2	6	0	4
5	5	0	5	0
6	8	4	0	6

- 두 수의 곱셈의 결과에서 일의 자리 숫자를 쓴 규칙입니다.
- 5로 시작하는 가로줄은 5, 0이 반복됩니다.
- 점선을 따라 접으면 같은 숫자가 서로 겹칩니다.

3 수 배열표에서 규칙을 찾아 쓰고, 빈칸에 알맞은 수를 써넣으세요.

+	300	400	500	600	700	800
101	5	6	7	8	9	10
102	6	7	8	9	10	11
103	7	8		10	11	12
104	8	9	10	11		13

규칙 ....

....

4 수 배열표에서 ■+●를 구해 보세요.

×	50	100	150	200	250	300
3	1	2	1	2	1	2
4	2	2	■	2	3	2
5	1	2	1	3	1	2
6	2	2	2	●	2	2

(   )

모양의 배열에서 규칙

• 규칙은 이웃하는 두 모양 사이의 관계입니다.

모양의 배열에서 규칙 찾기

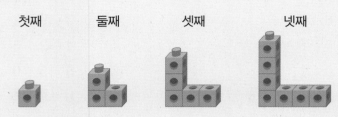

첫째　　둘째　　셋째　　넷째

① 모양의 규칙: 모형이 1개부터 시작하여 위쪽과 오른쪽으로 각각 1개씩 더 늘어나는 모양입니다.
② 수의 규칙: 모형이 1개, 1+2=3(개), 3+2=5(개), 5+2=7(개), ...로 2개씩 늘어납니다.

1 바둑돌의 배열에서 규칙을 찾아 다섯째에 놓일 바둑돌을 그려 보세요.

첫째　　둘째　　셋째　　넷째　　다섯째

2 쌓기나무의 배열에서 쌓기나무 수의 규칙을 찾아 식으로 나타내고, 일곱째에 쌓을 쌓기나무는 몇 개인지 구해 보세요.

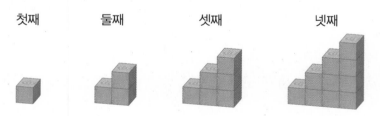

첫째　　둘째　　셋째　　넷째

순서	첫째	둘째	셋째	넷째
식	1	1+2=3		

(　　　　　)

변하는 것이 두 가지인 모양의 배열에서 규칙 찾기

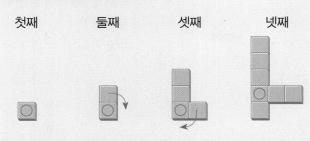

첫째 　　　 둘째 　　　 셋째 　　　 넷째

① 모양의 규칙: ○ 표시된 사각형을 중심으로 시계 방향으로 90°만큼 돌립니다.

② 수의 규칙: 모양이 1개, 2개, 3개, … 늘어납니다.

3 바둑돌의 배열에서 규칙을 찾아 다섯째에 놓일 모양에서 흰색 바둑돌과 검은색 바둑돌 수의 차는 몇 개인지 구해 보세요.

첫째 　　　 둘째 　　　 셋째 　　　 넷째

(　　　　　　　　)

사각수: 점을 일정한 규칙에 따라 사각형 모양으로 배열할 수 있는 수

└─ • 사각수를 이용하면 연속하는 수들의 합을 쉽게 구할 수 있습니다.

순서	첫째	둘째	셋째	넷째
배열				
식	1	$1+2+1=4$	$1+2+3+2+1=9$	$1+2+3+4+3+2+1=16$
	$1×1=1$	$2×2=4$	$3×3=9$	$4×4=16$

4 색종이의 배열에서 규칙을 찾아 여섯째 모양을 만드는 데 필요한 색종이는 몇 장인지 구해 보세요.

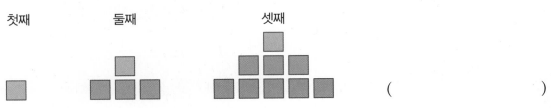

첫째 　　　 둘째 　　　 셋째

(　　　　　　　　)

계산식의 배열에서 규칙

• 같은 숫자라도 자리마다 나타내는 값이 다릅니다.
• +, −, ×, ÷는 모두 자리별로 계산합니다.

덧셈식의 배열에서 규칙 찾기	나눗셈식의 배열에서 규칙 찾기
$205 + 110 = 315$ $215 + 210 = 425$ $225 + 310 = 535$ $235 + 410 = 645$ $245 + 510 = 755$ 10씩 / 100씩 / 110씩 커집니다. / 커집니다. / 커집니다.	$100 \div 2 = 50$ $200 \div 2 = 100$ $300 \div 2 = 150$ $400 \div 2 = 200$ $500 \div 2 = 250$ 100씩 / 50씩 커집니다. / 커집니다.

➡ 더해지는 수가 10씩 커지고 더하는 수가 100씩 커지므로 합은 $10+100=110$씩 커집니다.

➡ 나누어지는 수가 100씩 커지고 나누는 수가 2로 일정하므로 계산 결과는 $100 \div 2 = 50$씩 커집니다.

1 곱셈식의 배열에서 규칙을 찾아 ㉠에 알맞은 곱셈식을 구해 보세요.

$$101 \times 11 = 1111$$
$$101 \times 22 = 2222$$
$$101 \times 33 = 3333$$
$$101 \times 44 = 4444$$
$$\boxed{㉠}$$
$$101 \times 66 = 6666$$

곱셈식 ....

2 계산식의 배열에서 규칙을 찾아 계산 결과가 3200이 나오는 계산식을 써 보세요.

순서	계산식
첫째	$2100+500-200=2400$
둘째	$2200+600-300=2500$
셋째	$2300+700-400=2600$
넷째	$2400+800-500=2700$

계산식 ....

여러 가지 계산식의 배열에서 규칙 찾기

[첫째]	$1+11=12$
[둘째]	$12+111=123$
[셋째]	$123+1111=1234$
[넷째]	$1234+11111=12345$
[다섯째]	$12345+111111=123456$

➡ 더해지는 수는 자리의 수가 한 개씩, 더하는 수는 1이 한 개씩 늘어나는 수를 더하면 계산 결과는 자리의 수가 한 개씩 늘어납니다.

[첫째]	$99\times89=8811$
[둘째]	$999\times889=888111$
[셋째]	$9999\times8889=88881111$
[넷째]	$99999\times88889=8888811111$
[다섯째]	$999999\times888889=888888111111$

➡ 곱해지는 수는 9가 한 개씩, 곱하는 수는 8이 한 개씩 늘어나는 수를 곱하면 계산 결과는 앞에 8, 뒤에 1이 각각 한 개씩 늘어납니다.

3 위 계산식의 배열의 규칙을 이용하여 다음을 구해 보세요.

(1) $123456+1111111=$ ☐

(2) $9999999\times8888889=$ ☐

4 곱셈식의 배열에서 규칙을 찾아 계산 결과가 80000028이 나오는 곱셈식을 써 보세요.

순서	곱셈식
첫째	$207\times4=828$
둘째	$2007\times4=8028$
셋째	$20007\times4=80028$
넷째	$200007\times4=800028$

곱셈식 ....

5 계산식의 배열에서 규칙을 찾아 ㉠에 알맞은 수를 구해 보세요.

$$3\times9+6=33$$
$$33\times99+66=3333$$
$$333\times999+666=333333$$
$$3333\times9999+6666=33333333$$
$$33333\times99999+66666=\boxed{㉠}$$

( )

4 등호(=)를 사용한 식

- 등호(=)의 의미를 알고 등호를 사용하여 크기가 같은 두 양의 관계를 식으로 나타냅니다.
- 덧셈, 뺄셈, 곱셈, 나눗셈의 성질을 이용하여 주어진 식이 옳은지 판단합니다.

4-1
BASIC CONCEPT

크기가 같은 두 양의 관계를 식으로 나타내기

$50+40$과 $30+40+20$의 크기가 같으므로 $50+40=30+40+20$과 같이 나타낼 수 있습니다.

30×2와 20×3의 크기가 같으므로 $30\times2=20\times3$과 같이 나타낼 수 있습니다.

➡ 크기가 같은 두 양을 등호(=)를 사용하여 하나의 식으로 나타낼 수 있습니다.

---

1 ☐ 안에 알맞은 수를 써넣어 옳은 식을 만들어 보세요.

(1) $47=47-\boxed{}$

(2) $17+\boxed{}=28+17$

(3) $12\times5=\boxed{}\times12$

(4) $31+31+31=31\times\boxed{}$

2 다음 카드를 사용하여 식을 완성해 보세요. (단, 같은 카드를 여러 번 사용할 수 있습니다.)

| 7 | 3 | 21 | + | − | × | ÷ |

식 $\boxed{}\ \boxed{}\ \boxed{}\ \boxed{=}\ \boxed{}\ \boxed{}\ \boxed{}$

3 등호(=)를 사용하여 크기가 같은 두 양을 하나의 식으로 나타내 보세요.

$4+12$	16	$15+10-1$
4×6	$12+4$	6×4

식 ....

식 ....

식 ....

식 ....

등호(=)를 사용한 식이 옳은지 알아보기

3만큼 커집니다.

$$16 + 7 = 19 + 4$$

3만큼 작아집니다.

➡ 두 양이 같으므로 옳은 식입니다.

5만큼 커집니다.

$$51 - 26 = 56 - 21$$ → 같은 수만큼 커져야 차가 같습니다.

5만큼 작아집니다.

➡ 두 양이 다르므로 옳지 않은 식입니다.

1만큼 커집니다.

$$20 + 19 + 2 = 21 + 20 + 2$$ → 커진만큼 작아져야 합이 같습니다.

1만큼 커집니다.

➡ 두 양이 다르므로 옳지 않은 식입니다.

4만큼 작아집니다.

$$45 - 29 - 6 = 45 - 25 - 10$$

4만큼 커집니다.

➡ 두 양이 같으므로 옳은 식입니다.

4 □ 안에 알맞은 수를 써넣어 등호(=)가 있는 식을 완성해 보세요.

$$64 + 37 = 54 + \boxed{}$$

$$64 + 37 = 44 + \boxed{}$$

$$64 + 37 = 34 + \boxed{}$$

5 다음은 옳은 식입니다. 🪨 에 알맞은 수를 구해 보세요.

$$30 \div 2 = 60 \div 🪨$$

(   )

6 옳지 않은 식을 모두 찾아 기호를 써 보세요.

㉠ $28 \times 2 = 4 \times 28$ ㉡ $56 - 14 = 51 - 9$

㉢ $13 + 42 = 3 + 52$ ㉣ $30 - 15 = 40 - 20$

(   )

최상위

이웃하는 수 사이의 관계를 이용하여 규칙을 찾는다.

3씩 커지는 규칙

4	10	0	→ $4 \times 10 = 40$
5	11	5	→ $5 \times 11 = 55$
6	12	2	→ $6 \times 12 = 72$
7	13	1	→ $7 \times 13 = 91$
8	14	2	→ $8 \times 14 = 112$

➡ 두 수의 곱의 일의 자리 숫자를 쓰는 규칙입니다.

대표문제 **1**

수 배열표에서 규칙을 찾아 ■, ●에 알맞은 수를 각각 구해 보세요.

+	100	101	102	103	104
11	3	4	5	6	7
12	4	5	6	7	8
13	5	6	7	8	9
14	6	7	8	●	10
15	7	■	9	10	11

$100 + 11 = 111$ ➡ $1 + 1 + 1 = 3$

$100 + 12 = 112$ ➡ $1 + 1 + 2 = 4$

$100 + 13 = 113$ ➡ $1 + 1 + \boxed{} = \boxed{}$

수 배열표의 규칙은 두 수의 덧셈의 결과에서 각 자리 숫자의 $\boxed{}$입니다.

$101 + 15 = \boxed{}$이므로 ■ $= \boxed{} + \boxed{} + \boxed{} = \boxed{}$이고,

$103 + 14 = \boxed{}$이므로 ● $= \boxed{} + \boxed{} + \boxed{} = \boxed{}$입니다.

1-1 수 배열표에서 규칙을 찾아 ★, ▲에 알맞은 수를 각각 구해 보세요.

+	1001	1002	1003	1004	1005
10	1	1	1	1	1
20	2	2	2	2	2
30	★	3	3	3	3
40	4	4	4	4	▲

★ (   ), ▲ (   )

1-2 수 배열표에서 규칙을 찾아 ㉠과 ㉡에 알맞은 수의 합을 구해 보세요.

×	55	66	77	88	99
4	0	4	8	2	6
5	5	0	5	0	5
6	0	6	㉠	8	4
7	5	2	9	㉡	3

(   )

1-3 수 배열표에서 규칙을 찾아 ♣에 알맞은 수를 구해 보세요.

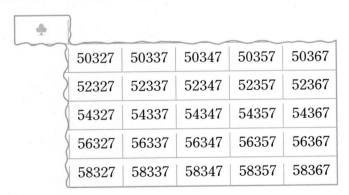

♣				
50327	50337	50347	50357	50367
52327	52337	52347	52357	52367
54327	54337	54347	54357	54367
56327	56337	56347	56357	56367
58327	58337	58347	58357	58367

(   )

모양의 규칙과 수의 규칙을 모두 찾아 식을 만든다.

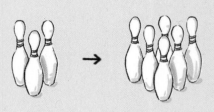

1 + 2   →   1 + 2 + 3

첫째   둘째   셋째   넷째

1   2×2   3×3   4×4

➡ 다섯째에 놓일 구슬은 5 × 5 ＝ 25(개)입니다.

대표문제 2

바둑돌의 배열에서 규칙을 찾아 다섯째에 알맞은 모양을 그려 보고, ☐ 안에 바둑돌의 수를 써넣으세요.

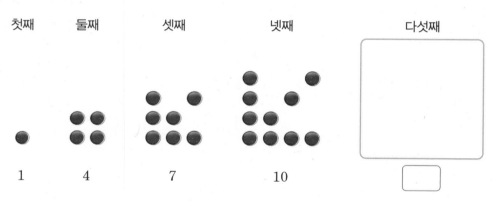

첫째   둘째   셋째   넷째   다섯째

1   4   7   10

바둑돌이 위쪽, 오른쪽, ↗ 방향으로 각각 ☐ 개씩 늘어나는 규칙입니다.

첫째: 1

둘째: 1＋3＝4

셋째: 1＋3＋☐＝☐

넷째: 1＋3＋☐＋☐＝☐

다섯째: 1＋3＋☐＋☐＋☐＝☐

서술형 **2-1** 바둑돌의 배열에서 규칙을 찾아 여덟째에 놓일 바둑돌은 몇 개인지 풀이 과정을 쓰고 답을
구해 보세요.

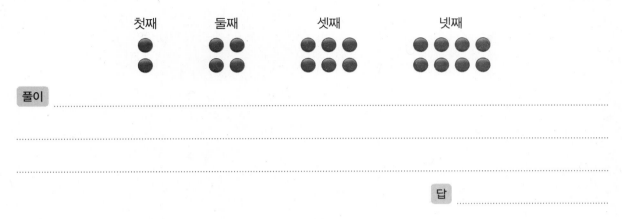

풀이 ....

....

....

답 ....

2-2 바둑돌의 배열에서 규칙을 찾아 첫째부터 여섯째까지 놓기 위해 필요한 바둑돌은 모두 몇 개
인지 구해 보세요.

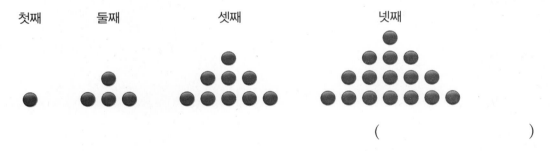

( )

2-3 규칙에 따라 바둑돌을 늘어놓았습니다. 흰색 바둑돌을 32개 놓았을 때 가운데 놓인 검은색
바둑돌은 몇 개일까요?

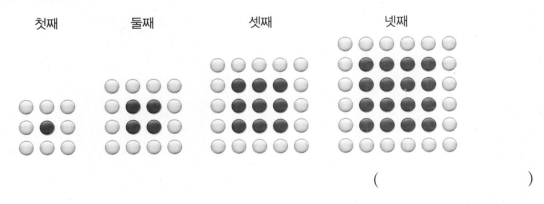

( )

수가 변하는 규칙을 알면 계산하지 않아도 알 수 있다.

$$6+7=10+\bigcirc$$
$$35-15=30-\bigcirc$$

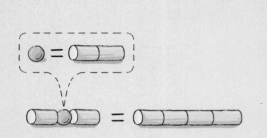

4만큼 커집니다.

$$6 \; + \; 7 \; = \; 10 + \bigcirc \;\; \rightarrow \;\; \bigcirc = 7-4=3$$

4만큼 작아집니다.

5만큼 작아집니다.

$$35 \; - \; 15 \; = \; 30 - \bigcirc \;\; \rightarrow \;\; \bigcirc = 15-5=10$$

5만큼 작아집니다.

대표문제 3

등호(=)가 있는 식을 완성하려고 합니다. ㉠과 ㉡의 합을 구해 보세요.

$$16+20=19+\bigcirc$$
$$47-25=\bigcirc-30$$

$16+20=19+㉠$에서

더해지는 수가 16에서 19로 ☐ 만큼 커졌으므로

더하는 수가 20에서 ☐ 만큼 작아져야 등호(=) 양쪽의 계산 결과가 같습니다.

➡ ㉠ $=20-$ ☐ $=$ ☐

$47-25=㉡-30$에서

빼는 수가 25에서 30으로 ☐ 만큼 커졌으므로

빼지는 수가 47에서 ☐ 만큼 커져야 등호(=) 양쪽의 계산 결과가 같습니다.

➡ ㉡ $=47+$ ☐ $=$ ☐

따라서 ㉠ $+$ ㉡ $=$ ☐ $+$ ☐ $=$ ☐ 입니다.

3-1 등호(＝)가 있는 식을 완성하려고 합니다. ㉠과 ㉡의 합을 구해 보세요.

$$24 \div 6 = 96 \div ㉠$$
$$14 \times 25 = ㉡ \times 50$$

(   )

3-2 등호(＝)가 있는 식을 완성하려고 합니다. ■＋▲－★을 구해 보세요.

$$41 + ■ = 30 + 11 + 7$$
$$56 - 34 = 53 - ▲$$
$$34 + 34 = ★ + 58$$

(   )

3-3 등호(＝)가 있는 식을 완성하여 암호를 풀려고 합니다. 각 기호에 알맞은 수를 찾고 글자로 단어를 만들어 보세요.

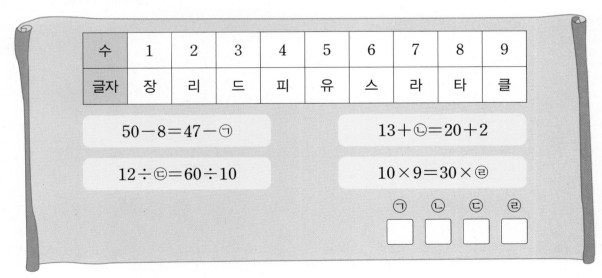

수	1	2	3	4	5	6	7	8	9
글자	장	리	드	피	유	스	라	타	클

$$50 - 8 = 47 - ㉠$$

$$13 + ㉡ = 20 + 2$$

$$12 \div ㉢ = 60 \div 10$$

$$10 \times 9 = 30 \times ㉣$$

㉠	㉡	㉢	㉣

규칙을 찾으면 계산하지 않아도 계산 결과를 알 수 있다.

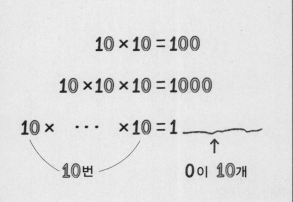

$$9 \times 9 + 7 = 88$$
$$98 \times 9 + 6 = 888$$
$$987 \times 9 + 5 = 8888$$
$$9876 \times 9 + 4 = 88888$$
$$98765 \times 9 + 3 = \boxed{}$$

➡ 계산 결과의 8이 한 개씩 늘어나므로
$98765 \times 9 + 3 = 888888$입니다.

덧셈식의 배열에서 규칙을 찾아 일곱째 덧셈식을 써 보세요.

순서	덧셈식
첫째	1
둘째	$1 + 3 + 5 = 9$
셋째	$1 + 3 + 5 + 7 + 9 = 25$
넷째	$1 + 3 + 5 + 7 + 9 + 11 + 13 = 49$
다섯째	$1 + 3 + 5 + 7 + 9 + 11 + 13 + 15 + 17 = 81$

① 덧셈식의 규칙: 1부터 2씩 커지는 수를 1개, 3개, 5개, $\boxed{}$개, 9개, ... 더합니다.

② 계산 결과의 규칙: 덧셈식의 가운데 수를 두 번 곱한 것과 같습니다.

③ 일곱째 덧셈식

$$\boxed{} + 13 + \boxed{} = \boxed{}$$

4-1 계산식의 배열에서 규칙을 찾아 넷째 계산식을 써넣으세요.

순서	계산식
첫째	$1 \times 8 + 1 = 9$
둘째	$12 \times 8 + 2 = 98$
셋째	$123 \times 8 + 3 = 987$
넷째	
다섯째	$12345 \times 8 + 5 = 98765$

4-2 곱셈식의 배열에서 규칙을 찾아 다섯째 곱셈식을 써넣으세요.

순서	곱셈식
첫째	$11 \times 1 = 11$
둘째	$101 \times 11 = 1111$
셋째	$1001 \times 111 = 111111$
넷째	$10001 \times 1111 = 11111111$
다섯째	

4-3 곱셈식의 배열에서 규칙을 찾아 ☐ 안에 알맞은 수를 써넣으세요.

$$1 \times 45 = 45$$
$$11 \times 45 = 495$$
$$111 \times 45 = 4995$$
$$1111 \times 45 = 49995$$
$$\vdots$$
$$1111111 \times 45 = \boxed{}$$

연속하는 수에는 합이 일정한 두 수의 쌍이 있다.

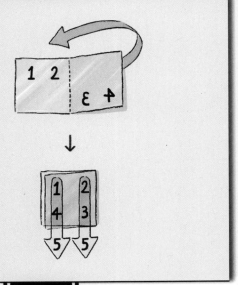

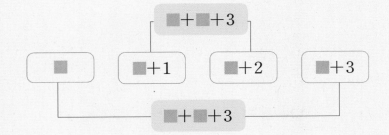

대표문제 5

보기 의 계산을 보고 □ 안에 알맞은 수를 구해 보세요.

보기

$10+11+12=33$

$8+9+10+11+12=50$

$\square+\square+\square+\square+\square=35$

$\square+\square+\square+\square+\square+\square+\square=140$

---

① 보기 의 계산 규칙

$\underbrace{10+⑪+12}_{\text{3개}}=33=⑪×3$

$\underbrace{8+9+⑩+11+12}_{\text{5개}}=50=⑩×\square$

② 35는 5개의 수의 합이므로 $35=■×5$에서 $■=7$입니다.

➡ $\boxed{}+\boxed{}+\boxed{}+\boxed{}+\boxed{}=35$

140은 7개의 수의 합이므로 $140=▲×7$에서 $▲=20$입니다.

➡ $\boxed{}+\boxed{}+\boxed{}+\boxed{}+\boxed{}+\boxed{}+\boxed{}=140$

5-1   보기 의 계산을 보고 □ 안에 알맞은 수를 써넣으세요.

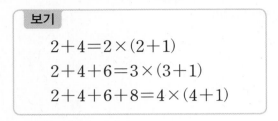

보기

$$2+4=2\times(2+1)$$
$$2+4+6=3\times(3+1)$$
$$2+4+6+8=4\times(4+1)$$

$$2+4+6+8+10=\boxed{}\times(\boxed{}+1)$$

5-2   **5**-1의 계산 규칙을 이용하여 다음을 계산해 보세요.

$$2+4+6+8+10+\cdots+46+48+50$$

(   )

5-3   보기 의 계산을 보고 다음을 계산해 보세요.

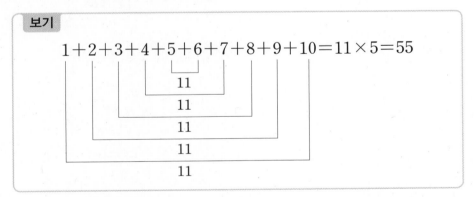

보기

$$1+2+3+4+5+6+7+8+9+10=11\times5=55$$

(1) $50+52+54+56+58+60+62+64+66+68=\boxed{}$

(2) $103+104+105+106+107+108+109+110+111+112+113=\boxed{}$

마방진에 등호(=)가 있는 식의 규칙을 이용할 수 있다.

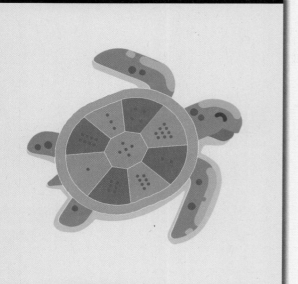

마방진은 정사각형의 →, ↓, ↘, ↗ 방향으로 놓인 수들의 합이 모두 같게 만든 수의 배열입니다.

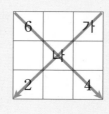

$6+나+4=가+나+2$

$\Rightarrow 6+4=가+2$ (-2, $+2$)

$\Rightarrow 가=6+2=8$

대표문제 6

1부터 9까지의 수를 빈칸에 한 번씩 써넣어 마방진을 완성해 보세요.

	7	6
9	5	
4		

두 줄의 수의 합을 등호(=)가 있는 하나의 식으로 나타내어 가, 나, 다, 라를 구합니다.

$가+7+6=6+5+4$, $가+7=5+4$ (-3, $+3$), $가=\boxed{}$

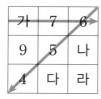

$9+5+나=6+5+4$, $9+나=6+4$ (-3, $+3$), $나=\boxed{}$

$7+5+다=6+5+4$, $7+다=6+4$ (-1, $+1$), $다=\boxed{}$

$6+나+라=9+5+나$, $6+라=9+5$ ($+3$, -3), $라=\boxed{}$

수학 4-1 **162**

6-1 1부터 9까지의 수를 빈칸에 한 번씩 써넣어 마방진을 완성해 보세요.

8		
3		7
4	9	

6-2 3부터 11까지의 수를 빈칸에 한 번씩 써넣어 마방진을 완성해 보세요.

10		8
	7	9
6		

6-3 →, ↓, ↘, ↗ 방향으로 놓인 세 수의 합이 모두 같도록 빈칸에 수 카드의 수를 모두 한 번씩 써넣어 마방진을 완성해 보세요.

3   7   13   15

	1	11
5	9	
	17	

규칙적으로 늘어나는

점, 선, 면의 수는 식으로 나타낼 수 있다.

막대로 6개의 변이 있는 모양을 이어 붙일 때

모양을 처음 만들 때 필요한 막대 수: 6
모양이 한 개 늘어날 때 필요한 막대 수: 5

➡ (모양을 10개 이어 붙일 때 필요한 막대 수)
　＝6＋5×9＝51(개)
　　　　└ 먼저 계산합니다.

대표문제 7 점과 선을 규칙적으로 연결하여 만든 모양입니다. 100째 모양의 선은 몇 개인지 구해 보세요. (단, ●—● 은 선이 1개, ●——● 은 선이 2개입니다.)

첫째　　　　　둘째　　　　　　셋째

순서		첫째	둘째	셋째
점의 수	수	4	7	10
	식	4	4＋3×1	
선의 수	수	6	12	18
	식	6×1	6×2	

점은 4개부터 ☐ 개씩, 선은 6개부터 ☐ 개씩 늘어납니다.

(100째 모양의 선의 수)＝6×☐＝☐(개)

수학 4-1 **164**

7-1 점과 선을 규칙적으로 연결하여 만든 모양입니다. 다섯째 모양의 점은 몇 개일까요?

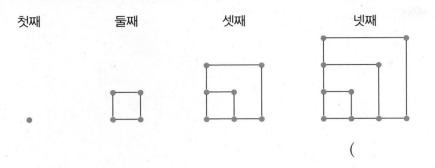

첫째　　　둘째　　　셋째　　　넷째

(　　　　　　　)

7-2 규칙에 따라 빨간색 타일과 파란색 타일을 늘어놓아 모양을 만들었습니다. 빨간색 타일이 7개일 때 파란색 타일은 몇 개일까요?

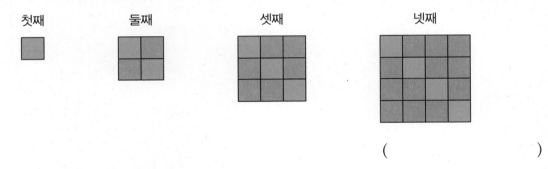

첫째　　　둘째　　　셋째　　　넷째

(　　　　　　　)

7-3 규칙에 따라 면봉을 늘어놓아 삼각형을 계속 이어 만들려고 합니다. 면봉 50개로 만들 수 있는 삼각형은 몇 개일까요?

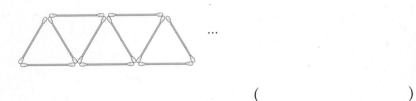

...

(　　　　　　　)

수가 놓이는 기준에 따라 수 사이의 관계가 생긴다.

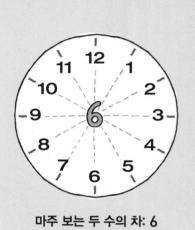

마주 보는 두 수의 차: 6

1	2	3	4	5	6	7	8
9	10	11	12	13	14	15	16
17	18	19	20	21	22	23	24

 • 2+18=9+11=10×2

(위의 수)+(아래의 수)=(왼쪽 수)+(오른쪽 수)

↓

(가운데 수)×2

대표문제 8

오른쪽 달력의 안에 있는 5개의 수의 합은 45입니다. 같은 모양으로 5개의 수를 더했을 때 65가 되는 5개의 수 중 가장 큰 수를 구해 보세요.

일	월	화	수	목	금	토
				1	2	3
4	5	6	7	8	9	10
11	12	13	14	15	16	17
18	19	20	21	22	23	24
25	26	27	28	29	30	

① 안에 있는 5개의 수를 가운데 수인 9를 기준으로 나타내면

2=9−7, 8=9−1, 10=9+☐, 16=9+☐이므로

2+8+9+10+16=(9−7)+(9−1)+9+(9+☐)+(9+☐)=9×☐입니다.

따라서 안에 있는 5개의 수의 합은 (가운데 수)×☐입니다.

② 5개의 수의 합이 65이므로 가운데 수를 ■라 하면 ■×5=65에서 ■=13입니다.

13을 기준으로 5개의 수는 ☐, ☐, 13, ☐, ☐이므로

5개의 수 중 가장 큰 수는 ☐입니다.

8-1 달력의 ⬚ 안에 있는 3개의 수의 합은 33입니다. 같은 모양으로 3개의 수를 더했을 때 42가 되는 3개의 수를 모두 구해 보세요.

일	월	화	수	목	금	토
		1	2	3	4	5
6	7	8	9	10	11	12
13	14	15	16	17	18	19
20	21	22	23	24	25	26
27	28	29	30	31		

(   )

서술형 8-2 현수네 아파트의 엘리베이터 버튼의 수 배열입니다. ⊐ 안에 있는 4개의 수의 합은 71입니다. 같은 모양으로 4개의 수의 합이 59일 때 4개의 수 중 가장 큰 수인 층에 현수가 산다면 현수는 몇 층에 사는지 풀이 과정을 쓰고 답을 구해 보세요.

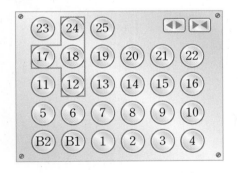

풀이 ....

....

....

답 ....

이웃하는 수 사이의 관계를 이용하여 규칙을 찾는다.

```
        1
      1   2
    1   2   3
  1   2   3   5
1   2   3   5   8
1   2   3   5   8   13
```

➡ 1을 시작으로 아래쪽으로 내려가면서
왼쪽의 두 수를 더하여 오른쪽에 쓰는 규칙입니다.

수 배열의 규칙을 찾아 여덟째 줄의 첫째 수를 구해 보세요.

```
                        1                        ← 첫째 줄
                  3     5     7                  ← 둘째 줄
              9    11    13    15    17           ← 셋째 줄
         19   21   23   25   27   29   31         ← 넷째 줄
   33   35   37   39   41   43   45   47   49     ← 다섯째 줄
```

① 각 줄의 첫째 수들의 규칙을 알아봅니다.

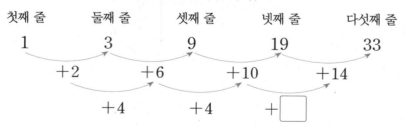

② 찾은 규칙을 이용하여 여덟째 줄의 첫째 수를 구합니다.

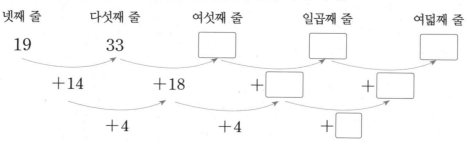

9-1 다음은 파스칼의 삼각형입니다. 파스칼의 삼각형은 수학자 파스칼이 연구한 것으로 자연수를 규칙에 따라 삼각형 모양으로 배열한 것입니다. 빈칸에 알맞은 수를 써넣으세요.

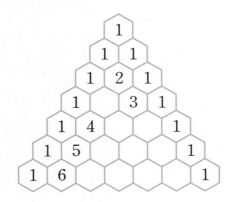

9-2 흰색 바둑돌과 검은색 바둑돌에 표시된 수의 배열에서 규칙을 찾아 ★에 알맞은 수를 구해 보세요.

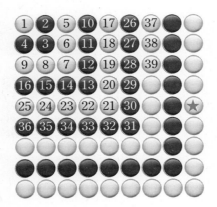

(   )

MATH MASTER

1 쌓기나무의 배열에서 규칙을 찾아 10째에 쌓을 쌓기나무는 몇 개인지 구해 보세요.

첫째   둘째   셋째

(   )

2 1부터 9까지의 수 중에서 ㉠과 ㉡에 알맞은 수는 모두 몇 쌍인지 구해 보세요.

↳ 둘을 하나로 묶어 세는 단위

$$28 + ㉠ = 32 + ㉡$$

(   )

3 곱셈식의 배열에서 규칙을 찾아 ☐ 안에 알맞은 수를 써넣으세요.

$$21 \times 9 = 189$$
$$321 \times 9 = 2889$$
$$4321 \times 9 = 38889$$

$54321 \times 9 =$ [   ]

$654321 \times 9 =$ [   ]

$7654321 \times 9 =$ [   ]

$87654321 \times 9 =$ [   ]

$987654321 \times 9 =$ [   ]

4 규칙에 따라 선을 긋고 선이 만나는 곳에 점을 찍었습니다. 15째에 찍은 점은 모두 몇 개일까요?

| 첫째 | 둘째 | 셋째 | 넷째 | 다섯째 |

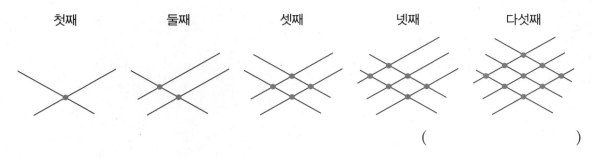

(   )

서술형 **5** 수 배열의 규칙을 찾아 쓰고, ☐ 안에 알맞은 수를 써넣으세요.

$$1$$
$$2 \qquad 4$$
$$3 \qquad 6 \qquad 9$$
$$4 \qquad 8 \qquad 12 \qquad 16$$

| 5 | ☐ | ☐ | ☐ | ☐ |
| 6 | 12 | ☐ | ☐ | ☐ | ☐ |

규칙 ....

....

....

6 ✚ 안에 있는 5개의 수의 합은 55입니다. 같은 모양으로 5개의 수를 더했을 때 225가 되는 5개의 수를 구해 보세요.

먼저 생각해 봐요!
연속하는 세 자연수의 합이 15일 때, 세 자연수를 구해 볼까?

먼저 생각해 봐요!
연속하는 세 자연수의 합이 15일 때, 세 자연수를 구해 볼까?

1	2	3	4	5	6	7	8
9	10	11	12	13	14	15	16
17	18	19	20	21	22	23	24
25	26	27	28	29	30	31	32
33	34	35	36	37	38	39	40
41	42	43	44	45	46	47	48
49	50	51	52	53	54	55	56
57	58	59	60	61	62	63	64
65	66	67	68	69	70	71	72

(   )

7 규칙을 찾아 빈칸에 알맞은 수를 써넣으세요.

(1)

16	18		50	32		75	21		63	30		47	9
7			10			15			12				

(2)

40	30		28	24		72	12		64	25		55	27
10			4			0			14				

8 그림을 보고 나 저울의 오른쪽에 ⚪을 몇 개 올려야 할지 구해 보세요. (단, 보이지 않는 쌓기나무는 없습니다.)

가 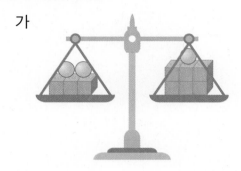   나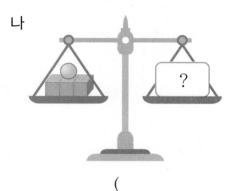

(   )

9 규칙을 찾아 ☐ 안에 알맞은 분수를 써넣으세요.

$$\frac{2}{3}, \ \frac{5}{7}, \ \frac{8}{11}, \ \boxed{}, \ \frac{14}{19}, \ \frac{17}{23}, \ \boxed{}$$

10 규칙에 따라 수를 늘어놓았습니다. 10째 수를 구해 보세요.

> 15678, 17678, 17378, 19378, 19078, 21078, ...

(   )

11 규칙에 따라 5개의 수가 적힌 카드를 순서대로 늘어놓았습니다. 물음에 답하세요.

> 1, 2, 3, 4, 5   2, 3, 4, 5, 6   3, 4, 5, 6, 7   ...

(1) 처음 19가 나오는 카드는 몇째 카드일까요?

(   )

(2) 첫째 카드의 첫째 수부터 세었을 때 218째 수는 무엇일까요?

(   )

고대 로마 숫자를 보고 계산 결과가 20이 되도록 9개의 글자를 지워 보세요.

[고대 로마 숫자]

1	2	3	4	5	6	7	8	9	10
I	II	III	IV	V	VI	VII	VIII	IX	X

FIVE PLUS SIX PLUS SEVEN=20

디딤돌과 함께하는 4가지 방법

NAVER 카페

http://cafe.naver.com/
didimdolmom

교재 선택부터 맞춤 학습 가이드,
이웃맘과 선배맘들의 경험담과 정보까지
가득한 디딤돌 학부모 대표 커뮤니티

디딤돌 홈페이지

www.didimdol.co.kr

교재 미리 보기와 정답지, 동영상 등
각종 자료들을 만날 수 있는
디딤돌 공식 홈페이지

Instagram

@didimdol_mom

카드 뉴스로 만나는 디딤돌 소식과
손쉽게 참여 가능한 리그램 이벤트가
진행되는 디딤돌 인스타그램

YouTube

검색창에 디딤돌교육 검색

생생한 개념 설명 영상과
문제 풀이 영상으로 학습에 도움을 주는
디딤돌 유튜브 채널

계산이 아닌

개념을 깨우치는

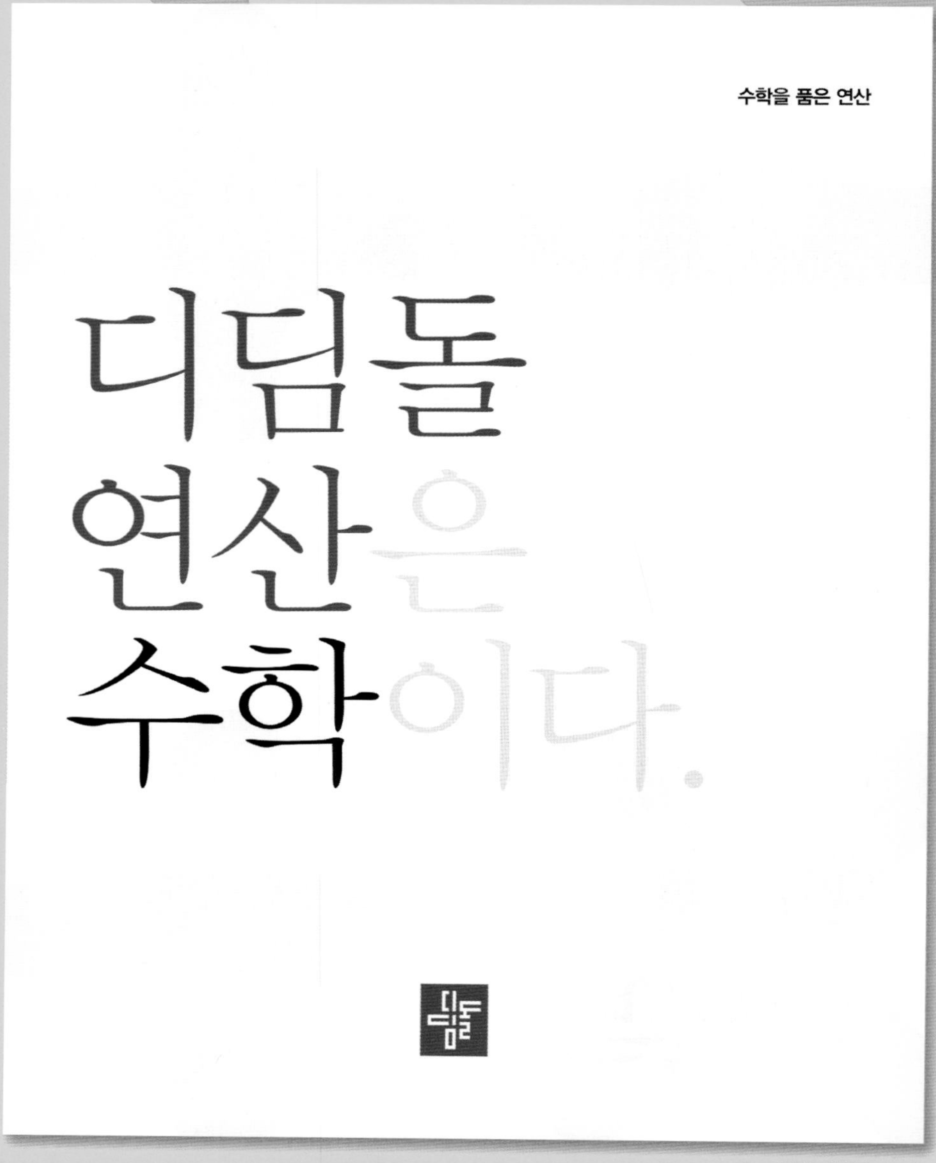

수학을 품은 연산

디딤돌
연산은
수학이다.

디딤돌

1~6학년(학기용)

수학 공부의 새로운 패러다임

초등
4·1

상위권의 기준

최상위 수학 S

복습책

디딤돌

상위권의 기준

최상위
수학
S

복습책

본문 14~29쪽의 유사문제입니다. 한 번 더 풀어 보세요.

1 수직선을 보고 □ 안에 알맞은 수를 써넣으세요.

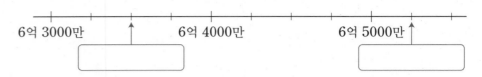

6억 3000만   6억 4000만   6억 5000만

2 다음 중 357000000과의 차가 가장 작은 수를 찾아 기호를 써 보세요.

| ㉠ 308500000 | ㉡ 341520000 | ㉢ 360100000 | ㉣ 372800000 |

(   )

3 유진이네 학교에서 유기견 치료비를 위한 모금 활동을 하였습니다. 모금한 돈을 세어 보니 10000원짜리 지폐가 65장, 1000원짜리 지폐가 203장, 100원짜리 동전이 135개였습니다. 모금한 돈은 모두 얼마일까요?

(   )

4 뛰어 센 규칙을 찾아 ㉠에 알맞은 수는 얼마인지 풀이 과정을 쓰고 답을 구해 보세요.

서술형

| 10조 5000억 | | | ㉠ |

| | 11조 2500억 |

풀이 ....

....

....

답 ....

5 5억 7021만을 100배 한 수는 어떤 수를 10000배 한 수와 같습니다. 어떤 수를 구해 보세요.

(   )

6 3□□12□□4인 수 중에서 조건을 만족시키는 수를 구해 보세요.

> - 0부터 7까지의 수가 모두 사용됩니다.
> - 백만의 자리 숫자는 천만의 자리 숫자의 2배입니다.
> - 십만의 자리 숫자와 천의 자리 숫자의 곱은 0입니다.
> - 백의 자리 숫자는 일의 자리 숫자보다 3만큼 더 큽니다.

(   )

7 0부터 9까지의 수 중에서 □ 안에 들어갈 수 있는 수는 모두 몇 개인지 구해 보세요.

> 24023753321389 > 24조 237억 5□41만

( )

8 □ 안에는 0부터 9까지 어느 수가 들어가도 됩니다. 두 수 중 더 큰 수의 기호를 써 보세요.

> ㉠ 63□454261235   ㉡ 63973□134752

( )

본문 30~32쪽의 유사문제입니다. 한 번 더 풀어 보세요.

1 다음을 계산해 보세요.

$$
\begin{array}{r}
370\text{만} \\
+\ 1461\text{만} \\
\hline
\end{array}
\qquad
\begin{array}{r}
2490\text{억}\ \ 370\text{만} \\
+\ 3365\text{억} 1461\text{만} \\
\hline
\end{array}
$$

2 ㉠이 나타내는 값은 ㉡이 나타내는 값의 몇 배일까요?

> 362742351938
> ㉠   ㉡

(   )

3 수 카드를 각각 두 번씩 사용하여 8자리 수를 만들려고 합니다. 만들 수 있는 수 중에서 가장 작은 수를 구해 보세요.

3   0   6   2

(   )

4 산불 피해 지역 주민을 돕기 위해 모은 돈이 356800000원이었습니다. 이 돈을 100만 원짜리 수표로 바꾸면 최대 몇 장까지 바꿀 수 있을까요?

(   )

5 1광년은 빛이 진공 속에서 1년 동안 갈 수 있는 거리로 약 9조 5000억 km입니다. 30광년은 약 몇 km일까요?

(   )

6 1조 5000억에서 4번 뛰어 세었더니 2조 7000억이 되었습니다. 같은 규칙으로 3조 2000억에서 3번 뛰어 센 수는 얼마일까요?

(   )

7 다음을 만족시키는 가장 큰 수를 구해 보세요.

> ① 각 자리의 숫자가 서로 다른 10자리 수입니다.
> ② 십만의 자리 숫자는 1입니다.
> ③ 천만의 자리 숫자와 억의 자리 숫자는 각각 십만의 자리 숫자의 3배, 9배입니다.
> ④ 천의 자리 숫자는 억의 자리 숫자보다 9만큼 더 작습니다.
> ⑤ 십억의 자리 숫자와 만의 자리 숫자의 합은 9입니다.

(   )

서술형 **8** 어느 회사의 2022년 수출액은 1억 2000만 달러였습니다. 매년 900만 달러씩 수출액이 증가한다면 수출액이 2억 달러보다 많아지는 해는 언제인지 풀이 과정을 쓰고 답을 구해 보세요.

풀이 ....

....

....

....

답 ....

9 수 카드를 각각 두 번씩 사용하여 만든 8자리 수 중에서 4000만에 가장 가까운 수를 구해 보세요.

$$\boxed{3}\ \boxed{0}\ \boxed{4}\ \boxed{9}$$

( )

10 □ 안에는 0부터 9까지의 수가 들어갈 수 있습니다. 두 식의 □ 안에 공통으로 들어갈 수 있는 수를 모두 구해 보세요.

> ㉠ 247325□263 > 2473254372
> ㉡ 53210649 < 53210□35

( )

본문 40~55쪽의 유사문제입니다. 한 번 더 풀어 보세요.

1 각 ㄱㅅㅂ과 각 ㅂㅅㅁ의 크기가 같을 때 각 ㄷㅅㄹ의 크기를 구해 보세요.

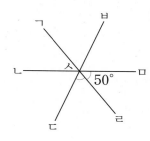

(   )

2 직선을 똑같은 크기의 각으로 나누었습니다. 크고 작은 둔각은 모두 몇 개인지 구해 보세요.

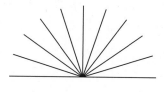

(   )

3 직사각형에서 ㉮의 각도를 구해 보세요.

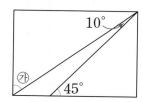

(   )

4 ㉠과 ㉡의 각도의 합을 구해 보세요.

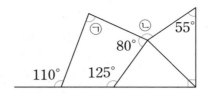

(   )

5 삼각형의 세 각 ㉠, ㉡, ㉢은 다음과 같습니다. 세 각 중 가장 큰 각은 몇 도인지 풀이 과정을 쓰고 답을 구해 보세요.

서술형

> • ㉡은 ㉠보다 15°만큼 더 큽니다.
> • ㉢은 ㉠보다 45°만큼 더 큽니다.

풀이 ....

....

....

....

답 ....

6 지금 시각은 8시 50분입니다. 긴바늘이 150° 움직인 후의 시각은 몇 시 몇 분일까요?

(   )

7 도형에서 ㉠, ㉡, ㉢, ㉣의 각도의 합을 구해 보세요.

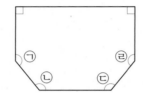

(   )

8 도형에서 표시한 각의 크기의 합을 구해 보세요.

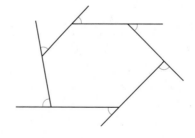

(   )

본문 56~59쪽의 유사문제입니다. 한 번 더 풀어 보세요.

1 두 삼각자를 이용하여 만든 ㉠의 각도를 구해 보세요.

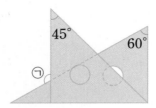

(   )

2 시계의 긴바늘이 숫자 12를 가리킬 때 긴바늘과 짧은바늘이 이루는 작은 쪽의 각도가 90°인 경우는 몇 시와 몇 시일까요?

(   )

3 ㉠의 각도는 ㉡의 각도보다 30°만큼 더 작습니다. ㉡의 각도를 구해 보세요.

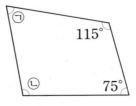

(   )

4 ㉠과 ㉡의 각도의 차를 구해 보세요.

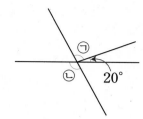

(   )

5 사각형에서 마주 보는 두 각의 크기는 같습니다. ㉠과 ㉡의 각도의 합을 구해 보세요.

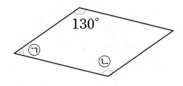

(   )

6 ㉠의 각도를 구해 보세요.

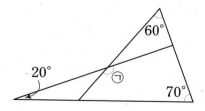

(   )

7 삼각형 ㄱㄴㄷ에서 각 ㄱㄴㄹ과 각 ㄹㄴㄷ의 크기가 같고, 각 ㄱㄷㄹ과 각 ㄹㄷㄴ의 크기가 같습니다. 각 ㄴㄱㄷ의 크기를 구해 보세요.

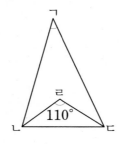

(   )

8 각 ㄴㄱㄷ과 각 ㄴㄷㄱ의 크기가 같을 때 각 ㄷㄹㅁ의 크기를 구해 보세요.

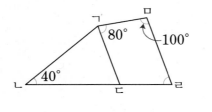

(   )

9 각 ㄱㄴㄷ과 각 ㄱㄷㄴ의 크기가 같고, 각 ㄹㄷㅁ과 각 ㄹㅁㄷ의 크기가 같습니다. ㉮의 각도를 구해 보세요.

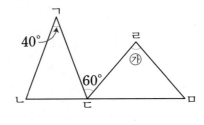

(   )

서술형 10 ㉠=㉡이고 ㉢=㉣입니다. 각 ㄴㄱㄷ의 크기가 60°일 때 각 ㄹㄱㄷ의 크기는 얼마인지 풀이 과정을 쓰고 답을 구해 보세요.

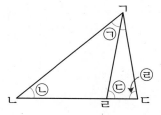

풀이 ....

....

....

....

답 ....

11 직사각형 모양의 종이를 접은 것입니다. 각 ㄱㅂㅅ의 크기를 구해 보세요.

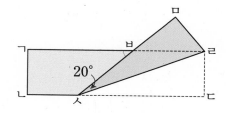

(   )

본문 68~85쪽의 유사문제입니다. 한 번 더 풀어 보세요.

ᘓS **1**

$9=3\times3$, $16=4\times4$와 같이 어떤 자연수를 두 번 곱한 수를 제곱수라 합니다. 525에 어떤 수를 곱해서 제곱수가 되게 하려고 할 때, 곱해야 하는 가장 작은 수를 구해 보세요.

$$525=3\times7\times5\times5$$

(   )

ᘓS **2**

서술형

수 카드를 한 번씩만 사용하여 몫이 가장 큰 (세 자리 수)÷(두 자리 수)를 만들었을 때의 몫을 구하려고 합니다. 풀이 과정을 쓰고 답을 구해 보세요.

$$\boxed{2}\ \boxed{4}\ \boxed{7}\ \boxed{9}\ \boxed{0}$$

풀이 ....

....

....

답 ....

ᘓS **3**

지우개 630개를 25명의 학생들에게 남김없이 똑같이 나누어 주려고 합니다. 지우개는 적어도 몇 개 더 필요한지 구해 보세요.

(   )

4 연필 6타가 있었습니다. 이 중 4타는 한 자루에 520원씩 팔고 나머지는 한 자루에 480원씩 팔았습니다. 연필을 모두 팔았다면 판 돈은 얼마일까요? (단, 연필 1타는 12자루입니다.)

(   )

5 윤경이는 하루에 독서를 45분씩, 컴퓨터를 30분씩 합니다. 윤경이가 3주 동안 독서와 컴퓨터를 한 시간은 몇 시간 몇 분일까요?

(   )

6 둘레가 391 m인 원 모양의 연못에 17 m 간격으로 쓰레기통을 놓으려고 합니다. 필요한 쓰레기통은 모두 몇 개일까요? (단, 쓰레기통의 너비는 생각하지 않습니다.)

(   )

7 가⊙나=(가+5)×(나−5)일 때 다음을 계산해 보세요.

  → ( ) 안을 먼저 계산합니다.

$$(47⊙15)+(15⊙34)$$

(   )

8 □ 안에 알맞은 수를 써넣으세요.

```
      2 □ 7
  ×     3 □
  ─────────
    1 0 □ 5
    6 □ 1
  ─────────
  □ □ 9 5
```

9 어떤 세 자리 수를 26으로 나눈 몫이 ㉠, 나머지가 ㉡일 때 ㉠+㉡이 가장 크게 되는 세 자리 수를 구해 보세요.

(   )

3 곱셈과 나눗셈

본문 86~88쪽의 유사문제입니다. 한 번 더 풀어 보세요.

1 어떤 수를 13으로 나누어야 할 것을 잘못하여 31을 곱하였더니 1922가 되었습니다. 바르게 계산했을 때의 나머지를 구해 보세요.

(   )

2 어떤 자율 주행 자동차가 1시간에 약 110 km를 간다고 합니다. 이 자율 주행 자동차가 같은 빠르기로 1일 8시간을 쉬지 않고 달렸다면 약 몇 km를 갈 수 있는지 구해 보세요.

(   )

3 가로가 143 cm, 세로가 180 cm인 직사각형 모양의 종이가 있습니다. 종이의 가로를 11등분, 세로를 15등분하여 학생들에게 한 장씩 나누어 주었습니다. 한 학생이 받은 작은 직사각형 모양 종이의 둘레는 몇 cm일까요?

(   )

4 수 카드를 한 번씩만 사용하여 곱이 가장 큰 (세 자리 수)×(두 자리 수)의 곱셈식을 만들려고 합니다. 만든 곱셈식의 곱을 구해 보세요.

$$\boxed{2}\ \boxed{4}\ \boxed{5}\ \boxed{7}\ \boxed{9}$$

(   )

5 조건을 만족시키는 수를 모두 구해 보세요.

- 세 자리 수입니다.
- 40으로 나누었을 때 나머지가 24입니다.
- 백의 자리 수는 5입니다.

(   )

6 키위와 오렌지가 160개 담긴 바구니에서 키위는 93개였습니다. 키위는 한 개에 650원씩, 오렌지는 한 개에 720원씩 모두 팔았다면 키위와 오렌지를 판 돈은 얼마인지 구해 보세요.

(   )

7 □ 안에 알맞은 수를 써넣으세요.

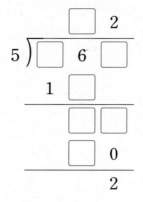

8 곱이 20000에 가장 가까운 수가 되도록 □ 안에 알맞은 수를 구해 보세요.

$$463 \times \square$$

(   )

서술형 9

한 자루에 350원인 볼펜이 있습니다. 이 볼펜을 ㉮ 문구점에서는 5자루를 살 때마다 1자루를 더 주고, ㉯ 문구점에서는 9자루를 살 때마다 150원씩 할인해 줍니다. 볼펜이 18자루 필요하다면 어느 문구점에서 살 때 얼마 더 싸게 살 수 있는지 풀이 과정을 쓰고 답을 구해 보세요.

풀이

....

....

....

....

답 .... ,

10

두 자리 수 ㉮를 6으로 나누었을 때의 나머지를 (㉮)로 나타냅니다. 예를 들어 15를 6으로 나눈 나머지는 3이므로 (15)=3, 18을 6으로 나눈 나머지는 0이므로 (18)=0입니다. (㉮)=4가 될 수 있는 ㉮는 모두 몇 개일까요?

( )

S **1**

오른쪽 그림의 흰색 바둑돌을 빨간색 점이 있는 위치로 이동하려고 합니다. 검은색 바둑돌을 지나지 않으면서 이동하도록 □ 안에 알맞은 말이나 수를 써넣으세요.

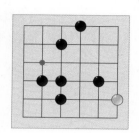

[흰색 바둑돌을 2번 이동]

① 위쪽으로 2칸 이동하기

② [ ]으로 [ ]칸 이동하기

[흰색 바둑돌을 3번 이동]

① 왼쪽으로 2칸 이동하기

② [ ]으로 [ ]칸 이동하기

③ [ ]으로 [ ]칸 이동하기

[흰색 바둑돌을 4번 이동]

① 아래쪽으로 1칸 이동하기

② 왼쪽으로 5칸 이동하기

③ [ ]으로 [ ]칸 이동하기

④ [ ]으로 [ ]칸 이동하기

S **2**

도형을 오른쪽으로 9번 뒤집고 위쪽으로 5번 뒤집었을 때의 도형을 그려 보세요.

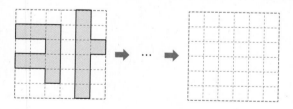

3 도형을 아래쪽으로 7번 뒤집고 시계 반대 방향으로 270°만큼 5번 돌렸을 때의 도형을 그려 보세요.

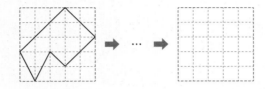

4 도형을 시계 반대 방향으로 180°만큼 돌리고 왼쪽으로 9번 뒤집었을 때의 도형은 주어진 도형을 어떤 방법으로 한 번 움직인 도형과 같은지 써 보세요.

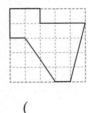

(   )

5 어떤 도형을 왼쪽으로 5번 뒤집고 시계 반대 방향으로 270°만큼 돌린 도형입니다. 처음 도형을 그려 보세요.

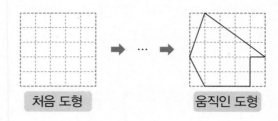

처음 도형   움직인 도형

6 보라색 도형은 초록색 도형을 빨간색 점을 기준으로 시계 방향으로 돌려서 만든 도형입니다. 돌린 각도가 작은 것부터 차례로 기호를 써 보세요. (단, 돌린 각도는 0°보다 크고 360°보다 작습니다.)

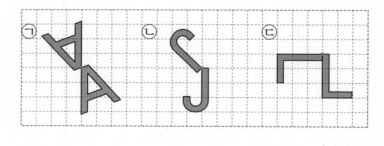

(   )

7

서술형

다음 4장의 수 카드를 한 번씩만 사용하여 가장 작은 네 자리 수를 만들었습니다. 이 수를 위쪽으로 뒤집었을 때 만들어지는 수를 ㉠, 오른쪽으로 뒤집었을 때 만들어지는 수를 ㉡, 시계 반대 방향으로 $180°$만큼 돌렸을 때 만들어지는 수를 ㉢이라 할 때, ㉠+㉡-㉢을 구하려고 합니다. 풀이 과정을 쓰고 답을 구해 보세요. (단, 네 자리 수를 한꺼번에 돌립니다.)

0 1 5 8

풀이

답

8

왼쪽 모양을 이용하여 만든 무늬입니다. 빈칸에 알맞게 색칠해 보세요.

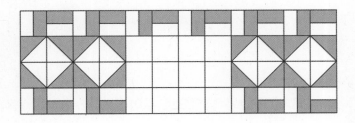

4 평면도형의 이동

본문 112~116쪽의 유사문제입니다. 한 번 더 풀어 보세요.

1 도형을 오른쪽으로 8 cm 밀고 아래쪽으로 2 cm 밀었을 때의 도형을 그려 보세요.

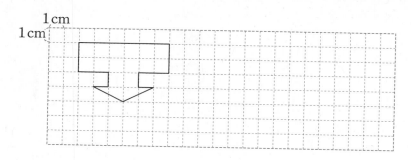

2 조각을 움직여서 오른쪽 정사각형을 완성하려고 합니다. ㉠과 ㉡에 알맞은 조각을 각각 찾아 기호를 써 보세요.

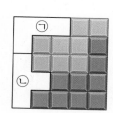

가   나   다   라   마

㉠ (   )

㉡ (   )

3 보기 와 같은 방법으로 주어진 모양 조각을 움직였습니다. 알맞은 모양을 그려 보세요.

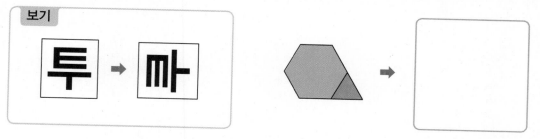

4 왼쪽 도형은 어떤 도형을 만큼 돌렸을 때의 도형입니다. 처음 도형을 위쪽으로 뒤집은 도형을 오른쪽에 그려 보세요.

5 다음과 같이 여섯 변의 길이가 모두 같은 도형에 선분 ㄱㄴ을 그었습니다. 점선을 기준으로 접었을 때 선분 ㄱㄴ과 겹치는 선분을 그어 보세요.

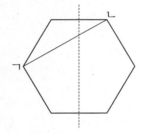

6 어느 날 오후에 거울에 비친 시계의 모양입니다. 서진이는 거울에 비친 시각부터 오후 8시까지 책을 읽었습니다. 서진이가 책을 읽은 시간은 몇 시간 몇 분일까요?

(   )

7 오른쪽 글자가 종이에 찍히도록 도장을 새기려고 합니다. 왼쪽 도장에 새겨야 할 모양을 그려 보세요.

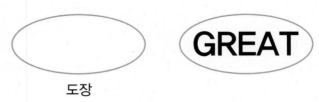

도장

8 시작 칸에서 출발하여 명령어대로 이동하며 칸을 색칠하였을 때 나타나는 한글 자음을 써 보세요.

명령어

1 시작 칸 색칠하기

2 오른쪽으로 3칸 이동하여 색칠하기

3 아래쪽으로 1칸 이동하여 색칠하기

4 왼쪽으로 1칸 이동하여 색칠하기 3번 반복하기

5 아래쪽으로 1칸 이동하여 색칠하기

6 오른쪽으로 3칸 이동하여 색칠하기

7 아래쪽으로 1칸 이동하여 색칠하기

8 왼쪽으로 1칸 이동하여 색칠하기 3번 반복하기

(   )

서술형 9 일정한 규칙으로 도형을 움직인 것입니다. 규칙을 설명하고 빈칸에 알맞은 도형을 그려 보세요.

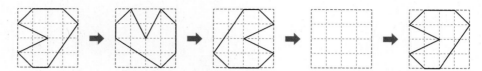

규칙 ....

....

10 점을 보기 와 같이 이동했을 때 위치가 다음과 같습니다. 이동하기 전의 위치에 점을 그려 보세요.

보기

왼쪽으로 5 cm, 위쪽으로 3 cm 이동

➡ 오른쪽으로 2 cm, 아래쪽으로 6 cm 이동

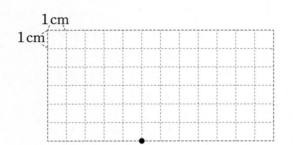

11 주어진 도형을 선 가를 기준으로 아래쪽으로 뒤집은 도형과 처음 도형을 이어 그린 것을 시계 방향으로 270°만큼 돌렸을 때의 도형을 그려 보세요.

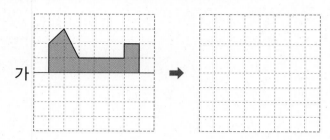

12 왼쪽에 있는 모양을 다음과 같은 순서로 움직였습니다. 오른쪽에 있는 모양에서 ★이 있는 칸의 기호를 써 보세요.

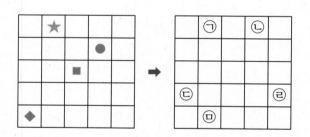

① 아래쪽으로 뒤집기
② 시계 반대 방향으로 90°만큼 돌리기
③ 오른쪽으로 뒤집기

(   )

5 막대그래프

본문 124~137쪽의 유사문제입니다. 한 번 더 풀어 보세요.

1 은지네 학교 4학년 학생들이 좋아하는 동물을 조사하여 나타낸 막대그래프입니다. 강아지를 좋아하는 학생이 20명일 때 은지네 학교 4학년 학생은 모두 몇 명일까요?

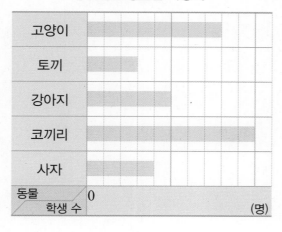

좋아하는 동물별 학생 수

(   )

2 단우네 학교 4학년 학생들이 좋아하는 전통 놀이를 조사하여 나타낸 표입니다. 표를 막대그래프로 나타낼 때 제기차기의 막대를 세로 눈금 16칸이 되게 그리려고 합니다. 투호는 세로 눈금 몇 칸으로 그려야 할까요?

좋아하는 전통 놀이별 학생 수

전통 놀이	투호	윷놀이	제기차기	딱지 치기	합계
학생 수(명)		18	32	24	100

(   )

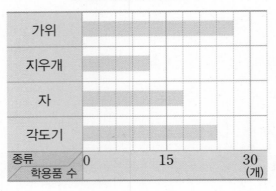

3

서술형

어느 문구점에서 하루 동안 판매한 종류별 학용품 수를 조사하여 나타낸 막대그래프입니다. 종류별 한 개의 판매 가격이 다음과 같을 때 지우개와 각도기를 판매한 금액을 합하면 모두 얼마인지 풀이 과정을 쓰고 답을 구해 보세요.

판매한 종류별 학용품 수

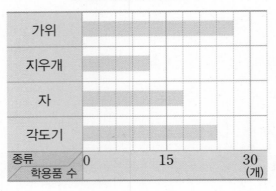

종류별 한 개의 판매 가격

종류	판매 가격
가위	1500원
지우개	200원
자	900원
각도기	750원

풀이 ....

....

....

....

....

답

4

민재네 학교 4학년 학생들이 가고 싶어 하는 나라를 조사하여 나타낸 표와 막대그래프입니다. 가장 인기가 많은 나라에 가고 싶어 하는 학생이 16명일 때 표와 막대그래프를 완성해 보세요.

가고 싶어 하는 나라별 학생 수

나라	영국	프랑스	일본	미국	합계
학생 수(명)			12	14	

가고 싶어 하는 나라별 학생 수

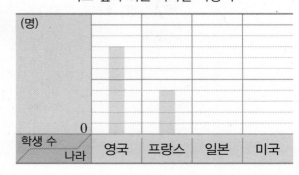

5 78명의 학생들이 가고 싶어 하는 현장 체험 학습 장소를 조사하여 나타낸 막대그래프입니다. 놀이공원을 가고 싶어 하는 학생이 27명이고, 미술관을 가고 싶어 하는 학생 수는 과학관을 가고 싶어 하는 학생 수의 2배일 때 막대그래프를 완성해 보세요.

가고 싶어 하는 현장 체험 학습 장소별 학생 수

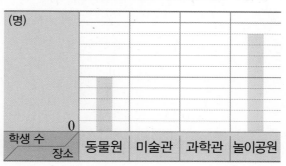

6 마을별 남자 수와 여자 수를 조사하여 나타낸 막대그래프입니다. 가 마을과 다 마을의 사람 수가 같을 때 나와 다 마을의 남자 수와 여자 수의 차는 몇 명일까요?

마을별 남자와 여자 수

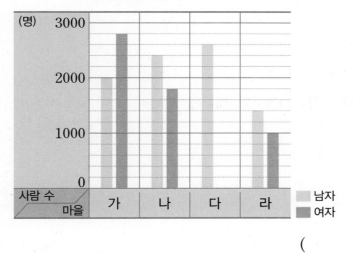

(   )

7 윤호는 4학년 2반입니다. 윤호네 학교 4학년 학생들이 놀이공원을 갔습니다. 윤호네 반 학생 모두 한 번씩 나 놀이 기구를 타려면 나 놀이 기구는 적어도 몇 번 운행해야 하는지 구해 보세요.

반별 학생 수

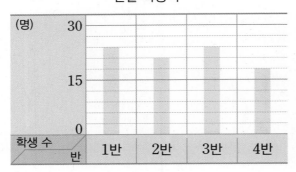

놀이 기구별 한 번에 탈 수 있는 사람 수

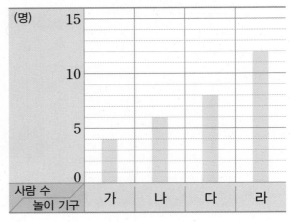

(   )

5 막대그래프

본문 138~142쪽의 유사문제입니다. 한 번 더 풀어 보세요.

서술형 1

연서네 학교 4학년 학생들이 좋아하는 계절을 조사하여 두 종류의 그래프로 나타낸 것입니다. ㈎ 그래프와 ㈏ 그래프는 각각 어떤 점을 알기 좋은지 설명해 보세요.

좋아하는 계절별 학생 수

계절	봄	여름	가을	겨울	합계
남학생 수(명)	16	20	18	14	68
여학생 수(명)	12	16	20	22	70

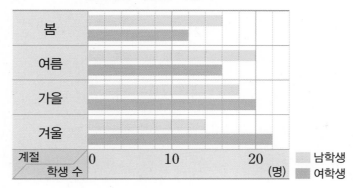

㈎ 좋아하는 계절별 학생 수

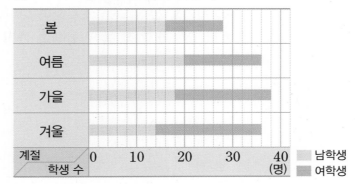

㈏ 좋아하는 계절별 학생 수

㈎ 그래프: ....

....

㈏ 그래프: ....

....

2 현우네 마을의 월별 최고 기온과 어느 가게의 월별 차가운 음료 판매량을 조사하여 나타낸 막대그래프입니다. 두 그래프를 보고 알 수 있는 것을 써 보세요.

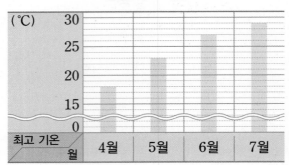

월별 최고 기온

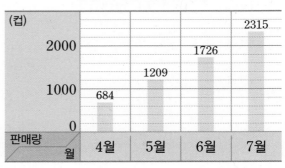

월별 차가운 음료 판매량

....

....

3 학생들이 20문제인 수학 시험을 본 결과를 조사하여 나타낸 막대그래프입니다. 수학 시험이 100점 만점일 때 수학 점수가 가장 높은 학생과 가장 낮은 학생의 점수의 차를 구해 보세요. (단, 문제당 점수는 같습니다.)

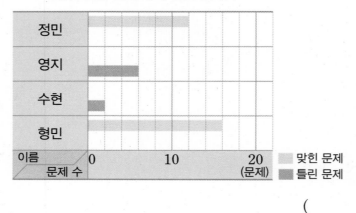

학생별 맞힌 문제 수와 틀린 문제 수

(   )

4 네 명의 학생이 컴퓨터를 사용한 시간을 조사하여 나타낸 막대그래프입니다. 네 사람이 컴퓨터를 사용한 시간의 합이 7시간일 때 영일이가 컴퓨터를 사용한 시간은 몇 시간 몇 분일까요?

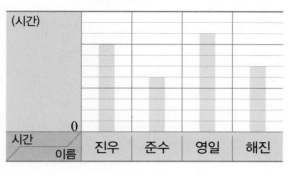

학생별 컴퓨터 사용 시간

(   )

5 혜진이네 반 학생 22명의 취미를 조사하여 나타낸 막대그래프의 일부분이 찢어져 보이지 않습니다. 요리가 취미인 학생은 음악 감상이 취미인 학생보다 2명 더 많습니다. 요리가 취미인 학생은 몇 명일까요?

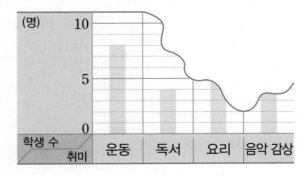

취미별 학생 수

(   )

6 주혜네 모둠 학생들이 화살을 쏘아 과녁 맞히기 놀이를 하였습니다. 막대그래프는 한 학생당 화살 10개를 쏘았을 때 각 점수에 맞힌 화살 수를 나타낸 것입니다. 점수가 가장 높은 학생과 가장 낮은 학생의 점수의 차는 몇 점일까요? (단, 경계선에 맞히거나 과녁 밖으로 나가는 경우는 없습니다.)

학생별 맞힌 화살 수

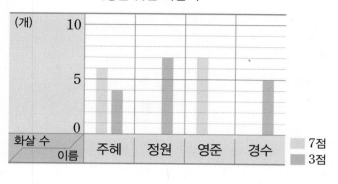

(   )

7 주사위를 36번 던져서 각각의 눈이 나온 횟수를 조사하여 나타낸 막대그래프입니다. 전체 나온 눈의 수의 합이 132일 때 5의 눈이 나온 횟수는 몇 번인지 구해 보세요.

주사위의 눈별 나온 횟수

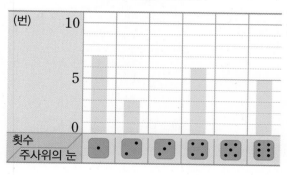

(   )

8 어느 중고 서점에서 월요일부터 금요일까지 팔린 동화책과 만화책 수와 판매 금액을 조사하여 나타낸 막대그래프입니다. 동화책은 한 권에 5000원, 만화책은 한 권에 3000원일 때 물음에 답하세요.

요일별 팔린 동화책과 만화책 수

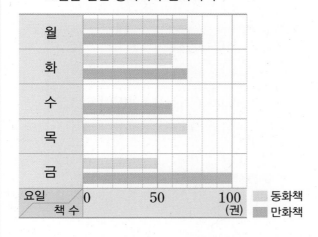

요일별 동화책과 만화책의 판매 금액

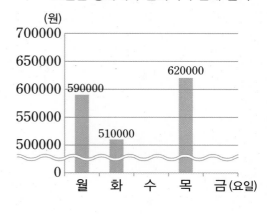

(1) 수요일에 팔린 동화책은 만화책보다 40권 더 많습니다. 위의 막대그래프 2개를 모두 완성해 보세요.

(2) 위의 두 그래프를 보고 알 수 있는 것을 써 보세요.

....

....

6 규칙 찾기

본문 152~169쪽의 유사문제입니다. 한 번 더 풀어 보세요.

Ṡ **1**

서술형

수 배열표에서 규칙을 찾아 ♣에 알맞은 수는 얼마인지 풀이 과정을 쓰고 답을 구해 보세요.

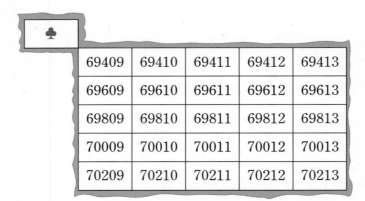

♣				
69409	69410	69411	69412	69413
69609	69610	69611	69612	69613
69809	69810	69811	69812	69813
70009	70010	70011	70012	70013
70209	70210	70211	70212	70213

풀이 ....

....

답 ....

Ṡ **2**

규칙에 따라 바둑돌을 늘어놓았습니다. 흰색 바둑돌을 25개 놓았을 때 검은색 바둑돌은 몇 개일까요?

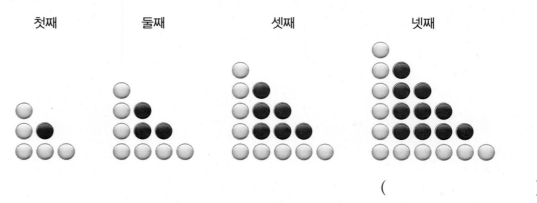

첫째　　　　둘째　　　　　셋째　　　　　　넷째

(　　　　　　　　　　)

3 등호(＝)가 있는 식을 완성하여 암호를 풀려고 합니다. 각 기호에 알맞은 수를 찾고 글자로 단어를 만들어 보세요.

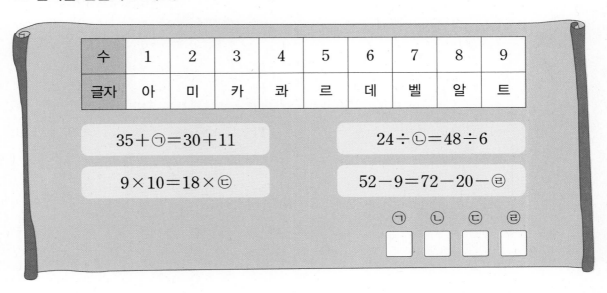

수	1	2	3	4	5	6	7	8	9
글자	아	미	카	콰	르	데	벨	알	트

$$35+\text{㉠}=30+11$$

$$24\div\text{㉡}=48\div6$$

$$9\times10=18\times\text{㉢}$$

$$52-9=72-20-\text{㉣}$$

㉠	㉡	㉢	㉣

4 곱셈식의 배열에서 규칙을 찾아 다섯째 곱셈식을 써넣으세요.

순서	곱셈식
첫째	$7\times9=63$
둘째	$77\times99=7623$
셋째	$777\times999=776223$
넷째	$7777\times9999=77762223$
다섯째	

5 보기 의 계산을 보고 다음을 계산해 보세요.

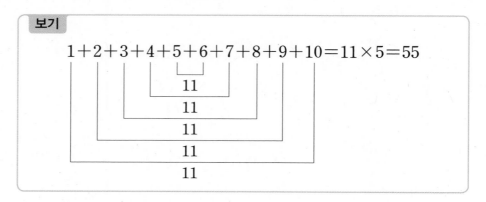

(1) $20+24+28+32+36+40+44+48=$ ▢

(2) $93+95+97+99+101+103+105+107+109=$ ▢

6 →, ↓, ↘, ↗ 방향으로 놓인 세 수의 합이 모두 같도록 빈칸에 수 카드의 수를 모두 한 번씩 써넣어 마방진을 완성해 보세요.

2   6   8   18

16		12
	10	14
		4

7 규칙에 따라 면봉을 늘어놓아 5개의 변이 있는 도형을 계속 이어 만들려고 합니다. 면봉 70개로 만들 수 있는 도형은 몇 개일까요?

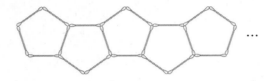

...

(   )

8 달력의 ⊓ 안에 있는 5개의 수의 합은 29입니다. 같은 모양으로 5개의 수를 더했을 때 129가 되는 5개의 수 중에서 가장 작은 수를 구해 보세요.

일	월	화	수	목	금	토
		1	2	3	4	5
6	7	8	9	10	11	12
13	14	15	16	17	18	19
20	21	22	23	24	25	26
27	28	29	30	31		

(   )

9 흰색 바둑돌과 검은색 바둑돌에 표시된 수의 배열에서 규칙을 찾아 ★에 알맞은 수를 구해 보세요.

(   )

6 규칙 찾기

본문 170~174쪽의 유사문제입니다. 한 번 더 풀어 보세요.

1 쌓기나무의 배열에서 규칙을 찾아 16째에 쌓을 쌓기나무는 몇 개인지 구해 보세요.

첫째　　　　둘째　　　　셋째

(　　　　　　　　　　)

2 1부터 9까지의 수 중에서 ㉠과 ㉡에 알맞은 수는 모두 몇 쌍인지 구해 보세요.

$$41 - ㉠ = 36 - ㉡$$

(　　　　　　　　　　)

3 계산식의 배열에서 규칙을 찾아 □ 안에 알맞은 수를 써넣으세요.

$$9 \times 9 - 1 = 80$$
$$98 \times 9 - 2 = 880$$
$$987 \times 9 - 3 = 8880$$
$$9876 \times 9 - 4 = \boxed{}$$
$$98765 \times 9 - 5 = \boxed{}$$
$$987654 \times 9 - 6 = \boxed{}$$
$$9876543 \times 9 - 7 = \boxed{}$$
$$98765432 \times 9 - 8 = \boxed{}$$
$$987654321 \times 9 - 9 = \boxed{}$$

4 색종이를 점선을 따라 반으로 자른 후, 자른 조각을 겹쳐서 다시 반으로 자르는 것을 반복했습니다. 규칙에 따라 여섯 번 자르면 색종이는 모두 몇 조각이 될까요?

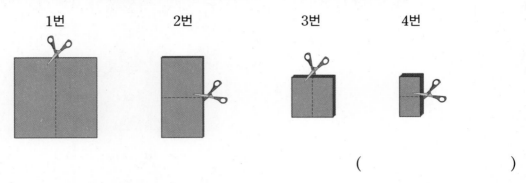

(   )

서술형 **5** 수 배열의 규칙을 찾아 쓰고, ♥에 알맞은 수를 구해 보세요.

```
            1
         2     3
      3     4     5
   4     5     6     7
5  [  ] [  ] [  ] [  ]
[ ] [ ] [ ] [ ] [♥] [ ]
```

규칙 ....

....

(   )

6 안에 있는 5개의 수의 합은 60입니다. 같은 모양으로 5개의 수를 더했을 때 315가 되는 5개의 수를 구해 보세요.

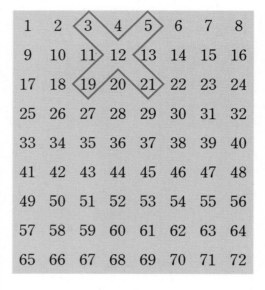

(   )

7 규칙을 찾아 빈칸에 알맞은 수를 써넣으세요.

4	10
14	

12	15
18	

29	12
23	

35	7
15	

48	13

8 그림을 보고 나 저울의 오른쪽에 ⬤ 을 몇 개 올려야 할지 구해 보세요. (단, 보이지 않는 모형은 없습니다.)

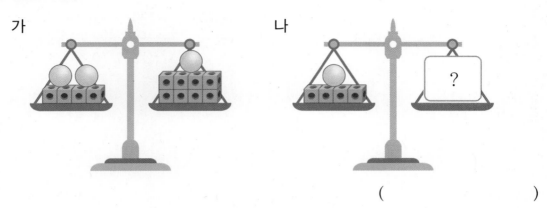

가   나

(   )

9 규칙을 찾아 ☐ 안에 알맞은 분수를 써넣으세요.

$$\frac{1}{2}, \ \frac{5}{9}, \ \frac{9}{16}, \ \boxed{}, \ \frac{17}{30}, \ \frac{21}{37}, \ \boxed{}$$

10 규칙에 따라 수를 늘어놓았습니다. 12째 수를 구해 보세요.

> 73491, 73891, 66891, 67291, 60291, 60691, ...

(   )

11 규칙에 따라 5개의 수가 적힌 카드를 순서대로 늘어놓았습니다. 물음에 답하세요.

| 1, 2, 3, 4, 5 | | 3, 4, 5, 6, 7 | | 5, 6, 7, 8, 9 | ... |

⑴ 처음 30이 나오는 카드는 몇째 카드일까요?

(   )

⑵ 첫째 카드의 첫째 수부터 세었을 때 198째 수는 무엇일까요?

(   )

상위권의 기준
최상위
사고력

수학 좀 한다면

상위권을 위한
사고력
생각하는 방법도
최상위!

수능까지 연결되는 독해 로드맵

디딤돌 독해력은 수능까지 연결되는 체계적인 라인업을 통하여

수능에서 요구하는 핵심 독해 원리에 대한 이해는 물론,

단계 별로 심화되며 연결되는 학습의 과정을 통해

깊이 있고 종합적인 독해 사고의 능력까지 기를 수 있도록 도와줍니다.

기초를 다진 후에는 본격 실전 독해 훈련으로!
디딤돌 독해력 고학년 Ⅰ~Ⅳ

· 수능 국어 독서 영역을 기준으로 주제별, 수준별 구성
· 초등 고학년이 감당할 수 있는 중등 수준의 지문을 4단계로 세분화

독해력 공부를 처음 시작한다면, 기초를 튼튼히!
디딤돌 독해력 초등국어 1~6

· 초등 국어 교과서의 학년별 성취 기준을 바탕으로 독해 목표 설정
· 문학+비문학 제재로 구성, 차근차근 심화되는 독해 원리 학습

1~4학년군 1, 2, 3, 4   5~6학년군 5, 6

실력

기초   기본

초등   초등 고학년

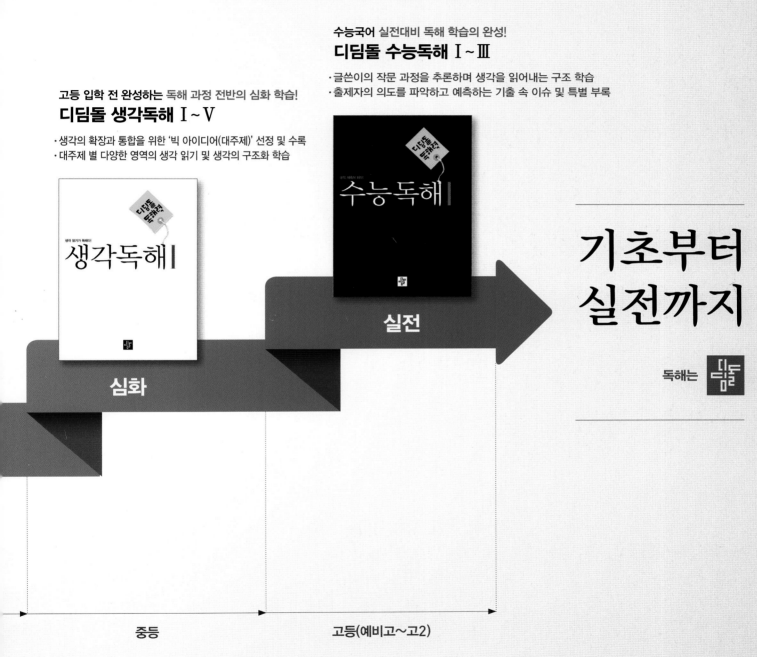

고등 입학 전 완성하는 독해 과정 전반의 심화 학습!
디딤돌 생각독해 I ~ V
· 생각의 확장과 통합을 위한 '빅 아이디어(대주제)' 선정 및 수록
· 대주제 별 다양한 영역의 생각 읽기 및 생각의 구조화 학습

수능국어 실전대비 독해 학습의 완성!
디딤돌 수능독해 I ~ III
· 글쓴이의 작문 과정을 추론하며 생각을 읽어내는 구조 학습
· 출제자의 의도를 파악하고 예측하는 기출 속 이슈 및 특별 부록

생각독해 I

수능독해 I

심화

실전

기초부터
실전까지

독해는 디딤돌

중등

고등(예비고~고2)

상위권의 기준

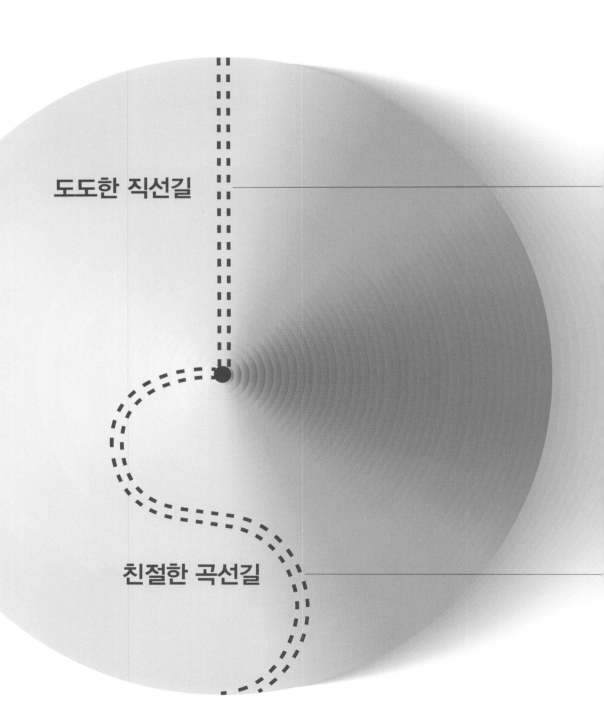

도도한 직선길

친절한 곡선길

상위권의 기준

최상위
수학
S

정답과 풀이

SPEED 정답 체크

1 큰 수

BASIC CONCEPT

1 만, 억, 조

1 (1) 10000000 또는 1000만

(2) 100000000 또는 1억

(3) 1000000000 또는 10억

2 (왼쪽에서부터) 1000000000000,
10000000000000, 1000000000000000 /
10000, 1000

3 4억, 10억

4 (1) 508000000 (2) 7001203000000

5 100000배 또는 10만 배

6 40000000＋20000＋600

7 (1) 99990000000 또는 999억 9000만

(2) 100000000 또는 1억

8 (1) 50000000, 100000000 / 150000000

(2) 8000000000, 20000000000 /
28000000000

9 (위에서부터) 3, 15, 1, 35

10 233562

2 뛰어 세기

1 (1) 8600억, 9600억 (2) 200억, 2조

2 (1) 17조 4615억 (2) 7조, 70조

3 8000만, 8900만

3 큰 수의 크기 비교

1 (1) > (2) >   **2** ㉣, ㉢, ㉠, ㉡

3 >

4 (1) 0, 1, 2, 3, 4, 5, 6 (2) 6, 7, 8, 9

5 (1) 98765432 (2) 1702345689

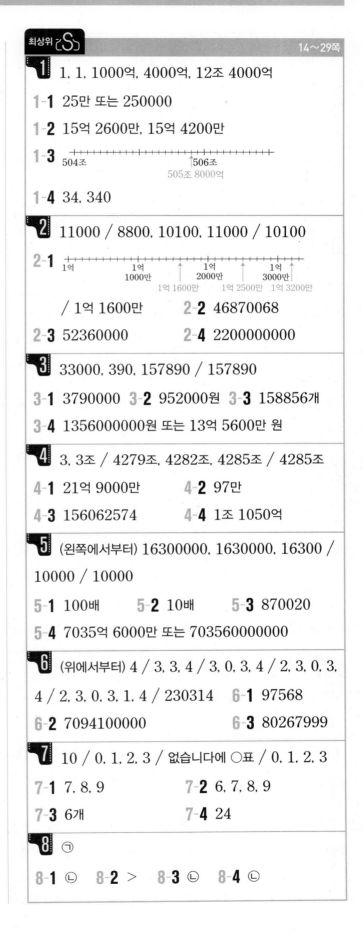

1 1, 1, 1000억, 4000억, 12조 4000억

1-1 25만 또는 250000

1-2 15억 2600만, 15억 4200만

1-3 504조 ↑506조
505조 8000억

1-4 34, 340

2 11000 / 8800, 10100, 11000 / 10100

2-1 1억 1억 1억 1억
1000만 2000만 3000만
1억 1600만 1억 2500만 1억 3200만

/ 1억 1600만   **2-2** 46870068

2-3 52360000   **2-4** 2200000000

3 33000, 390, 157890 / 157890

3-1 3790000 **3-2** 952000원 **3-3** 158856개

3-4 1356000000원 또는 13억 5600만 원

4 3, 3조 / 4279조, 4282조, 4285조 / 4285조

4-1 21억 9000만   **4-2** 97만

4-3 156062574   **4-4** 1조 1050억

5 (왼쪽에서부터) 16300000, 1630000, 16300 /
10000 / 10000

5-1 100배   **5-2** 10배   **5-3** 870020

5-4 7035억 6000만 또는 703560000000

6 (위에서부터) 4 / 3, 3, 4 / 3, 0, 3, 4 / 2, 3, 0, 3,
4 / 2, 3, 0, 3, 1, 4 / 230314   **6-1** 97568

6-2 7094100000   **6-3** 80267999

7 10 / 0, 1, 2, 3 / 없습니다에 ○표 / 0, 1, 2, 3

7-1 7, 8, 9   **7-2** 6, 7, 8, 9

7-3 6개   **7-4** 24

8 ㉠

8-1 ㉡ **8-2** > **8-3** ㉡ **8-4** ㉡

<table>
<tr><th colspan="2">MATH MASTER</th><th>30~32쪽</th></tr>
</table>

1 740, 11740, 1121740

2 200000배 또는 20만 배

3 10234586   **4** 1748장

5 약 190조 km 또는 약 190000000000000 km

6 13조 9000억   **7** 897354106

8 2029년   **9** 5003344588

10 6, 7

2 각도

<table><tr><th>BASIC CONCEPT</th><th>34~39쪽</th></tr></table>

1 각의 크기, 예각과 둔각

1 (1) 60° (2) 120°   **2** 30°

3 ㉠, ㉣   **4** 가, 마 / 나, 바 / 다, 라

2 각도의 합과 차

1 (1) 80° (2) 90°   **2** 195°, 85°

3 (1) 130° (2) 235°   **4** (1) 97 (2) 70

5 125°   **6** 40°, 65°

3 삼각형과 사각형의 각의 크기의 합

1 (1) 60 (2) 95   **2** ㉡

3 25°, 30°   **4** (1) 105° (2) 105°

5 65°   **6** 40°

최상위 S   40~55쪽

1 180 / 40 / 40, 40, 90 / 90, 90, 40 / 40

1-1 70   **1-2** 125°, 155°   **1-3** 75°

1-4 35°

2 5 / ④, 3 / ③, 1 / 5, 3, 1, 9

2-1 5개   **2-2** 6개   **2-3** 20개   **2-4** 2개

3 70, 70, 70, 50

3-1 35°   **3-2** 120°   **3-3** 20°   **3-4** 70°

4 360, 360, 360, 110, 110, 110, 25

4-1 105°   **4-2** 150°   **4-3** 95°   **4-4** 85°

5 30, 30, 30, 110, 55, 55

5-1 60°   **5-2** 80°, 55°, 45°   **5-3** 70°

5-4 80°

6 180, 180, 180, 30, 30, 120

6-1 60°   **6-2** 105°   **6-3** 3시 25분

6-4 70°

7 3, 180, 540

7-1 720°   **7-2** 900°   **7-3** 108°   **7-4** 135°

8 360, 360, 360, 110, 110, 70

8-1 85°   **8-2** 115°   **8-3** 45   **8-4** 360°

<table><tr><th>MATH MASTER</th><th>56~59쪽</th></tr></table>

1 75°   **2** 오후 3시   **3** 140°

4 85°   **5** 55°   **6** 60°, 50°

7 119°   **8** 50°   **9** 60°

10 24°   **11** 130°

3 곱셈과 나눗셈

<table><tr><th>BASIC CONCEPT</th><th>62~67쪽</th></tr></table>

1 (세 자리 수)×(두 자리 수)

1 (왼쪽에서부터) 3612, 36120 / 10

2 (1) 8580, 1287 / 9867

    (2) 12870, 858 / 13728

3 (위에서부터) 4900, 700

4 예 150, 30, 4500 / 부족합니다에 ○표

5 교환법칙, 결합법칙

2 몇십으로 나누기/(두 자리 수)÷(두 자리 수)

1 (1) 30 (2) 80   **2** ㉠   **3** 4, 8, 16

4 77　　　　　　　　　　　　　　　　**5** 63

6 (1) 3장, 13장　(2) 11장　　　　　　**7** 14개

3 (세 자리 수)÷(두 자리 수)

1
$$59\overline{)468}$$
$$\;\;7$$
$$413$$
$$55$$

2 (위에서부터) 12, 48

3 31　　　　**4** 17

5 31, 14

6 (1) 25, 4, 29　(2) (위에서부터) 10 / 5, 12 / 15, 12

최상위 **S**　　　　　　　　　　　　　68~85쪽

1 10 / 2 / 2 / 2, 5

1-1 100, 10, 5, 2

1-2 (위에서부터) 100, 7, 10, 2, 5, 2, 5 / 2, 2

1-3 11

2 854, 12 / 854, 12, 71, 2

2-1 76, 23, 3, 7　**2-2** 28　**2-3** 5　**2-4** 45

3 24, 35, 16, 30, 35, >, 30, 마트

3-1 가 색종이　**3-2** 22권, 18권　**3-3** 23쪽　**3-4** 5번

4 864, 3456, 2, 432, 3456, 432, 3888

4-1 450 km　**4-2** 3750원　**4-3** 73350원

4-4 24300 mL

5 243, 18954, 100, 54, 189, 54, 189, 54

5-1 2 kg 310 g　　**5-2** 16시간 20분

5-3 44상자　　　　**5-4** 105 m 40 cm

6 15, 19, 19, 1, 19, 1, 20, 20, 40

6-1 17그루　**6-2** 68그루　**6-3** 34개

6-4 41 m

7 15, 480, 510 / 510, 510, 11730, 11760

7-1 2110　**7-2** 5856　**7-3** 290　**7-4** 5620

8 3, 3, 1, 5, 6

8-1 3, 9, 7

8-2 (위에서부터) 1, 5, 7, 2, 4, 9, 0, 2

8-3 (위에서부터) 2, 7, 8, 5, 2, 5, 2, 2

9 29, 6, 26, 28, 26, 28, 26, 782, 2

9-1 209　**9-2** 4　**9-3** 9　**9-4** 985

MATH MASTER　　　　　　　　　　86~88쪽

1 16983　　**2** 약 30 km 600 m　**3** 52 cm

4 81028　　**5** 316　　　　　　　**6** 116850원

7 (위에서부터) 1, 2, 7, 9, 7, 2, 0, 1, 4

8 40　　　　**9** ㉮ 문구점, 80원　**10** 23개

---

4 평면도형의 이동

BASIC CONCEPT　　　　　　　　90~95쪽

1 점의 이동, 평면도형 밀기

1 왼쪽에 ○표, 4, 아래쪽에 ○표, 3

2

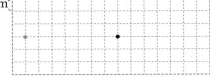

3 ◣

4 예) 아래쪽으로 3 cm 밀어야 합니다. /
예) 오른쪽으로 6 cm 밀어야 합니다.

2 평면도형 뒤집기, 돌리기

1

2 2개

3 ㉡, ㉢

4 2

5 예) 시계 반대 방향으로 90°만큼 돌린 것입니다. 또는 시계 방향으로 270°만큼 돌린 것입니다.

3 평면도형 뒤집고 돌리기, 무늬 꾸미기

1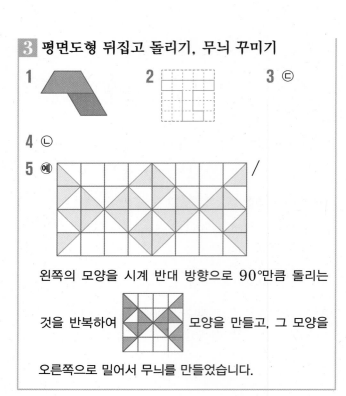

2

3 ㉢

4 ㉡

5 예

왼쪽의 모양을 시계 반대 방향으로 90°만큼 돌리는

것을 반복하여　　　　모양을 만들고, 그 모양을

오른쪽으로 밀어서 무늬를 만들었습니다.

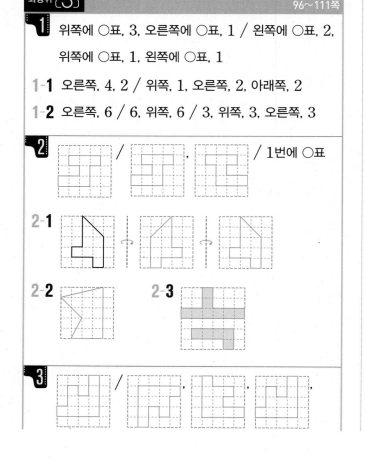

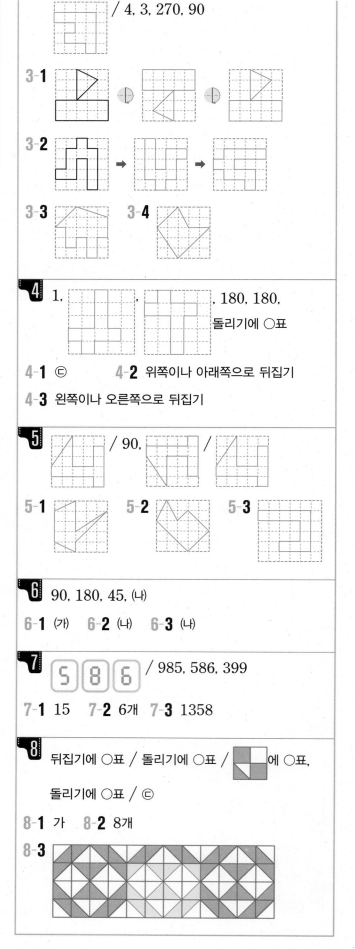

최상위 S

1 위쪽에 ○표, 3, 오른쪽에 ○표, 1 / 왼쪽에 ○표, 2,
위쪽에 ○표, 1, 왼쪽에 ○표, 1

1-1 오른쪽, 4, 2 / 위쪽, 1, 오른쪽, 2, 아래쪽, 2

1-2 오른쪽, 6 / 6, 위쪽, 6 / 3, 위쪽, 3, 오른쪽, 3

2 　　　　　　　/　　　　　, 　　　　　/ 1번에 ○표

2-1

2-2　　　**2-3**

3 　　/ 4, 3, 270, 90

3-1

3-2

3-3　　　**3-4**

4 1, 　　　, 　　, 180, 180,
돌리기에 ○표

4-1 ㉢　　　**4-2** 위쪽이나 아래쪽으로 뒤집기

4-3 왼쪽이나 오른쪽으로 뒤집기

5 　　/ 90, 　　/ 　　

5-1　　　**5-2**　　　**5-3**

6 90, 180, 45, (나)

6-1 (가)　　**6-2** (나)　　**6-3** (나)

7 5 8 6 / 985, 586, 399

7-1 15　　**7-2** 6개　　**7-3** 1358

8 뒤집기에 ○표 / 돌리기에 ○표 / 　　에 ○표,
돌리기에 ○표 / ㉢

8-1 가　　**8-2** 8개

8-3

1

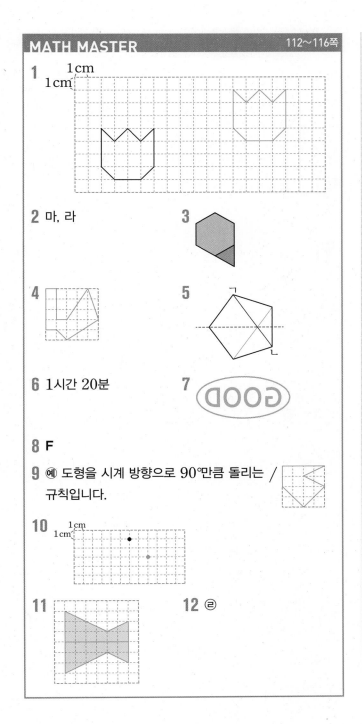

2 마, 라

3

4

5

6 1시간 20분

7 ⟨GOOD⟩

8 F

9 ㉠ 도형을 시계 방향으로 90°만큼 돌리는 규칙입니다.

10

11

12 ㉣

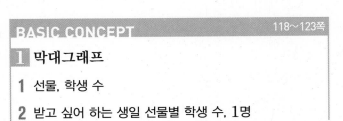

5 막대그래프

1 막대그래프

1 선물, 학생 수

2 받고 싶어 하는 생일 선물별 학생 수, 1명

3 4명   **4** 4칸   **5** 표

6 ㉠ 받고 싶어 하는 생일 선물별 학생 수의 많고 적음을 한눈에 비교하기 쉽습니다.

2 막대그래프 내용 알아보기

1 5반   **2** 1반, 4반

3 1반, 4반, 5반   **4** 46명   **5** 35명

6 ㉠ 가야금, 가야금을 배우고 싶어 하는 학생이 가장 많으므로 가야금을 배우는 방과 후 수업을 하면 좋을 것 같습니다.

3 막대그래프로 나타내기

1 28명   **2** 학생 수   **3** 7칸

4 ㉠

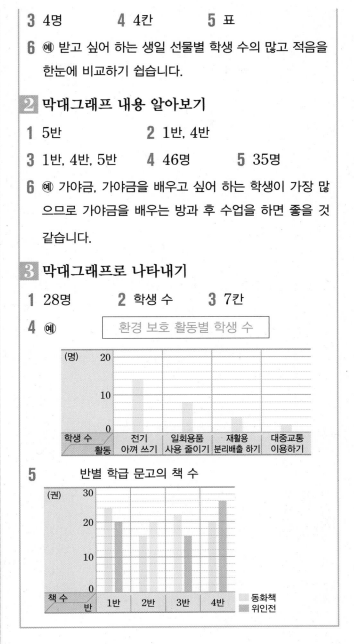

5

1 7, 3, 5, 23, 23, 2, 16

1-1 100명   **1-2** 180명

2 64, 22, 22, 장미, 22, 11

2-1 17칸   **2-2** 8명   **2-3** 7칸

3 25, 5, 35, 45, 30, 50, 160, $\dfrac{45}{160}$

3-1 $1\dfrac{5}{21}$ **3-2** 11700원

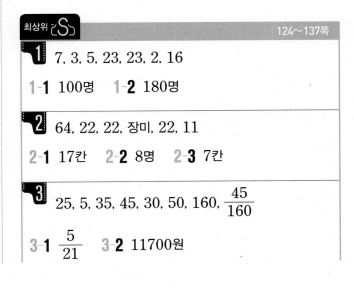

4 10, 5, 3 /

좋아하는 TV 프로그램별 학생 수

/ 5, 5, 5, 10, 10, 5, 3

4-1 10, 8, 7 /

가고 싶어 하는 나라별 학생 수

4-2 40, 12, 100 /

좋아하는 운동별 학생 수

5

월별 강수량
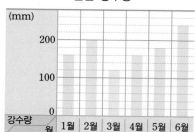

/ 20 / 200, 240 / 200, 240, 360, 480, 120
/ 6

5-1

혈액형별 학생 수
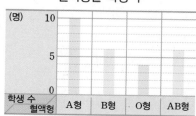

5-2

주말에 방문한 장소별 학생 수

6 0, 4, 1, 1 / 수 / 10 / 수, 40, 80, 120

6-1 16명　　　　　**6-2** 14000 kg

7 100, 700 / 2, 16 / 700, 16, 11200

7-1 180개　　　　　**7-2** 4대

MATH MASTER　　　　　138~142쪽

1 ㉮ 그래프: ⑳ 두 반의 가장 많은 학생들이 좋아하는 음식을 알 수 있습니다.

㉯ 그래프: ⑳ 음식별로 어느 반 학생들이 더 좋아하는지 알 수 있습니다.

2 ⑳ • 노인 인구수가 늘어날수록 노인 복지 시설 수가 늘어납니다.

• 해마다 노인 복지 시설 수가 늘어나고 있습니다.

3 30명　　　　　**4** 27명

5 49일　　　　　**6** 18점

7 6번

8 (1)

요일별 초콜릿과 젤리의 판매 금액
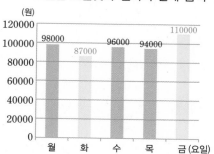

(2) 410개

(3) ⑳ 수요일에는 초콜릿과 젤리가 같은 수만큼 팔렸습니다.

6 규칙 찾기

BASIC CONCEPT

1 수의 배열에서 규칙

1

40187	40287	40387	40487	40587
50187	50287	50387	50487	50587
60187	60287	60387	60487	60587
70187	70287	70387	70487	70587
80187	80287	80387	80487	80587

2 23958, 10158

3 예 $300+101=401 → 4+1=5$이므로 두 수의 덧셈의 결과에서 각 자리 숫자의 합을 씁니다. / 9, 12

4 4

2 모양의 배열에서 규칙

1
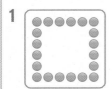

2 $1+2+3=6$, $1+2+3+4=10$ / 28개

3 5개   **4** 36장

3 계산식의 배열에서 규칙

1 $101×55=5555$

2 $2900+1300-1000=3200$

3 (1) 1234567   (2) 88888881111111

4 $20000007×4=80000028$

5 3333333333

4 등호(=)를 사용한 식

1 (1) 0   (2) 28   (3) 5   (4) 3

2 예 7 × 3 = 3 × 7

3 예 $4+12=16$ / 예 $4+12=12+4$ / 예 $15+10-1=4×6$ / 예 $4×6=6×4$

4 47, 57, 67

5 4

6 ㉠, ㉣

---

1 3, 5, 합, 116, 1, 1, 6, 8, 117, 1, 1, 7, 9

1-1 3, 4   **1-2** 8   **1-3** 48317

2
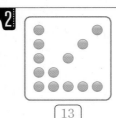
1 / 3, 7 / 3, 3, 10 / 3, 3, 3, 13

13

2-1 16개   **2-2** 91개   **2-3** 49개

3 3, 3, 3, 17, 5, 5, 5, 52, 17, 52, 69

3-1 31   **3-2** 28   **3-3** 유클리드

4 7 / $1+3+5+7+9+11$, $15+17+19+21+23+25$, 169

4-1 $1234×8+4=9876$

4-2 $100001×11111=1111111111$

4-3 49999995

5 5 / 5, 6, 7, 8, 9 / 17, 18, 19, 20, 21, 22, 23

5-1 5, 5   **5-2** 650   **5-3** (1) 590   (2) 1188

6

2	7	6
9	5	1
4	3	8

/ 2, 1, 3, 8

6-1

8	1	6
3	5	7
4	9	2

6-2

10	3	8
5	7	9
6	11	4

6-3

15	1	11
5	9	13
7	17	3

7 $4+3×2$, $6×3$ / 3, 6, 100, 600

7-1 13개   **7-2** 42개   **7-3** 24개

8 1, 7, 1, 7, 5, 5 / 6, 12, 14, 20, 20

8-1 7, 14, 21   **8-2** 21층

9 4 / (위에서부터) 51, 73, 99, 22, 26, 4

9-1
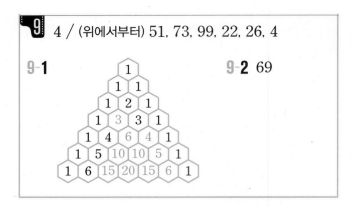

9-2 69

MATH MASTER   170~174쪽

1 100개   **2** 5쌍

3 488889, 5888889, 68888889, 788888889,
8888888889

4 64개

5 (예) 각 줄의 첫째 수는 1, 2, 3, 4, 5, 6으로 1씩 커지
고 각 줄의 수는 첫째 수의 1배, 2배, 3배, 4배, ...입니
다.
/ (위에서부터) 10, 15, 20, 25 / 18, 24, 30, 36

6 37, 44, 45, 46, 53   **7** (1) 11 (2) 1

8 2개   **9** $\frac{11}{15}$, $\frac{20}{27}$

10 24478   **11** (1) 15째 (2) 46

복습책

1 큰 수

다시푸는 최상위 S   2~4쪽

1 6억 3500만, 6억 5250만

2 ©   **3** 866500원

4 11조 5000억   **5** 5702100

6 36012754   **7** 3개

8 ©

다시푸는 MATH MASTER   5~7쪽

1 1831만, 5855억 1831만

2 1000000배 또는 100만 배

3 20023366   **4** 356장

5 약 285조 km 또는 약 285000000000000 km

6 4조 1000억   **7** 7938120654

8 2031년   **9** 40033499

10 7, 8, 9

---

2 각도

다시푸는 최상위 S   8~10쪽

1 65°   **2** 14개   **3** 55°

4 205°   **5** 85°   **6** 9시 15분

7 540°   **8** 360°

다시푸는 MATH MASTER   11~14쪽

1 120°   **2** 3시, 9시   **3** 100°

4 20°   **5** 180°   **6** 150°

7 40°   **8** 70°   **9** 80°

10 20°   **11** 40°

3 곱셈과 나눗셈

15~17쪽

다시푸는 최상위 S

1 21   **2** 48   **3** 20개

4 36480원   **5** 26시간 15분

6 23개   **7** 1100

8 (위에서부터) 1, 5, 8, 5, 7, 5   **9** 987

다시푸는 MATH MASTER

18~21쪽

1 10   **2** 약 3520 km   **3** 50 cm

4 70688   **5** 504, 544, 584

6 108690원   **7** (위에서부터) 3, 1, 2, 5, 1, 2, 1

8 43   **9** ㉠ 문구점, 750원   **10** 15개

4 평면도형의 이동

다시푸는 최상위 S

22~25쪽

1 왼쪽, 4 / 위쪽, 2, 왼쪽, 2 / 위쪽, 3, 오른쪽, 1

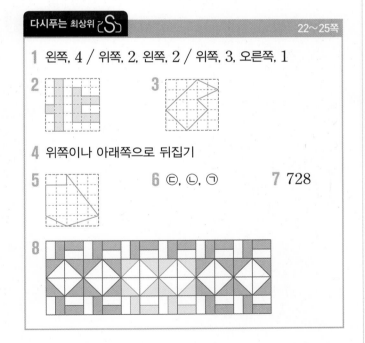

4 위쪽이나 아래쪽으로 뒤집기

6 ㉢, ㉡, ㉠   **7** 728

다시푸는 MATH MASTER

26~30쪽

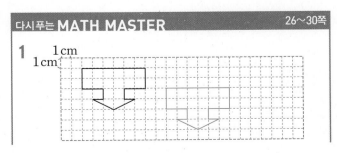

2 마, 라

6 1시간 10분

7 GREAT

8 ㅂ

9 예 도형을 시계 방향으로 90°만큼 돌리는 / 규칙입니다.

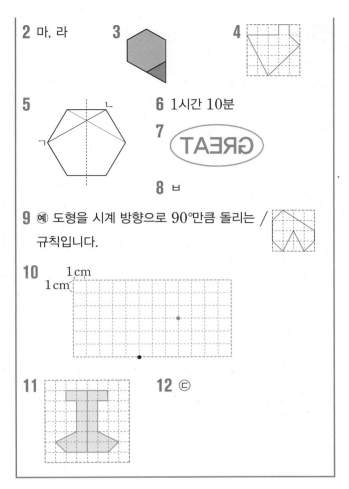

12 ㉢

5 막대그래프

다시푸는 최상위 S

31~34쪽

1 120명   **2** 13칸   **3** 20400원

4 16, 8, 50 /

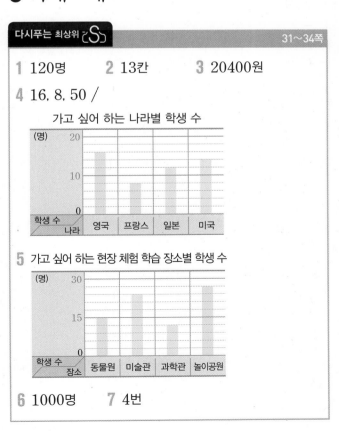

6 1000명   **7** 4번

1 ㉮ 그래프: ⑩ 계절별로 남학생과 여학생 중 어느 학생

들이 더 좋아하는지 알 수 있습니다.

㉯ 그래프: ⑩ 가장 많은 학생들이 좋아하는 계절을 알

수 있습니다.

2 ⑩ 월별 최고 기온이 올라갈수록 차가운 음료 판매량이

늘어나고 있습니다.

3 30점   **4** 2시간 15분   **5** 6명

6 16점   **7** 10번

8 (1) 요일별 팔린 동화책과 만화책 수

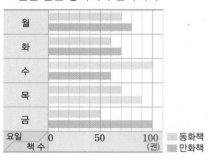

요일별 동화책과 만화책의 판매 금액

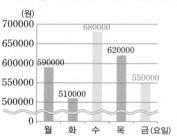

(2) ⑩ 수요일의 판매 금액이 가장 많습니다.

6 규칙 찾기

1 69208   **2** 66개   **3** 데카르트

4 $77777 \times 99999 = 7777622223$

5 (1) 272   (2) 909

6

16	2	12
6	10	14
8	18	4

7 17개   **8** 22   **9** 76

1 256개   **2** 4쌍

3 88880, 888880, 8888880, 88888880,

888888880, 8888888880

4 64조각

5 ⑩ 각 줄의 첫째 수는 1, 2, 3, 4, 5, ...로 1씩 커지고

각 줄의 수는 첫째 수부터 1씩 커집니다. / 10

6 54, 56, 63, 70, 72

7 25   **8** 2개

9 $\dfrac{13}{23}, \dfrac{25}{44}$ **10** 40891

11 (1) 14째   (2) 81

1 큰 수

1 (1) 10000000 또는
1000만
(2) 100000000 또는
1억
(3) 1000000000 또는
10억

(1) 10000000 ➡ 1000만
　　만　　일
(2) 100000000 ➡ 1억
　억　만　일
(3) 1000000000 ➡ 10억
　억　　만　　일

2 (왼쪽에서부터)
1000000000000,
10000000000000,
1000000000000000
/ 10000, 1000

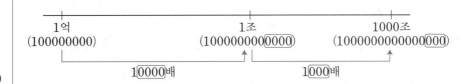

3 4억, 10억

1억과 11억 사이는 10억이고, 10억이 10칸으로 나누어져 있으므로 한 칸의 크기는 1억
입니다.
1억보다 3억만큼 더 큰 수는 4억이고, 11억보다 1억만큼 더 작은 수는 10억입니다.

4 (1) 508000000
(2) 7001203000000

(1) 1억이 5개: 5억　➡　500000000
　　100만이 8개: 800만 ➡　　8000000
　　　　　　　　　　　　　508000000

(2) 1조가 7개: 7조　➡　7000000000000
　　1억이 12개: 12억　➡　　1200000000
　　1만이 300개: 300만 ➡　　　3000000
　　　　　　　　　　　　　7001203000000

5 100000배 또는 10만 배

㉠은 억의 자리 숫자이므로 500000000
㉡은 천의 자리 숫자이므로　　　5000
따라서 ㉠은 ㉡의 100000(10만)배입니다.

6 40000000+20000
+600

2	4	0	0	2	0	6	0	0
일	천	백	십	일	천	백	십	일
억				만				

7 (1) 99990000000

   또는 999억 9000만

   (2) 100000000

   또는 1억

(1) 1000억보다 1000만만큼 더 작은 수를 9000억이라고 답하지 않도록 주의합니다.

(2) 9990만보다 10만만큼 더 큰 수를 1000만이라고 답하지 않도록 주의합니다.

8 (1) 50000000,

   100000000 /

   150000000

   (2) 8000000000,

   20000000000 /

   28000000000

(1) 1000만이 5개인 수: 5000만

   1000만이 10개인 수: 1억

   1000만이 15개인 수: 1억 5000만

(2) 10억이 8개인 수: 80억

   10억이 20개인 수: 200억

   10억이 28개인 수: 280억

9 (위에서부터)

   3, 15, 1, 35

3억 5000만

＝3억＋5000만 ➡ 1억이 3개, 1000만이 5개

＝2억＋15000만 ➡ 1억이 2개, 1000만이 15개

＝1억＋25000만 ➡ 1억이 1개, 1000만이 25개

＝35000만 ➡ 1000만이 35개

10 233562

10000이 15개: 150000

 1000이 83개: 83000

  100이 5개: 500

   10이 6개: 60

    1이 2개: 2

          233562

② 뛰어 세기

1 (1) 8600억, 9600억

   (2) 200억, 2조

(1) 천억의 자리 수가 1씩 커지므로 1000억씩 뛰어 세는 규칙입니다.

(2) 20000－2000000－200000000으로 0이 2개씩 늘어나므로 100배씩 뛰어 세는 규칙입니다.

2 (1) 17조 4615억

   (2) 7조, 70조

(1) 400억씩 뛰어 세면 17조 3415억－17조 3815억－17조 4215억－17조 4615억입니다.

(2) 7000억의 10배 ➡ 7조

   7000억의 100배 ➡ 70조

3 8000만, 8900만

7500만과 8500만 사이는 1000만이고, 1000만이 10칸으로 나누어져 있으므로 한 칸의 크기는 100만입니다.

7500만에서 100만씩 5번 뛰어 센 수는 8000만이고,
8500만에서 100만씩 4번 뛰어 센 수는 8900만입니다.

3 큰 수의 크기 비교

1 (1) >   (2) >

(1) 두 수 모두 7자리 수이고, 백만의 자리 수부터 만의 자리 수까지 같으므로 천의 자리 수를 비교하면 7>2이므로 5847149>5842089입니다.
(2) 왼쪽 수는 11자리 수이고 오른쪽 수는 10자리 수이므로 10024634516>1027980857입니다.

2 ㉣, ㉢, ㉠, ㉡

㉠ 725483601935(12자리 수)
㉡ 7748000000(10자리 수)
㉢ 7500억 7700만 ➡ 750077000000(12자리 수)
㉣ 7864만을 10000배 한 수 ➡ 786400000000(12자리 수)
㉡은 10자리 수이고 나머지는 모두 12자리 수이므로 ㉡이 가장 작습니다.
㉠, ㉢, ㉣을 높은 자리부터 차례로 비교하면 천억의 자리 수가 모두 같고
백억의 자리 수가 가장 큰 것은 ㉣이고, 백억의 자리 수가 가장 작은 것은 ㉠입니다.
따라서 큰 수부터 차례로 쓰면 ㉣, ㉢, ㉠, ㉡입니다.

3 >

3억 1700만을 100배 한 수 ➡ 31700000000(11자리 수) ➡ 317억
317만을 1000배 한 수 ➡ 3170000000(10자리 수) ➡ 31억 7000만
따라서 317억>31억 7000만입니다.

4 (1) 0, 1, 2, 3, 4, 5, 6
    (2) 6, 7, 8, 9

(1) 5340070002091 > 53400☐1002091
두 수 모두 13자리 수이고 조의 자리 수부터 억의 자리 수까지 같으므로 천만의 자리 수를 비교하면 7>☐이고 ☐=7일 때는 식을 만족시키지 않습니다.
        ⌐• 5340070002091 < 5340071002091
        └──────0<1──────┘
따라서 ☐ 안에 들어갈 수 있는 수는 0, 1, 2, 3, 4, 5, 6입니다.
(2) 두 수 모두 12자리 수이고 천억의 자리 수를 비교하면 ☐>6이고 ☐=6일 때에도 식이 성립합니다.
따라서 ☐ 안에 들어갈 수 있는 수는 6, 7, 8, 9입니다.

5 (1) 98765432
    (2) 1702345689

(1) 9부터 큰 순서대로 8개의 수를 차례로 높은 자리에 놓아 8자리 수를 만듭니다.
➡ 98765432
(2) 억의 자리 숫자가 7인 10자리 수 ➡ ☐7☐☐☐☐☐☐☐☐
나머지 수를 모두 사용하여 가장 작은 수를 만들어야 하므로 작은 수부터 차례로 높은 자리에 씁니다. 이때 가장 높은 자리에는 0이 오지 않게 주의합니다.
➡ 1702345689

대표문제 1

큰 눈금 한 칸의 크기는 1조입니다.
작은 눈금 한 칸의 크기는 1조를 10으로 나눈 것 중 하나이므로 1000억입니다.
㉠은 12조에서 작은 눈금 4칸을 더 간 곳이므로
12조보다 4000억만큼 더 큰 수인 12조 4000억입니다.

1-1 25만 또는 250000

큰 눈금 한 칸의 크기가 10만이고, 작은 눈금 한 칸의 크기는 10만을 10으로 나눈 것
중의 하나이므로 1만입니다.
㉠은 20만에서 1만씩 5번 뛰어 센 수이므로 25만입니다.

1-2 15억 2600만,
15억 4200만

큰 눈금 한 칸의 크기가 1000만이고, 작은 눈금 한 칸의 크기는 1000만을 10으로 나눈
것 중의 하나이므로 100만입니다.

㉠은 15억 2000만에서 100만씩 6번 뛰어 센 수이므로 15억 2600만입니다.
㉡은 15억 3000만에서 100만씩 10번(=큰 눈금 한 칸) 뛰어 센 수이므로 1000만만
큼 더 큰 수인 15억 4000만이고 ㉢은 ㉡에서 100만씩 2번 뛰어 센 수이므로
15억 4200만입니다.

1-3 풀이 참조

504조와 506조 사이는 큰 눈금 2칸이므로 큰 눈금 한 칸의 크기는 1조이고, 작은 눈금
한 칸의 크기는 1조를 10으로 나눈 것 중의 하나이므로 1000억입니다.
505조 8000억은 506조보다 2000억만큼 더 작은 수이므로 506조에서 왼쪽으로
1000억씩 2번 뛰어 센 수입니다.

1-4 34, 340

10억과 20억 사이는 작은 눈금 10칸이므로 작은 눈금 한 칸의 크기는 1억입니다.
㉮는 30억에서 1억씩 4번 뛰어 센 수이므로 34억입니다.
34억은 1억이 34개인 수 또는 1000만이 340개인 수입니다.

대표문제 2

가운데 눈금이 10000인 수직선을 그리고
10000을 기준으로 양쪽에 같은 간격으로 눈금을 표시합니다.

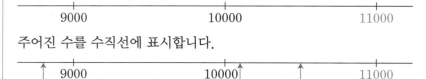

주어진 수를 수직선에 표시합니다.

따라서 10000에 가장 가까운 수는 10100입니다.

2-1 풀이 참조,
　　　1억 1600만

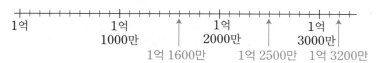

작은 눈금 한 칸의 크기는 100만입니다.

1억 2000만에서　1억 3200만은 12칸,
　　　　　　　　　1억 1600만은 4칸,
　　　　　　　　　1억 2500만은 5칸 떨어져 있으므로
1억 2000만에 가장 가까운 수는 1억 1600만입니다.

2-2 46870068

46870068 ➡ 4687만 68, 4469283 ➡ 446만 9283, 57823974 ➡ 5782만 3974,
53209124 ➡ 5320만 9124

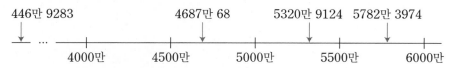

따라서 4500만에 가장 가까운 수는 46870068입니다.

2-3 52360000

5186만은 5136만보다 50만만큼 더 큰 수이므로 5186만보다 50만만큼 더 큰 수는
5236만입니다.

2-4 2200000000

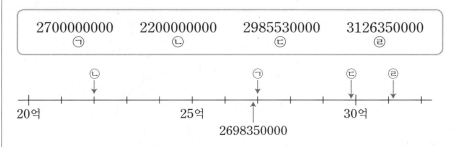

두 수의 차가 클수록 두 수 사이의 거리가 멀어지므로 2698350000과의 차가 가장 큰
수는 두 수 사이의 거리가 가장 먼 ㉡입니다.

18~19쪽

10000원짜리 지폐 12장:	1	2	0	0	0	0	원
1000원짜리 지폐 33장:		3	3	0	0	0	원
100원짜리 동전 45개:			4	5	0	0	원
10원짜리 동전 39개:				3	9	0	원
	1	5	7	8	9	0	원

➡ 저금통에 들어 있는 돈은 모두 157890원입니다.

3-1 3790000

$$100000이 32개 \Rightarrow 3200000$$
$$10000이 57개 \Rightarrow 570000$$
$$\underline{1000이 20개 \Rightarrow 20000}$$
$$3790000$$

3-2 952000원

10000원짜리 지폐　71장 ➡ 710000원
1000원짜리 지폐 158장 ➡ 158000원
100원짜리 동전 840개 ➡ 　84000원
➡ (모금한 돈)＝710000＋158000＋84000＝952000(원)

3-3 158856개

㉆ 1000개씩 152상자 ➡ 152000개, 100개씩 68상자 ➡ 6800개,
10개씩 5봉지 ➡ 50개, 낱개 6개
(귤의 수)＝152000＋6800＋50＋6＝158856(개)

채점 기준	배점
1000개씩 152상자, 100개씩 68상자, 10개씩 5봉지, 낱개 6개가 각각 몇 개인지 구했나요?	2점
과수원에서 수확한 귤은 모두 몇 개인지 구했나요?	3점

3-4 1356000000원
또는 13억 5600만 원

천만 원짜리 수표 107장 ➡1070000000원
백만 원짜리 수표 286장 ➡ 286000000원
➡ (입금한 돈)＝1070000000＋286000000＝1356000000(원)

대표문제 4

조의 자리 수가 3씩 커지므로 3조씩 뛰어 센 것입니다.
규칙에 따라 뛰어 세면

[4270조]—[4273조]—[4276조]—[4279조]—[4282조]—[4285조]

➡ ㉠에 알맞은 수는 4285조입니다.

4-1 21억 9000만

백만의 자리 수가 5씩 커지므로 500만씩 뛰어 센 것입니다.
★은 21억 8000만에서 500만씩 2번 뛰어 센 수입니다.
21억 8000만─21억 8500만─21억 9000만
➡ ★에 알맞은 수는 21억 9000만입니다.

4-2 97만

십만의 자리 수가 1씩, 만의 자리 수가 1씩 커지므로 11만씩 뛰어 센 것입니다.
75만─86만─97만이므로 ㉠에 알맞은 수는 97만입니다.

4-3 156062574

만의 자리 수가 2씩 작아지므로 20000씩 거꾸로 뛰어 센 것입니다.
㉠은 156122574에서 20000씩 3번 거꾸로 뛰어 센 수입니다.
156122574─156102574─156082574─156062574
➡ ㉠에 알맞은 수는 156062574입니다.

4-4 1조 1050억

1조 300억에서 2번 뛰어 세어 1조 600억이 되었으므로 2번 뛰어 세어 300억만큼 더 커진 것입니다. 따라서 150억씩 뛰어 센 것입니다.

♥는 1조 600억에서 150억씩 3번 뛰어 센 수입니다.

1조 600억 － 1조 750억 － 1조 900억 － 1조 1050억

➡ ♥에 알맞은 수는 1조 1050억입니다.

천	백	십	일 만	천	백	십	일
1	6	3	0	0	0	0	0
	1	6	3	0	0	0	0
		1	6	3	0	0	0
			1	6	3	0	0
				1	6	3	0

100배

10000배

➡ 16만 3000을 100배 한 수는 1630을 10000배 한 수와 같습니다.

5-1 100배

2억을 10배 한 수 ➡ 20억 ➡ 2000000000 ➡ 2000만의 100배

다른 풀이

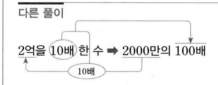

2억을 10배 한 수 ➡ 2000만의 100배

10배

5-2 10배

384만 2900을 1000배 한 수 ➡ 3842900을 1000배 한 수

➡ 3842900000

➡ 384290000의 10배

➡ 3억 8429만의 10배

서술형 **5-3** 870020

㈎ 8700만 2000을 10배 한 수 ➡ 87002000을 10배 한 수

➡ 870020000

➡ 870020의 1000배

채점 기준	배점
8700만 2000을 10배 한 수를 구했나요?	2점
어떤 수를 구했나요?	3점

5-4 7035억 6000만
또는 703560000000

683조 5600억을 10배 한 수 ➡ 683560000000000을 10배 한 수

➡ 6835600000000000

➡ 6835조 6000억

17 정답과 풀이

6835조 6000억보다 200조만큼 더 큰 수는 7035조 6000억입니다.
7035조 6000억 ➡ 7035600000000000
　　　　　　　 ➡ 703560000000의 10000배
　　　　　　　 ➡ 7035억 6000만의 10000배

대표문제 6

㉠ → ☐☐☐☐☐☐
㉡, ㉢ → ☐☐☐☐☐4
㉣ → ☐3☐3☐4
㉤ → ☐3030☐3☐4 ...

（실제 표기）
㉣ → ☐ 3 ☐ 3 ☐ 4
㉤ → ☐ 3 0 3 ☐ 4
㉥ → 2 3 0 3 ☐ 4
㉦ → 2 3 0 3 1 4

➡ 조건을 만족시키는 수는 230314입니다.

주의

㉤ 수를 읽을 때 자리의 숫자와 자릿값을 읽지 않아도 그 자리에는 0을 꼭 씁니다.

6-1 97568

• 다섯 자리 수입니다. ➡ ☐☐☐☐☐
• 가장 큰 수는 가장 높은 자리에 있습니다. ➡ 9☐☐☐☐
• 가장 작은 수는 백의 자리 숫자입니다. ➡ 9☐5☐☐
• 천의 자리 수는 홀수입니다. ➡ 975☐☐
• 십의 자리 숫자는 백의 자리 숫자보다 1만큼 더 큽니다. ➡ 9756☐

5부터 9까지의 수를 모두 한 번씩 써야 하므로 9756☐에서 97568입니다.

6-2 7094100000

• 10자리 수입니다. ➡ ☐☐☐☐☐☐☐☐☐☐
• 십억의 자리 숫자는 7입니다. ➡ 7☐☐☐☐☐☐☐☐☐
• 천만의 자리 숫자는 십억의 자리 숫자보다 2만큼 더 큽니다. ➡ 7☐9☐☐☐☐☐☐☐
• 백만의 자리 숫자는 천만의 자리 숫자보다 5만큼 더 작습니다. ➡ 7☐94☐☐☐☐☐
• 십만의 자리 숫자는 백만의 자리 숫자보다 3만큼 더 작습니다. ➡ 7☐941☐☐☐☐☐

7☐941☐☐☐☐☐인 수 중에서 가장 작은 수는 7094100000입니다.

6-3 80267999

• 8100만보다 작은 수입니다. ➡ 80☐6☐☐☐☐
• 십만의 자리 숫자는 만의 자리 숫자보다 4만큼 더 작습니다. ➡ 8026☐☐☐☐
• 천의 자리 숫자는 만의 자리 숫자보다 1만큼 더 큽니다. ➡ 80267☐☐☐

80267☐☐☐인 수 중에서 가장 큰 수는 80267999입니다.

대표문제 7

① 두 수는 모두 10자리 수입니다.
② 높은 자리 수부터 차례로 비교하면 십억, 억의 자리 수가 같으므로 천만의 자리 수를 비교합니다.

	십	일	천	백	십	일	천	백	십	일
		억				만				
큰 수	4	5	4	0	1	5	9	2	7	8
작은 수	4	5	□	2	5	8	6	7	1	9

4>□에서 □ 안에 들어갈 수 있는 수는 0, 1, 2, 3입니다.

③ 백만의 자리 수를 비교하면 □ 안에 4가 들어갈 수 (있습니다 , (없습니다)).

따라서 □ 안에 들어갈 수 있는 수는 0, 1, 2, 3입니다.

7-1 7, 8, 9

	일	천	백	십	일	천	백	십	일
	억				만				
작은 수	8	7	2	5	0	0	0	0	0
큰 수	8	□	3	4	0	0	0	0	0

7<□이고, □ 안에 7이 들어갈 수 있으므로 □ 안에 들어갈 수 있는 수는 7, 8, 9입니다.

7-2 6, 7, 8, 9

	천	백	십	일	천	백	십	일	천	백	십	일
				억				만				
작은 수	9	3	2	5	0	5	2	1	5	4	8	2
큰 수	9	3	2	5	0	□	1	5	0	1	6	9

5<□이고, □ 안에 5가 들어갈 수 없으므로 □ 안에 들어갈 수 있는 수는 6, 7, 8, 9
입니다.

7-3 6개

	백	십	일	천	백	십	일	천	백	십	일
			억				만				
큰 수	5	4	6	0	3	6	1	5	8	3	7
작은 수	5	4	6	0	3	□	1	9	8	7	6

6>□이고, □ 안에 6이 들어갈 수 없으므로 □ 안에 들어갈 수 있는 수는 0, 1, 2, 3,
4, 5로 모두 6개입니다.

7-4 24

134조 7200억 ➡ 134720000000000<134□58154720000

	백	십	일	천	백	십	일	천	백	십	일	천	백	십	일
				조				억				만			
작은 수	1	3	4	7	2	0	0	0	0	0	0	0	0	0	0
큰 수	1	3	4	□	5	8	1	5	4	7	2	0	0	0	0

7<□이고, □ 안에 7이 들어갈 수 있으므로 □ 안에 들어갈 수 있는 수는 7, 8, 9입니다.

따라서 합은 7+8+9=24입니다.

	일	천	백	십	일	천	백	십	일	천	백	십	일
	조				억				만				
㉠	1	6	0	4	8	9	3	□	8	4	0	6	1
㉡	1	6	0	4	8	□	2	1	7	6	9	5	3

조부터 억까지의 수는 같습니다.

	일	천	백	십	일	천	백	십	일	천	백	십	일
	조				억				만				
㉠	1	6	0	4	8	9	3	□	8	4	0	6	1
㉡	1	6	0	4	8	□	2	1	7	6	9	5	3

백만의 자리 수를 비교하면 3>2이므로

□ 안에 어떤 수가 들어가도 ㉠이 더 큽니다.

8-1 ㉡

두 수는 모두 12자리 수이고 천억, 백억의 자리 수는 같습니다.

억의 자리 수를 비교하면 3<4이므로 □ 안에 어떤 수가 들어가도 ㉡이 더 큽니다.

8-2 >

```
        억        만
  8 ㉠ 2 3 4 5 5 0 1 8 6 7
  8 0 1 2 □ 4 8 8 3 6 9 4
```

두 수는 모두 12자리 수이므로 높은 자리 수부터 차례로 비교합니다.

천억의 자리 수는 8로 같고 십억의 자리 수가 2>1이므로 ㉠에 어떤 수가 들어가도
8□2345501867>8012□4883694입니다.

십억의 자리보다 낮은 자리 수들은 비교하지 않아도 됩니다.

8-3 ㉡

찢어진 곳을 □로 나타내면

```
       억        만
 ㉠ 3 9 □ 7 9 8 5 7 2 5 1
 ㉡ 3 9 9 8 3 □ 7 7 6 8 5
```

두 수는 모두 11자리 수이므로 높은 자리 수부터 차례로 비교합니다.

백억, 십억의 자리 수는 각각 같고 천만의 자리 수가 7<8이므로 ㉠의 억의 자리에 어떤 수가 들어가도 ㉠<㉡입니다.

천만의 자리보다 낮은 자리 수들은 비교하지 않아도 됩니다.

8-4 ㉡

```
        억          만
 ㉠ 6 3 0 □ 1 5 1 3 □ 1 5 7
 ㉡ 6 3 □ 9 8 7 4 5 3 □ 0 2
 ㉢ 6 3 0 0 4 □ 2 7 9 0 3 4
       ① ②
```

세 수는 모두 12자리 수이므로 높은 자리 수부터 차례로 비교합니다.

①에서 ⓒ의 □ 안에 1부터 9까지의 수를 넣으면 ⓒ이 가장 큰 수가 되지만 0을 넣는 경

어떤 수를 넣어도 크기를 비교한 결과는 항상 일정해야 합니다.

우에는 크기가 달라질 수도 있으므로 □ 안에 0만 넣어 비교해 봅니다.

①에서 ⓒ의 □ 안에 0을 넣었을 때 ②에서 ㉠의 □ 안에 0을 넣으면 ⓒ＞ⓒ＞㉠이고

1부터 9까지의 수를 넣으면 ⓒ＞㉠＞ⓒ입니다.

따라서 □ 안에 어떤 수를 넣어도 가장 큰 수는 항상 ⓒ입니다.

천만의 자리까지의 수만 비교해도 수의 크기를 비교할 수 있으므로 천만의 자리보다 낮은 자리 수들은 비교하지 않아도 됩니다.

1 740. 11740. 1121740

일의 자리부터 계산하고 같은 자리 수끼리의 합이 10이거나 10보다 크면 바로 윗자리로 받아올림하여 계산합니다.

```
    1             1           1 1   1
  1 8 0         4 1 8 0     3 9 4 1 8 0
+ 5 6 0       + 7 5 6 0   + 7 2 7 5 6 0
  7 4 0       1 1 7 4 0   1 1 2 1 7 4 0
```

2 200000배 또는 20만 배

㉠은 백억의 자리 숫자이므로 60000000000을 나타내고,

ⓒ은 십만의 자리 숫자이므로 　　　　300000을 나타냅니다.

60000000000은 600000의 100000(10만)배이므로 300000의 200000(20만)배입니다.

3 10234586

0은 가장 높은 자리에 올 수 없으므로 만들 수 있는 가장 작은 8자리 수는 10234568입니다.

따라서 만들 수 있는 수 중에서 둘째로 작은 수는 10234586입니다.

서술형 4 1748장

⑩ 100만은 1000000이므로 1748000000은 1000000이 1748개인 수입니다.

1748000000원은 100만 원짜리 수표 1748장으로 바꿀 수 있습니다.

채점 기준	배점
1748000000은 100만이 몇 개인 수인지 구했나요?	3점
1748000000원을 100만 원짜리 수표 몇 장으로 바꿀 수 있는지 구했나요?	2점

5 약 190조 km 또는
약 190000000000000 km

    1광년: 약 9조 5000억 km
10배↓   ↓10배
    10광년: 약 95조 km
2배↓   ↓2배
    20광년: 약 190조 km

6 13조 9000억

8조 5000억에서 13조가 되었으므로 4조 5000억만큼 더 커진 것입니다.
5번 뛰어 세어 4조 5000억만큼 더 커졌으므로 9000억씩 뛰어 센 것입니다.
따라서 13조에서 9000억 뛰어 세면 13조 9000억입니다.

7 897354106

8□□3□□□06은 서로 다른 숫자로 된 9자리 수이므로 사용한 수를 빼고 남은 수는
1, 2, 4, 5, 7, 9입니다. 8㉠□3□□㉡06에서 ㉠+㉡=10이고 가장 큰 수를 만들어
야 하므로 9+1=10에서 ㉠=9, ㉡=1입니다. ➡ 89□3□□106
남은 2, 4, 5, 7을 사용하여 가장 큰 9자리 수를 만들면 897354106입니다.

8 2029년

㉘ 700만씩 뛰어 세기를 합니다.

1억 6000만 ― 1억 6700만 ― 1억 7400만 ― 1억 8100만 ― 1억 8800만
(2023년)   (2024년)   (2025년)   (2026년)   (2027년)
― 1억 9500만 ― 2억 200만
  (2028년)   (2029년)

따라서 수출액이 2억 달러보다 많아지는 해는 2억 200만 달러인 2029년입니다.

채점 기준	배점
700만씩 뛰어 세기를 했나요?	3점
수출액이 2억 달러보다 많아지는 해를 구했나요?	2점

9 5003344588

50억에 가장 가까운 수는 십억의 자리 숫자가 4이면서 가장 큰 수이거나 십억의 자리
숫자가 5이면서 가장 작은 수입니다.
십억의 자리 숫자가 4이면서 가장 큰 수는 4885543300이고,
십억의 자리 숫자가 5이면서 가장 작은 수는 5003344588입니다.

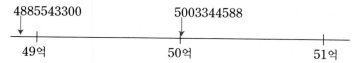

따라서 50억에 가장 가까운 수는 5003344588입니다.

10 6, 7

위의 식에서 두 수는 모두 12자리 수이므로 높은 자리 수부터 차례로 비교하면 백만의
자리 수까지는 같습니다. □>6이고, □=6일 때 만의 자리 수가 6>5이므로 6은 들
어갈 수 있습니다. ➡ □=6, 7, 8, 9
아래 식에서 두 수는 모두 11자리 수이므로 높은 자리 수부터 차례로 비교하면 십만의
자리 수까지는 같습니다. □<7이고, □=7일 때 천의 자리 수가 4<9이므로 7은 들
어갈 수 있습니다. ➡ □=0, 1, 2, 3, 4, 5, 6, 7
따라서 □ 안에 공통으로 들어갈 수 있는 수는 6, 7입니다.

2 각도

1 각의 크기, 예각과 둔각

1 (1) 60° (2) 120°

(1) 각의 한 변이 안쪽 눈금 0에 맞춰져 있으므로 안쪽 눈금을 읽습니다.

(2) 각의 한 변이 바깥쪽 눈금 0에 맞춰져 있으므로 바깥쪽 눈금을 읽습니다.

2 30°

가장 작은 각은 각 ㄱㄴㄷ이고, 이 각을 각도기로 재어 보면 30°입니다.

3 ㉠, ㉣

㉠   ㉡   ㉢   ㉣

예각   둔각   둔각   예각

4 가, 마 / 나, 바 / 다, 라

예각삼각형: 세 각이 모두 예각인 삼각형 ➡ 가, 마

직각삼각형: 한 각이 직각인 삼각형 ➡ 나, 바

둔각삼각형: 한 각이 둔각인 삼각형 ➡ 다, 라

2 각도의 합과 차

1 (1) 80° (2) 90°

(1) $30° + 50° = 80°$ (2) $120° - 30° = 90°$

2 195°, 85°

각도기를 사용하여 두 각의 크기를 각각 재어 보면 140°, 55°입니다.

➡ 합: $140° + 55° = 195°$, 차: $140° - 55° = 85°$

3 (1) 130° (2) 235°

(1) 일직선에 놓이는 각의 크기의 합은 180°이므로 $㉠ = 180° - 50° = 130°$입니다.

(2) 한 바퀴의 각도는 360°이므로 $㉡ = 360° - 125° = 235°$입니다.

4 (1) 97 (2) 70

(1) $83° + \square° = 180°$, $\square° = 180° - 83° = 97°$

(2) $㉠ + 90° + 70° = 180°$, $㉠ = 180° - 90° - 70° = 20°$

$\square° + ㉠ + 90° = 180°$,

$\square° = 180° - ㉠ - 90° = 180° - 20° - 90° = 70°$

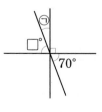

5 125°

일직선에 놓이는 각의 크기의 합은 180°이므로

(각 ㄱㅇㄷ) + (각 ㄴㅇㄹ) - (각 ㄴㅇㄷ) = 180°입니다.

$145° + 160° - (각 ㄴㅇㄷ) = 180°$,

$(각 ㄴㅇㄷ) = 145° + 160° - 180° = 305° - 180° = 125°$

6 40°, 65°

㉠은 40°인 각과 맞꼭지각이므로 40°입니다.

일직선에 놓이는 각의 크기의 합은 180°이므로

$75° + 40° + ㉡ = 180°$, $㉡ = 180° - 75° - 40° = 65°$입니다.

3 삼각형과 사각형의 각의 크기의 합

1 (1) 60 (2) 95

(1) 삼각형의 세 각의 크기의 합은 180°이므로
$35° + 85° + \square° = 180°$, $\square° = 180° - 35° - 85° = 60°$입니다.
(2) 사각형의 네 각의 크기의 합은 360°이므로
$70° + 130° + \square° + 65° = 360°$, $\square° = 360° - 70° - 130° - 65° = 95°$입니다.

2 ㉡

삼각형의 세 각의 크기의 합은 180°이어야 합니다.
㉡ $85° + 75° + 45° = 205°$이므로 삼각형을 그릴 수 없습니다.

3 25°, 30°

삼각형의 세 각의 크기의 합은 180°이므로
㉠$+50°+105°=180°$, ㉠$=180°-50°-105°=25°$입니다.
사각형의 네 각의 크기의 합은 360°이므로
$160°+50°+105°+$㉢$=360°$,
㉢$=360°-160°-50°-105°=45°$입니다.
㉢$+$㉡$+105°=180°$이므로
$45°+$㉡$+105°=180°$, ㉡$=180°-45°-105°=30°$입니다.

4 (1) 105° (2) 105°

삼각자의 한 각은 직각입니다.
(1)

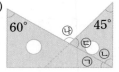

㉠$=45°$, ㉡$=30°$이므로
㉠$+$㉮$+$㉡$=180°$, ㉮$=180°-45°-30°=105°$입니다.
(2)

㉠$=30°$, ㉡$=90°-30°=60°$, ㉢$=180°-45°-60°=75°$이므로
㉯$=180°-75°=105°$입니다.

5 65°

삼각형 ㄱㄴㄷ의 세 각의 크기의 합은 180°이므로
(각 ㄱㄷㄴ)$=180°-25°-40°=115°$입니다.
일직선에 놓이는 각의 크기의 합은 180°이므로 (각 ㄱㄷㄹ)$=180°-115°=65°$입니다.

다른 풀이
삼각형의 한 외각의 크기는 이웃하지 않는 두 각의 크기의 합과 같습니다.
(각 ㄱㄷㄹ)$=$(각 ㄴㄱㄷ)$+$(각 ㄱㄴㄷ)$=40°+25°=65°$

---

6 40°

삼각형의 한 외각의 크기는 이웃하지 않는 두 각의 크기의 합과 같으므로
$30°+$㉠$=70°$, ㉠$=40°$입니다.

대표문제 1

일직선에 놓이는 각의 크기의 합은 180°입니다.

① 90°+㉠+50°=180° ➡ ㉠=180°−90°−50°=40°

② ㉠+50°+㉡=180°, 40°+50°+㉡=180° ➡ ㉡=180°−40°−50°=90°

③ □°+㉡+50°=180°, □°+90°+50°=180° ➡ □°=180°−90°−50°=40°

따라서 □ 안에 알맞은 수는 40입니다.

1-1 70

일직선에 놓이는 각의 크기의 합은 180°입니다.

30°+㉠+80°=180° ➡ ㉠=180°−30°−80°=70°

㉠+80°+㉡=180°이므로

70°+80°+㉡=180° ➡ ㉡=180°−70°−80°=30°

80°+㉡+□°=180°이므로

80°+30°+□°=180° ➡ □°=180°−80°−30°=70°

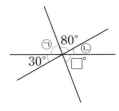

1-2 125°, 155°

일직선에 놓이는 각의 크기의 합은 180°입니다.

125°+■+30°=180° ➡ ■=180°−125°−30°=25°

㉠+30°+■=180°이므로

㉠+30°+25°=180° ➡ ㉠=180°−30°−25°=125°

㉡+■=180°이므로 ㉡+25°=180° ➡ ㉡=180°−25°=155°

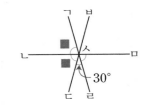

1-3 75°

(각 ㄱㅅㄴ)=(각 ㄴㅅㄷ)=■라 하면

■+■+30°=180° ➡ ■+■=180°−30°=150°에서

150°=75°+75°이므로 ■=75°입니다.

(각 ㄴㅅㄷ)+30°+(각 ㅁㅅㄹ)=180°이므로

75°+30°+(각 ㅁㅅㄹ)=180°

➡ (각 ㅁㅅㄹ)=180°−75°−30°=75°

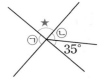

1-4 35°

일직선에 놓이는 각의 크기의 합은 180°이므로

㉠+★=★+㉡+35°입니다.

㉠=㉡+35° ➡ ㉠−㉡=35°

대표문제 2

• 한 개짜리 예각: ①, ②, ③, ④, ⑤ ➡ 5개

• 두 개짜리 예각: ①+②, ②+③, ③+④ ➡ 3개

• 세 개짜리 예각: ①+②+③ ➡ 1개

따라서 찾을 수 있는 크고 작은 예각은 모두

5+3+1=9(개)입니다.

2-1 5개

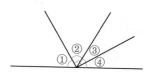

• 한 개짜리 예각: ①, ②, ③, ④ ➡ 4개
• 두 개짜리 예각: ③+④ ➡ 1개
따라서 찾을 수 있는 크고 작은 예각은 모두
4+1=5(개)입니다.

주의

②+③은 직각이므로 예각이 아닙니다.

2-2 6개

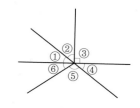

• 한 개짜리 둔각: ⑤ ➡ 1개
• 두 개짜리 둔각: ②+③, ③+④, ④+⑤, ⑤+⑥ ➡ 4개
• 세 개짜리 둔각: ②+①+⑥ ➡ 1개
따라서 찾을 수 있는 크고 작은 둔각은 모두
1+4+1=6(개)입니다.

주의

둔각은 직각보다 크고 180°보다 작은 각입니다.

2-3 20개

• 7개짜리 둔각: ①②③④⑤⑥⑦, ②③④⑤⑥⑦⑧,
③④⑤⑥⑦⑧⑨, ④⑤⑥⑦⑧⑨⑩, ⑤⑥⑦⑧⑨⑩⑪,
⑥⑦⑧⑨⑩⑪⑫ ➡ 6개
• 8개짜리 둔각: ①②③④⑤⑥⑦⑧, ②③④⑤⑥⑦⑧⑨, ③④⑤⑥⑦⑧⑨⑩,
④⑤⑥⑦⑧⑨⑩⑪, ⑤⑥⑦⑧⑨⑩⑪⑫ ➡ 5개
• 9개짜리 둔각: ①②③④⑤⑥⑦⑧⑨, ②③④⑤⑥⑦⑧⑨⑩, ③④⑤⑥⑦⑧⑨⑩⑪,
④⑤⑥⑦⑧⑨⑩⑪⑫ ➡ 4개
• 10개짜리 둔각: ①②③④⑤⑥⑦⑧⑨⑩, ②③④⑤⑥⑦⑧⑨⑩⑪,
③④⑤⑥⑦⑧⑨⑩⑪⑫ ➡ 3개
• 11개짜리 둔각: ①②③④⑤⑥⑦⑧⑨⑩⑪, ②③④⑤⑥⑦⑧⑨⑩⑪⑫ ➡ 2개
따라서 크고 작은 둔각은 모두 6+5+4+3+2=20(개)입니다.

2-4 2개

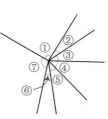

• 한 개짜리 둔각: ⑦ ➡ 1개
• 두 개짜리 둔각: ①+②, ⑥+⑦ ➡ 2개
• 세 개짜리 둔각: ①+②+③, ②+③+④, ③+④+⑤,
④+⑤+⑥, ⑤+⑥+⑦ ➡ 5개
• 네 개짜리 둔각: ②+③+④+⑤, ③+④+⑤+⑥ ➡ 2개
• 다섯 개짜리 둔각: ②+③+④+⑤+⑥ ➡ 1개
찾을 수 있는 크고 작은 둔각은 모두 1+2+5+2+1=11(개)입니다.
• 한 개짜리 예각: ②, ③, ④, ⑤, ⑥ ➡ 5개
• 두 개짜리 예각: ②+③, ③+④, ④+⑤, ⑤+⑥ ➡ 4개
찾을 수 있는 크고 작은 예각은 모두 5+4=9(개)입니다.
따라서 찾을 수 있는 크고 작은 둔각은 크고 작은 예각보다
11-9=2(개) 더 많습니다.

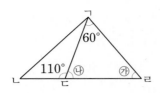

일직선에 놓이는 각의 크기의 합은 180°이므로
ⓒ=180°−110°=70°입니다.
삼각형의 세 각의 크기의 합은 180°이고,
삼각형 ㄱㄷㄹ에서 60°+ⓒ+㉮=180°이므로
60°+70°+㉮=180°입니다.
➡ ㉮=180°−60°−70°=50°

3-1 35°

일직선에 놓이는 각의 크기의 합은 180°이므로
(각 ㄱㄷㄹ)=180°−100°=80°입니다.
삼각형 ㄱㄷㄹ의 세 각의 크기의 합은 180°이므로
(각 ㄷㄱㄹ)=180°−80°−65°=35°입니다.

다른 풀이
삼각형 ㄱㄴㄷ의 세 각의 크기의 합은 180°이므로 (각 ㄴㄱㄷ)=180°−30°−100°=50°입니다.
삼각형 ㄱㄴㄹ의 세 각의 크기의 합은 180°이므로 (각 ㄴㄱㄹ)=180°−30°−65°=85°입니다.
➡ (각 ㄷㄱㄹ)=(각 ㄴㄱㄹ)−(각 ㄴㄱㄷ)=85°−50°=35°

서술형 **3-2** 120°

㉠ 삼각형 ㄱㄷㄹ의 세 각의 크기의 합은 180°이므로
(각 ㄷㄹㄱ)=180°−80°−20°=80°입니다.
(각 ㄱㄹㄴ)=(각 ㄴㄹㄷ)=■라 하면 ■+■=80°이므로 ■=40°입니다.
삼각형 ㄴㄷㄹ에서 (각 ㄷㄴㄹ)+20°+40°=180°이므로
(각 ㄷㄴㄹ)=180°−20°−40°=120°입니다.

채점 기준	배점
각 ㄷㄹㄱ의 크기를 구했나요?	2점
각 ㄴㄹㄷ의 크기를 구했나요?	1점
각 ㄷㄴㄹ의 크기를 구했나요?	2점

3-3 20°

(각 ㅁㄱㄴ)=(각 ㅁㄴㄱ)=■라 하면 삼각형 ㅁㄱㄴ에서
40°+■+■=180°, ■+■=180°−40°, ■+■=140°, ■=70°입니다.
직사각형은 네 각이 모두 직각이므로 (각 ㅁㄴㄷ)=90°−70°=20°입니다.

3-4 70°

직사각형의 네 각은 모두 직각입니다.
삼각형의 세 각의 크기의 합은 180°이므로
ⓒ=180°−90°−30°=60°입니다.
ⓒ+10°+ⓓ=90°, 60°+10°+ⓓ=90°이므로
ⓓ=90°−60°−10°=20°입니다.
따라서 삼각형의 세 각의 크기의 합은 180°이므로
㉮=180°−20°−90°=70°입니다.

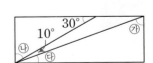

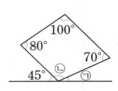

사각형의 네 각의 크기의 합은 360°이므로
100°＋80°＋ⓒ＋70°＝360°,
ⓒ＝360°－100°－80°－70°＝110°입니다.
일직선에 놓이는 각의 크기의 합은 180°이므로
45°＋ⓒ＋㉠＝45°＋110°＋㉠＝180입니다.
➡ ㉠＝180°－45°－110°＝25°

4-1 105°

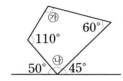

일직선에 놓이는 각의 크기의 합은 180°이므로
50°＋㉬＋45°＝180°,
㉬＝180°－50°－45°＝85입니다.
사각형의 네 각의 크기의 합은 360°이므로
㉮＋110°＋㉬＋60°＝360°입니다.
따라서 ㉮＋110°＋85°＋60°＝360°이므로
㉮＝360°－110°－85°－60°＝105°입니다.

4-2 150°

직사각형의 네 각은 모두 직각이므로
(각 ㄴㄱㅁ)＝(각 ㅁㄱㅂ)＝(각 ㅂㄱㄹ)＝■라 하면
■＋■＋■＝90°, ■＝30°입니다.
사각형 ㄱㅂㄷㄹ에서 30°＋(각 ㄱㅂㄷ)＋90°＋90°＝360°이므로
(각 ㄱㅂㄷ)＝360°－30°－90°－90°＝150°입니다.

4-3 95°

직사각형의 네 각은 모두 직각입니다.
사각형 ㄱㅅㅇㄹ에서 (각 ㄹㅇㅅ)＝360°－90°－115°－90°＝65°이고
사각형 ㅁㅈㅇㄹ에서 (각 ㅁㅈㅇ)＝360°－120°－65°－90°＝85°입니다.
일직선에 놓이는 각의 크기의 합은 180°이므로
(각 ㅂㅈㅇ)＝180°－85°＝95°입니다.

4-4 85°

사각형의 네 각의 크기의 합은 360°이므로
120°＋㉠＋30°＋100°＋25°＋ⓒ＝360°입니다.
➡ ㉠＋ⓒ＝360°－120°－30°－100°－25°＝85°

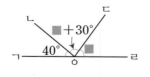

(각 ㄷㅇㄹ)＝■라 하면 (각 ㄴㅇㄷ)＝■＋30°입니다.
일직선에 놓이는 각의 크기의 합은 180°이므로
(각 ㄱㅇㄴ)＋(각 ㄴㅇㄷ)＋(각 ㄷㅇㄹ)＝180°입니다.
40°＋■＋30°＋■＝180°
■＋■＝180°－40°－30°
■＋■＝110° ➡ ■＝55°
따라서 각 ㄷㅇㄹ의 크기는 55°입니다.

5-1 60°

각 ㄱㅇㄴ은 각 ㄷㅇㄹ보다 20°만큼 더 작으므로
(각 ㄷㅇㄹ)=■라 하면 (각 ㄱㅇㄴ)=■−20°입니다.
일직선에 놓이는 각의 크기의 합은 180°이므로
(각 ㄱㅇㄴ)+(각 ㄴㅇㄷ)+(각 ㄷㅇㄹ)=180°입니다.
■−20°+40°+■=180°, ■+■=180°+20°−40°, ■+■=160°, ■=80°
따라서 (각 ㄷㅇㄹ)=80°이므로 (각 ㄱㅇㄴ)=80°−20°=60°입니다.

다른 풀이
각 ㄱㅇㄴ은 각 ㄷㅇㄹ보다 20°만큼 더 작으므로 각 ㄷㅇㄹ은 각 ㄱㅇㄴ보다 20°만큼 더 큽니다.
(각 ㄱㅇㄴ)=■라 하면 (각 ㄷㅇㄹ)=■+20°입니다.

5-2 80°, 55°, 45°

(각 ㄱㄷㄴ)=■라 하면 (각 ㄴㄱㄷ)=■+35°, (각 ㄱㄴㄷ)=■+10°입니다.
삼각형의 세 각의 크기의 합은 180°이므로
■+35°+■+10°+■=180°, ■+■+■=180°−35°−10°,
■+■+■=135°, ■×3=135°, ■=135°÷3=45°
따라서 세 각은 45°+35°=80°, 45°+10°=55°, 45°입니다.

5-3 70°

㉐ (각 ㄴㄷㄹ)=■라 하면 (각 ㄱㄴㄷ)=■−50°이고
사각형의 네 각의 크기의 합은 360°이므로
90°+■−50°+■+80°=360°, ■+■=360°−90°+50°−80°,
■+■=240°, ■=120°입니다.
따라서 각 ㄱㄴㄷ의 크기는 120°−50°=70°입니다.

채점 기준	배점
각 ㄱㄴㄷ과 각 ㄴㄷㄹ의 관계를 이용하여 각의 크기를 나타냈나요?	1점
각 ㄴㄷㄹ의 크기를 구했나요?	2점
각 ㄱㄴㄷ의 크기를 구했나요?	2점

5-4 80°

삼각형의 세 각의 크기의 합은 180°이고 ㉡=㉠+20°, ㉢=㉠+40°이므로
㉠+㉠+20°+㉠+40°=180°, ㉠+㉠+㉠+60°=180°,
㉠+㉠+㉠=180°−60°, ㉠+㉠+㉠=120°, ㉠=40°입니다.
따라서 세 각은 40°, 40°+20°=60°, 40°+40°=80°이므로
가장 큰 각은 80°입니다.

50~51쪽

시계가 6시를 가리킬 때 두 시곗바늘이 이루는 각은 180°입니다.
시곗바늘이 일직선으로 놓일 때 숫자 눈금이 6칸이고 180°를
나타내므로 숫자 눈금 한 칸은 180°÷6=30°입니다.
시계가 4시를 가리킬 때 긴바늘과 짧은바늘이 이루는 작은 쪽의 각도는
숫자 눈금 4칸이므로 30°×4=120°입니다.

6-1 60°

숫자 눈금 한 칸이 30°이고, 10시를 가리킬 때 두 시곗바늘이 이루는 작은 쪽의 각도는
숫자 눈금 2칸이므로 30°×2=60°입니다.

6-2 105°

시계가 2시 30분을 가리킬 때 두 시곗바늘이 이루는 작은 쪽의 각도는
숫자 눈금 3칸과 반 칸입니다.
숫자 눈금 3칸의 각도는 30°×3=90°이고
숫자 눈금 반 칸의 각도는 30°의 반이므로 30°÷2=15°입니다.
따라서 2시 30분에 두 시곗바늘이 이루는 작은 쪽의 각도는 90°+15°=105°입니다.

6-3 3시 25분

시계에서 숫자 눈금 한 칸이 30°이므로 긴바늘이 120° 움직이려면 숫자 눈금 4칸을 움직여야 합니다. 3시 5분에서 긴바늘이 숫자 1을 가리키므로 숫자 눈금 4칸을 움직이면 긴바늘이 숫자 5를 가리키게 됩니다.
따라서 긴바늘이 120° 움직인 후의 시각은 3시 25분입니다.

긴바늘이 120° 움직인 후

6-4 70°

시계가 5시 40분을 가리킬 때 두 시곗바늘이 이루는 작은 쪽의 각도는
숫자 눈금 2칸과 $\frac{1}{3}$칸만큼입니다.
숫자 눈금 2칸의 각도는 30°×2=60°이고
숫자 눈금 $\frac{1}{3}$칸만큼의 각도는 30°÷3=10°입니다.
따라서 5시 40분에 두 시곗바늘이 이루는 작은 쪽의 각도는 60°+10°=70°입니다.

52~53쪽

대표문제 **7**

도형은 3개의 삼각형으로 나눌 수 있습니다.
(도형의 5개의 각의 크기의 합)
=(삼각형의 세 각의 크기의 합)×3
=180°×3
=540°

7-1 720°

도형은 2개의 사각형으로 나눌 수 있습니다.
(도형의 6개의 각의 크기의 합)=(사각형의 네 각의 크기의 합)×2
=360°×2=720°

7-2 900°

도형은 2개의 사각형과 1개의 삼각형으로 나눌 수 있습니다.
(도형의 7개의 각의 크기의 합)
=(사각형의 네 각의 크기의 합)×2+(삼각형의 세 각의 크기의 합)
=360°×2+180°=900°

예 (도형의 5개의 각의 크기의 합)=(삼각형의 세 각의 크기의 합)×3
$$=180°×3=540°$$
도형의 각의 크기가 모두 같으므로 (각 ㄱㄴㄷ)=540°÷5=108°입니다.

채점 기준	배점
도형의 5개의 각의 크기의 합을 구했나요?	3점
각 ㄱㄴㄷ의 크기를 구했나요?	2점

7-4 135°

도형은 3개의 사각형으로 나눌 수 있습니다.
(도형의 8개의 각의 크기의 합)=(사각형의 네 각의 크기의 합)×3
$$=360°×3=1080°$$
도형의 각의 크기가 모두 같으므로 (한 각의 크기)=1080°÷8=135°입니다.

사각형의 네 각의 크기의 합은 360°입니다.
$$60°+100°+ⓒ+90°=360°$$
$$ⓒ=360°-60°-100°-90°=110°$$
일직선에 놓이는 각의 크기의 합은 180°이므로
$$ⓐ+ⓒ=180°$$
➡ $$ⓐ=180°-110°=70°$$

8-1 85°

일직선에 놓이는 각의 크기의 합은 180°이므로
$$ⓒ=180°-100°=80°, ⓔ=180°-90°=90°$$입니다.
사각형의 네 각의 크기의 합은 360°이므로
$$ⓐ+80°+105°+90°=360°$$입니다.
➡ $$ⓐ=360°-80°-105°-90°=85°$$

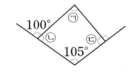

8-2 115°

일직선에 놓이는 각의 크기의 합은 180°이므로
$$ⓒ=180°-115°=65°$$입니다.
삼각형의 세 각의 크기의 합은 180°이므로
$$65°+ⓐ+ⓒ=180°$$입니다.
➡ $$ⓐ+ⓒ=180°-65°=115°$$

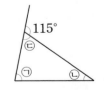

8-3 45

도형은 3개의 사각형으로 나눌 수 있습니다.
(도형의 8개의 각의 크기의 합)
=(사각형의 네 각의 크기의 합)×3
$$=360°×3=1080°$$
$$ⓐ=1080°÷8=135°$$ ➡ $$□°=180°-135°=45°$$

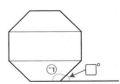

8-4 360°

도형의 5개의 각의 크기의 합은 $180° \times 3 = 540°$이므로
㉠＋㉡＋㉢＋㉣＋㉤＝540°입니다.
일직선에 놓이는 각의 크기의 합은 180°이므로
㉠＋㉫＋㉡＋㉦＋㉢＋㉧＋㉣＋㉨＋㉤＋㉩
＝$180° \times 5 = 900°$입니다.
따라서 표시한 각의 크기의 합은
㉫＋㉦＋㉧＋㉨＋㉩＝900°－(㉠＋㉡＋㉢＋㉣＋㉤)
＝900°－540°＝360°입니다.

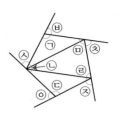

1 75°

삼각자의 한 각은 90°이므로 ㉠＝90°－45°＝45°
삼각자의 세 각의 크기의 합은 180°이므로
㉮＝180°－60°－45°＝75°

2 오후 3시

시계에는 숫자 눈금이 12칸 있고 12칸이 360°이므로 숫자 눈금 한 칸
은 30°입니다.
$30° \times 3 = 90°$이므로 두 시곗바늘이 이루는 작은 쪽의 각도가 90°일 때
두 시곗바늘 사이에는 숫자 눈금이 3칸 있습니다.
수업이 매시 정각에 시작하므로 긴바늘은 12를 가리키고 짧은바늘은 3 또는 9를 가리
킵니다.
따라서 체육 수업은 오후 3시에 시작합니다.

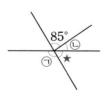

3 140°

(각 ㄱㄴㄷ)＝■라 하면 (각 ㄱㄹㄷ)＝■×2입니다.
사각형의 네 각의 크기의 합은 360°이므로
$90° + ■ + 60° + ■ \times 2 = 360°$, $■ + ■ \times 2 = 360° - 90° - 60° = 210°$,
$■ \times 3 = 210°$, ■＝70°입니다.
따라서 (각 ㄱㄴㄷ)＝70°이므로 (각 ㄱㄹㄷ)＝$70° \times 2 = 140°$입니다.

4 85°

일직선에 놓이는 각의 크기의 합은 180°이므로
$85° + ㉡ + ★ = 180°$이고 ㉠＋★＝180°입니다.
따라서 $85° + ㉡ + ★ = ㉠ + ★$이고, 85°＋㉡＝㉠이므로
㉠－㉡＝85°입니다.

서술형 5 55°

(예) 마주 보는 두 각의 크기가 같으므로 (각 ㄱㄴㄷ)＝㉠, (각 ㄴㄷㄹ)＝125°입니다.
사각형의 네 각의 크기의 합은 360°이므로
$125° + ㉠ + 125° + ㉠ = 360°$, $㉠ + ㉠ = 360° - 125° - 125° = 110°$, ㉠＝55°입니다.

6 60°, 50°

사각형의 네 각의 크기의 합은 360°이므로
$120°+65°+70°+ㄴ+55°=360°$,
$ㄴ=360°-120°-65°-70°-55°=50°$입니다.
삼각형의 세 각의 크기의 합은 180°이므로
$50°+㉠+70°=180°$, $㉠=180°-50°-70°=60°$입니다.

7 119°

(각 ㄱㄴㄹ)=(각 ㄹㄴㄷ)=●, (각 ㄱㄷㄹ)=(각 ㄹㄷㄴ)=▲라 하면
삼각형 ㄱㄴㄷ에서 $58°+●+●+▲+▲=180°$,
$●+●+▲+▲=180°-58°=122°$, $●+▲=122°÷2=61°$입니다.
삼각형 ㄹㄴㄷ에서 (각 ㄴㄹㄷ)$+●+▲=180°$,
(각 ㄴㄹㄷ)$=180°-61°=119°$입니다.

8 50°

일직선에 놓이는 각의 크기의 합은 180°이므로
(각 ㅂㅁㅅ)$=180°-85°=95°$입니다.
삼각형 ㅁㅂㅅ에서 (각 ㅁㅂㅅ)$=180°-95°-35°=50°$이고,
삼각형 ㄹㅂㄷ에서 (각 ㅂㄹㄷ)$=180°-50°-90°=40°$입니다.
따라서 (각 ㄱㄹㄷ)$=90°$이므로 $㉠=90°-40°=50°$입니다.

9 60°

삼각형 ㄱㄴㄷ에서 (각 ㄱㄴㄷ)=(각 ㄱㄷㄴ)=■라 하면
$70°+■+■=180°$, $■+■=180°-70°$,
$■+■=110°$, $■=55°$입니다.
삼각형 ㅁㄷㄹ에서 (각 ㅁㄷㄹ)=(각 ㅁㄹㄷ)=●라 하면
$50°+●+●=180°$, $●+●=180°-50°$,
$●+●=130°$, $●=65°$입니다.
일직선에 놓이는 각의 크기의 합은 180°이므로
$■+㉮+●=180°$, $55°+㉮+65°=180°$,
$㉮=180°-55°-65°=60°$입니다.

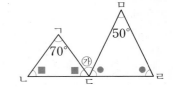

서술형 **10** 24°

예 $㉮=㉯$이므로 $㉮+㉮+(각 ㄱㄹㄴ)=180°$이고, (각 ㄱㄹㄴ)$+㉰=180°$이므로
$㉰=㉮+㉮$입니다. $㉰=㉱$이므로 $㉱=㉮+㉮$입니다.
(각 ㄴㄱㄷ)$+㉯+㉱=180°$, $63°+㉮+㉮+㉮=180°$,
$㉮+㉮+㉮=180°-63°=117°$, $㉮=117°÷3=39°$
따라서 각 ㄹㄱㄷ은 $63°-39°=24°$입니다.

11 130°

일직선에 놓이는 각의 크기의 합은 180°이므로
(각 ㅂㅁㄹ)=180°−50°=130°입니다.
종이의 접은 부분과 접힌 부분은 모양과 크기가 같으므로
(각 ㅂㅁㅈ)=(각 ㄹㅁㅈ)=130°÷2=65°입니다.
사각형 ㅁㅈㄷㄹ에서 (각 ㅁㅈㄷ)=360°−65°−90°−90°=115°입니다.
일직선에 놓이는 각의 크기의 합은 180°이므로
(각 ㅁㅈㅊ)=180°−115°=65°입니다.
삼각형 ㅁㅊㅈ에서 (각 ㅁㅊㅈ)=180°−65°−65°=50°입니다.
따라서 (각 ㅂㅊㅈ)=180°−50°=130°입니다.

Brain👍

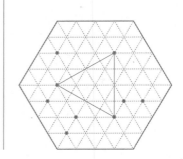

3 곱셈과 나눗셈

1 (세 자리 수)×(두 자리 수)

62~63쪽

1 (왼쪽에서부터) 3612, 36120 / 10

곱하는 수가 10배가 되면 곱도 10배가 됩니다.

참고
(세 자리 수)×(몇십)은 (세 자리 수)×(몇)을 계산한 다음 0을 1개 붙입니다.

2 (1) 8580, 1287 / 9867
   (2) 12870, 858 / 13728

(1) 곱하는 수 23을 20+3으로 나누어 생각합니다.
(2) 곱하는 수 32를 30+2로 나누어 생각합니다.

3 (위에서부터) 4900, 700

14=2×7이므로 350×14=350×2×7로 계산할 수 있습니다.
350×2=700, 700×7=4900 ➡ 350×14=4900

4 예 150, 30, 4500 / 부족합니다에 ○표

148을 어림하면 150쯤이고, 31을 어림하면 30쯤이므로 사과는 약 150×30=4500(개)입니다. 사과잼을 만드는 데 사과가 4600개 필요하므로 사과 31상자는 부족합니다.

참고
사과 31상자에 들어 있는 사과 수를 구하여 어림한 결과가 맞는지 확인해 봅니다.
148×31=4588(개)이고 4588<4600이므로 사과잼을 만드는 데 사과 31상자는 부족합니다.

5 교환법칙, 결합법칙

곱셈의 교환법칙, 결합법칙을 이용하면 계산을 좀 더 편리하게 할 수 있습니다.

참고

덧셈과 곱셈은 교환법칙과 결합법칙이 성립하지만 뺄셈은 두 법칙 모두 성립하지 않습니다.

예 $7-5$와 $5-7$은 서로 다릅니다.

$(10-6)-2=2$와 $10-(6-2)=6$은 서로 다릅니다.

---

2 몇십으로 나누기/(두 자리 수)÷(두 자리 수)

1 (1) 30 (2) 80

나누어지는 수가 10배가 되었으므로 나누는 수도 10배를 해야 몫이 같습니다.

(1) $15÷3=5$이므로 $150÷30=5$입니다.

(2) $72÷8=9$이므로 $720÷80=9$입니다.

2 ㉠

㉠ $480÷60=8$　　㉡ $560÷80=7$　　㉢ $210÷30=7$

따라서 나눗셈의 몫이 다른 것은 ㉠입니다.

3 4, 8, 16

나누어지는 수가 일정할 때 나누는 수가 작아지면 몫은 커집니다.

참고

나누는 수가 80에서 40으로 '$÷2$'가 되면 몫은 4에서 8로 '$×2$'가 됩니다.

$320÷80=4$

$÷2↓　↓×2$

$320÷40=8$

$÷2↓　↓×2$

$320÷20=16$

---

4 77

어떤 수를 □라 하면 $□÷21=3⋯14$이므로

$□=21×3+14=77$입니다.

5 63

16으로 나누었으므로 나머지가 될 수 있는 가장 큰 ★은 15입니다.

➡ $□=16×3+15=63$

6 (1) 3장, 13장 (2) 11장

(1) $85÷24=3⋯13$

(2) 색종이를 한 사람에게 3장씩 주면 13장이 남으므로 1장씩 더 주려면

$24-13=11$(장)이 더 필요합니다.

7 14개

$418÷30=13⋯28$이므로 지우개를 30개씩 13상자에 담으면 28개가 남습니다.

남은 지우개도 모두 담아야 하므로 상자는 적어도 $13+1=14$(개) 필요합니다.

1

$$\begin{array}{r} 7 \\ 59\overline{)468} \\ \underline{413} \\ 55 \end{array}$$

나누어지는 수인 468보다 크지 않으면서 468에 가장 가까운 수는 413이므로 몫은 7입니다.

2 (위에서부터) 12, 48

40＝10×4이므로 480을 10으로 나눈 값을 다시 4로 나누어도 결과는 같습니다.
480÷10＝48, 48÷4＝12 ➡ 480÷40＝12

3 31

■▲●÷★◆에서 ■▲＜★◆일 때 몫이 한 자리 수가 되므로 30＜□입니다.
따라서 □ 안에 들어갈 수 있는 수 중에서 가장 작은 수는 31입니다.

참고
■▲●÷★◆에서 ■▲＝★◆이거나 ■▲＞★◆일 때 몫이 두 자리 수가 됩니다.

4 17

34×12＝408이고 408＋17＝425이므로 34×12＋17＝425로 나타낼 수 있습니다.
따라서 425÷34의 몫은 12이고 나머지는 17입니다.

5 31, 14

(어떤 수)＝62×13＋45＝851
➡ 851÷27＝31…14

6 (1) 25, 4, 29
(2) (위에서부터) 10 /
5, 12 / 15, 12

(1) 580을 500＋80으로 생각하여 계산할 수 있습니다.
(2) 462를 300＋162로 생각하여 계산할 수 있습니다.

$$1240＝124×10$$
$$＝62×2×10$$
$$＝31×2×2×10$$
$$＝31×2×2×2×5$$
$$(또는 5×2)$$

1-1 100, 10, 5, 2

$$300＝3×100$$
$$＝3×10×10$$
$$＝3×2×5×2×5$$

1-2 (위에서부터) 100, 7, 10, 2, 5, 2, 5 / 2, 2

$$4900 = 7 \times 7 \times 2 \times 5 \times 2 \times 5$$
$$= \underline{2 \times 2} \times \underline{5 \times 5} \times \underline{7 \times 7}$$

1-3 11

제곱수는 어떤 자연수를 두 번 곱한 수입니다.
$275 = 5 \times 5 \times 11$에서 5는 두 번 곱해져 있으므로 11을 한 번 더 곱해야 제곱수가 됩니다. ➡ $275 \times 11 = (5 \times 5 \times 11) \times 11 = (5 \times 11) \times (5 \times 11) = 55 \times 55$

몫이 가장 큰 나눗셈식을 만들려면 나누어지는 수를 가장 크게 하고, 나누는 수를 가장 작게 합니다.
만들 수 있는 가장 큰 세 자리 수: 854
만들 수 있는 가장 작은 두 자리 수: 12
➡ $854 \div 12 = 71 \cdots 2$

2-1 76, 23, 3, 7

몫이 가장 큰 나눗셈식을 만들려면 나누어지는 수를 가장 크게 하고, 나누는 수를 가장 작게 합니다.
만들 수 있는 가장 큰 두 자리 수: 76
만들 수 있는 가장 작은 두 자리 수: 23
➡ $76 \div 23 = 3 \cdots 7$

2-2 28

몫이 가장 큰 나눗셈식을 만들려면 나누어지는 수를 가장 크게 하고, 나누는 수를 가장 작게 합니다.
만들 수 있는 가장 큰 세 자리 수: 864
만들 수 있는 가장 작은 두 자리 수: 30
➡ $864 \div 30 = 28 \cdots 24$

2-3 5

몫이 가장 작은 나눗셈식을 만들려면 나누어지는 수를 가장 작게 하고, 나누는 수를 가장 크게 합니다.
만들 수 있는 가장 작은 세 자리 수: 567
만들 수 있는 가장 큰 두 자리 수: 98
➡ $567 \div 98 = 5 \cdots 77$

2-4 45

• 몫이 가장 큰 경우
  만들 수 있는 가장 큰 세 자리 수: 432, 만들 수 있는 가장 작은 두 자리 수: 10
  ➡ $432 \div 10 = 43 \cdots 2$
• 몫이 가장 작은 경우
  만들 수 있는 가장 작은 세 자리 수: 102, 만들 수 있는 가장 큰 두 자리 수: 43
  ➡ $102 \div 43 = 2 \cdots 16$
따라서 몫의 합은 $43 + 2 = 45$입니다.

(문구점의 구슬 한 개의 값)=840÷24=35(원)

(마트의 구슬 한 개의 값)=480÷16=30(원)

➡ 35원>30원이므로

구슬을 더 싸게 파는 곳은 마트입니다.

3-1 가 색종이

(가 색종이 한 장의 값)=500÷25=20(원)

(나 색종이 한 장의 값)=480÷20=24(원)

➡ 20원<24원이므로 더 싼 색종이는 가 색종이입니다.

3-2 22권, 18권

(학생 한 명이 받게 되는 공책 수)=748÷34=22(권)

(학생 한 명이 받게 되는 연습장 수)=612÷34=18(권)

서술형 **3-3** 23쪽

예 (서연이가 동화책을 모두 읽는 데 걸린 날수)=288÷16=18(일)

승호도 위인전을 18일 동안 모두 읽었으므로

(승호가 하루에 읽은 위인전의 쪽수)=414÷18=23(쪽)입니다.

채점 기준	배점
서연이가 동화책을 모두 읽는 데 걸린 날수를 구했나요?	2점
승호가 하루에 읽은 위인전의 쪽수를 구했나요?	3점

3-4 5번

(㉮ 톱니바퀴가 1초 동안 회전한 횟수)=512÷32=16(번)

(㉯ 톱니바퀴가 1초 동안 회전한 횟수)=945÷45=21(번)

따라서 ㉮와 ㉯ 톱니바퀴가 1초 동안 회전하였을 때 회전 수의 차는 21-16=5(번)입니다.

비행기가 한 시간에 864 km를 가므로

(4시간 동안 갈 수 있는 거리)=864×4=3456(km)이고,

1시간=60분이고 60분에 864 km를 가므로

(30분 동안 갈 수 있는 거리)=864÷2=432(km)입니다.

따라서 4시간 30분 동안 갈 수 있는 거리는

3456+432=3888(km)입니다.

4-1 450 km

1시간=60분이고 60분 동안 300 km를 가므로

(30분 동안 갈 수 있는 거리)=300÷2=150(km)입니다.

➡ (1시간 30분 동안 갈 수 있는 거리)=300+150=450(km)

4-2 3750원

예 (연필 15자루의 값)＝850×15＝12750(원)

(색연필 한 자루의 값)＝850×2＝1700(원)

(색연필 5자루의 값)＝1700×5＝8500(원)

➡ (거스름돈)＝25000－12750－8500＝12250－8500＝3750(원)

채점 기준	배점
연필 15자루의 값을 구했나요?	1점
색연필 5자루의 값을 구했나요?	2점
거스름돈을 구했나요?	2점

4-3 73350원

(전체 복숭아 수)＝15×6＝90(개)

950원씩 판 복숭아는 45개이고, 680원씩 판 복숭아는 45개입니다.

(950원씩 판 복숭아값)＝950×45＝42750(원)

(680원씩 판 복숭아값)＝680×45＝30600(원)

➡ (복숭아를 판 돈)＝42750＋30600＝73350(원)

4-4 24300 mL

5월 1일이 화요일이므로 5월에 일요일인 날은 6일, 13일, 20일, 27일입니다.

5월은 31일까지이므로 5월에 우유가 배달된 날수는 31－4＝27(일)입니다.

➡ (5월에 배달된 우유의 양)＝900×27＝24300(mL)

참고

1주일＝7일이므로 7일마다 같은 요일이 반복된다는 것을 이용하여 5월의 일요일인 날을 알아봅니다.

6일, 6＋7＝13(일), 13＋7＝20(일), 20＋7＝27(일)은 모두 일요일입니다.

76~77쪽

(막대를 이은 전체 길이)＝(막대 한 개의 길이)×(막대 수)

＝243×78＝18954(cm)

1 m＝100 cm이고

18954는 100이 189개, 1이 54개인 수이므로

18954 cm＝189 m 54 cm입니다.

따라서 울타리의 길이는 189 m 54 cm입니다.

5-1 2 kg 310 g

(공 11개의 무게)＝210×11＝2310(g)

1 kg＝1000 g이므로 2310 g＝2 kg 310 g입니다.

5-2 16시간 20분

2주는 14일입니다.

(2주 동안 자전거 타기를 한 시간)＝20×14＝280(분) ➡ 4시간 40분

(2주 동안 수영을 한 시간)＝50×14＝700(분) ➡ 11시간 40분

따라서 2주 동안 자전거 타기와 수영을 한 시간은

4시간 40분＋11시간 40분＝15시간 80분＝16시간 20분입니다.

5-3 44상자

㉎ (키 링을 만든 시간)=8×22=176(시간)

(만든 키 링 수)=25×176=4400(개)

4400은 100이 44개인 수이므로 키 링을 한 상자에 100개씩 담으면 44상자가 됩니다.

채점 기준	배점
키 링을 만든 시간을 구했나요?	2점
만든 키 링 수를 구했나요?	2점
키 링은 몇 상자가 되는지 구했나요?	1점

5-4 105 m 40 cm

(전체 테이프의 길이)=48×245=11760(cm)

245개의 테이프를 겹쳐서 이어 붙였으므로 겹쳐진 곳은 244군데입니다.

(겹쳐진 부분의 길이의 합)=5×244=1220(cm)

➡ (이어 붙인 테이프의 전체 길이)=11760−1220=10540(cm)

1 m=100 cm이므로 10540 cm=105 m 40 cm입니다.

6

(간격 수)=(전체 길이)÷(간격)=285÷15=19(군데)

간격이 19군데이고 길의 처음과 끝에도 가로등을 세워야 하므로

(길 한쪽의 가로등 수)=(간격 수)+1

    =19+1=20(개)이고

(길 양쪽의 가로등 수)=(길 한쪽의 가로등 수)×2

    =20×2=40(개)입니다.

6-1 17그루

(간격 수)=480÷30=16(군데)

(길 한쪽에 심는 나무 수)=16+1=17(그루)

6-2 68그루

(간격 수)=595÷17=35(군데)

길의 처음과 끝에는 나무를 심지 않으므로

(길 한쪽에 심는 나무 수)=35−1=34(그루)이고

(길 양쪽에 심는 나무 수)=34×2=68(그루)입니다.

6-3 34개

직선 모양의 길   원 모양의 길

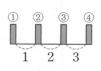   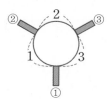

(의자 수)=(간격 수)+1   (의자 수)=(간격 수)

➡ (필요한 의자 수)=(연못의 둘레)÷(간격)

    =782÷23=34(개)

6-4 41 m

도로 양쪽에 전봇대가 50개 세워져 있으므로
도로 한쪽에는 $50 \div 2 = 25$(개)의 전봇대가 세워져 있습니다.
(도로 한쪽의 간격 수)$= 25 - 1 = 24$(군데)
(전봇대 사이의 간격)$= 984 \div 24 = 41$(m)

80~81쪽

주어진 식을 약속된 식으로 나타내 차례로 계산합니다.

$32 \blacklozenge 15 = 32 \times 15 + 30$
$\qquad\quad = 480 + 30$
$\qquad\quad = 510$

$(32 \blacklozenge 15) \blacklozenge 23 = 510 \blacklozenge 23$
$\qquad\qquad\qquad = 510 \times 23 + 30$
$\qquad\qquad\qquad = 11730 + 30$
$\qquad\qquad\qquad = 11760$

7-1 2110

$10 \circledcirc 20 = 20 \times 42 + 10 = 840 + 10 = 850$
$(10 \circledcirc 20) \circledcirc 30 = 850 \circledcirc 30 = 30 \times 42 + 850 = 1260 + 850 = 2110$

7-2 5856

$85 \star 37 = (85 + 37) \times (85 - 37) = 122 \times 48 = 5856$

7-3 290

$740 \blacktriangle 25$는 740을 25로 나눈 몫이므로 $740 \div 25 = 29 \cdots 15$ ➡ $740 \blacktriangle 25 = 29$이고,
$506 \triangledown 31$은 506을 31로 나누었을 때의 나머지이므로
$506 \div 31 = 16 \cdots 10$ ➡ $506 \triangledown 31 = 10$입니다.
$(740 \blacktriangle 25) \times (506 \triangledown 31) = 29 \times 10 = 290$

7-4 5620

$\begin{pmatrix} 570 & 164 \\ 70 & 30 \end{pmatrix} = 570 \times 30 - 164 \times 70 = 17100 - 11480 = 5620$

82~83쪽

먼저 구할 수 있는 수부터 구합니다.
① ㉰$+ 8 = 11$ ➡ ㉰$= 3$
② $1 + 2 +$㉴$= 6$ ➡ ㉴$= 3$
③ ㉵$= 1$
④ ㉯는 0이 아니고 $2 \times$㉯의 일의 자리 수가 0이므로 ㉯$= 5$입니다.
⑤
$$\begin{array}{r} \overset{1}{} \\ 4\ \boxed{㉭}\ 2 \\ \times \qquad 5 \\ \hline 2\ 3\ 1\ 0 \end{array}$$
에서 ㉭$\times 5 + 1 = 31$이므로 ㉭$= 6$입니다.

8-1 3, 9, 7

$7 \times \text{㉠}$의 일의 자리 수가 1이므로 ㉠=3입니다.
$657 \times 30 = 19710$이므로 ㉡=9, ㉢=7입니다.

8-2 (위에서부터) 1, 5, 7, 2, 4, 9, 0, 2

```
      ㉠  6  8
   ×     ㉡  4
   ─────────────
      6  ㉢  ㉣
   8  ㉤  0
   ─────────────
   ㉥  ㉦  7  ㉧
```

· $8 \times 4 = 32$이므로 ㉣=2입니다.
· ㉣=2이므로 ㉧=2입니다.
· ㉠$68 \times 4 = 6$㉢2이므로 ㉠=1입니다.
· $168 \times 4 = 672$이므로 ㉢=7입니다.
· $8 \times \text{㉡}$의 일의 자리 수가 0이므로 ㉡=5입니다.
· $168 \times 5 = 840$이므로 ㉤=4입니다.
· $6 + 4 = 10$이므로 ㉦=0입니다.
· $8 + 1 = 9$이므로 ㉥=9입니다.

8-3 (위에서부터) 2, 7, 8, 5, 2, 5, 2, 2

```
            ㉠  ㉡
      32 ) ㉢  9  ㉣
           6  4
         ─────────
         ㉤  5  ㉥
         ㉦  ㉧  4
         ─────────
            3  1
```

· $32 \times \text{㉠} = 64$이므로 ㉠=2입니다.
· ㉤5㉥$-$㉦㉧$4 = 31$이므로 ㉥=5, ㉧=2, ㉤=㉦입니다.
· ㉣=㉥이므로 ㉣=5입니다.
· $32 \times \text{㉡}$은 일의 자리 수가 4인 세 자리 수이므로 ㉡=7입니다.
· $32 \times 7 = 224$이므로 ㉦=2이고 ㉤=㉦이므로 ㉤=2입니다.
· ㉢$9 - 64 = 25$이므로 ㉢=8입니다.

대표문제 9

□가 가장 큰 수인 9라 생각하면
$789 \div 27 = 29 \cdots 6$ ➡ 78□는 789와 같거나 789보다 작습니다.
27로 나누었을 때 가장 큰 나머지는 26이므로 78□를 27로 나누었을 때 가장 큰 나머지가 되는 경우는 몫이 28이고 나머지가 26일 때입니다.
➡ 78□$= 27 \times 28 + 26 = 782$
따라서 나머지가 가장 클 때 □ 안에 알맞은 수는 2입니다.

9-1 209

30으로 나누었을 때 가장 큰 나머지는 29입니다. ●=29
➡ □$= 30 \times 6 + 29 = 209$

참고
■로 나누었을 때 가장 큰 나머지는 (■-1)입니다.

9-2 4

□$=9$라 하면 $229 \div 25 = 9 \cdots 4$이므로
22□는 229와 같거나 229보다 작습니다.
25로 나누었을 때 가장 큰 나머지는 24이므로
22□$\div 25$에서 나머지가 가장 클 때 몫은 8이고 나머지는 24입니다.
22□$= 25 \times 8 + 24 = 224$
따라서 나머지가 가장 클 때 □ 안에 알맞은 수는 4입니다.

9-3 9

□=0일 때 500÷43=11…27
□=1일 때 501÷43=11…28
⋮   ⋮
□=9일 때 509÷43=11…36
따라서 나머지가 가장 큰 경우는 509÷43이므로 □ 안에 알맞은 수는 9입니다.

주의

가장 큰 나머지를 42로 생각하면 43×11+42=515, 43×10+42=472가 되므로 나누어지는 수가 50□가 아닙니다.

9-4 985

① 몫이 가장 크게 되는 경우: 가장 큰 세 자리 수인 999를 넣어 계산해 봅니다.
999÷34=29…13
➡ ㉠+㉡=29+13=42
② 나머지가 가장 크게 되는 경우: 나머지가 될 수 있는 가장 큰 수는 33이고
이때의 몫은 29보다 1만큼 더 작은 28입니다.
➡ ㉠+㉡=28+33=61
따라서 ㉠+㉡이 가장 크게 되는 경우는 ②이므로
조건을 만족시키는 세 자리 수는 34×28+33=985입니다.

MATH MASTER

1 16983

어떤 수를 □라 하면 □÷72=8…53이므로 □=72×8+53=629입니다.
따라서 바르게 계산하면 629×27=16983입니다.

2 약 30 km 600 m

1분 30초=60초+30초=90초
소리는 1초에 약 340 m를 가므로
미나는 번개가 친 곳에서 340×90=30600(m) ➡ 약 30 km 600 m 떨어진 곳에 있습니다.

3 52 cm

(작은 직사각형의 가로)=195÷13=15(cm)
(작은 직사각형의 세로)=132÷12=11(cm)
➡ (작은 직사각형의 둘레)=15+11+15+11=52(cm)

4 81028

곱이 가장 큰 (세 자리 수)×(두 자리 수)를 만들려면 가장 큰 수를 두 자리 수의 십의 자리에 놓고, 둘째로 큰 수를 세 자리 수의 백의 자리에 놓아야 합니다.
864×92=79488, 862×94=81028, 842×96=80832이므로
가장 큰 곱은 81028입니다.

㉠>㉡>㉢>㉣>㉤일 때 곱이 가장 큰 (세 자리 수)×(두 자리 수)

➡ ㉡ ㉢ ㉤
   ×　㉠ ㉣

---

5 316

세 자리 수를 ㉠㉡㉢이라 하면

50으로 나누었을 때 나머지가 16이므로 ㉠16 또는 ㉠66입니다.

각 자리의 수의 합이 10이므로 ㉠66은 될 수 없습니다.

따라서 ㉠16에서 ㉠+1+6=10, ㉠=3이므로 세 자리 수는 316입니다.

서술형

6 116850원

예 (작은 사과 수)=135−78=57(개)

(큰 사과를 판 돈)=950×78=74100(원)

(작은 사과를 판 돈)=750×57=42750(원)

➡ (사과를 판 돈)=74100+42750=116850(원)

채점 기준	배점
큰 사과를 판 돈을 구했나요?	2점
작은 사과를 판 돈을 구했나요?	2점
사과를 판 돈을 구했나요?	1점

---

7 (위에서부터) 1, 2, 7, 9, 7, 2, 0, 1, 4

· ㉦=0

· ㉫0−㉧㉦=6이므로 ㉧=4, ㉫=㉧+1입니다.

· 나머지가 6이므로 ㉢은 6보다 크고 10보다 작습니다.

· ㉢이 6보다 크고 10보다 작으므로 ㉠=1이고 ㉤=㉢입니다.

· ㉢×㉡의 일의 자리 수가 4이므로

　　7×2=14에서 ㉢=7, ㉡=2이거나

　　8×3=24에서 ㉢=8, ㉡=3이거나

　　8×8=64에서 ㉢=8, ㉡=8이거나

　　9×6=54에서 ㉢=9, ㉡=6입니다.

· ㉢=7, ㉡=2일 때 7×2=14이므로 ㉨=1입니다.

　㉨=1이므로 ㉫=2입니다.

　7×1=7이므로 ㉤=7입니다.

　㉣−㉤=㉣−7=2이므로 ㉣=9입니다.

· ㉢=8, ㉡=3일 때 8×3=24이므로 ㉨=2입니다.

　㉨=2이므로 ㉫=3입니다.

　8×1=8이므로 ㉤=8이라면

　㉣−㉤=㉣−8=3인 수는 없습니다.

· ㉢=8, ㉡=8일 때 8×8=64이므로 ㉨=6입니다.

　㉨=6이므로 ㉫=7입니다.

　8×1=8이므로 ㉤=8이라면

　㉣−㉤=㉣−8=7인 수는 없습니다.

- ⓒ=9, ⓛ=6일 때 9×6=54이므로 ⓞ=5입니다.

  ⓞ=5이므로 ⓗ=6입니다.

  9×1=9이므로 ⓜ=9라면

  ⓔ−ⓜ=ⓔ−9=6인 수는 없습니다.

따라서 ㉠=1, ㉡=2, ㉢=7, ㉣=9, ㉤=7, ㉥=2, ㉦=0, ㉧=1, ㉨=4입니다.

8 40

$700 \times 40 = 28000$이므로 □ 안에 40부터 넣어 계산해 봅니다.

□=40일 때 $742 \times 40 = 29680$ ➡ $30000 - 29680 = 320$이고

□=41일 때 $742 \times 41 = 30422$ ➡ $30422 - 30000 = 422$입니다.

29680과 30422 중에서 30000에 더 가까운 수는 29680입니다.

따라서 □ 안에 알맞은 수는 40입니다.

참고

742×40과 742×41과 같이 곱하는 수가 1씩 커지는 경우 곱하는 수만큼 더하여 곱을 구할 수 있습니다.

$742 \times 40 = 29680$ ➡ $742 \times 41 = 742 \times 40 + 742 = 29680 + 742 = 30422$

서술형

9 ㉮ 문구점, 80원

(예) ㉮ 문구점은 연필 15자루를 사면 1자루를 더 주므로 16자루를 사려면 15자루만 사면 됩니다.

➡ (㉮ 문구점에서 16자루를 살 때 필요한 돈)$= 480 \times 15 = 7200$(원)

㉯ 문구점은 8자루를 살 때마다 200원씩 할인해 주므로 16자루를 사면 400원을 할인해 줍니다.

➡ (㉯ 문구점에서 16자루를 살 때 필요한 돈)$= 480 \times 16 - 400$

$= 7680 - 400 = 7280$(원)

따라서 ㉮ 문구점에서 살 때 $7280 - 7200 = 80$(원) 더 싸게 살 수 있습니다.

채점 기준	배점
㉮ 문구점에서 16자루를 살 때 필요한 돈을 구했나요?	2점
㉯ 문구점에서 16자루를 살 때 필요한 돈을 구했나요?	2점
어느 문구점에서 살 때 얼마 더 싸게 살 수 있는지 구했나요?	1점

10 23개

$10 \div 4 = 2 \cdots 2$이고, $99 \div 4 = 24 \cdots 3$이므로

4로 나누었을 때 나머지가 2가 되는 두 자리 수는 몫이 2부터 24까지일 때입니다.

따라서 ㉮가 될 수 있는 수는 모두 $24 - 2 + 1 = 23$(개)입니다.

참고

4로 나누었을 때 나머지가 2가 되는 두 자리 수는 10, 14, 18, …, 90, 94, 98입니다.

---

4 평면도형의 이동

1 왼쪽에 ○표, 4,
아래쪽에 ○표, 3

점 ㄱ을 왼쪽으로 4칸, 아래쪽으로 3칸 이동한 위치에 점 ㄴ이 있습니다.

2 풀이 참조

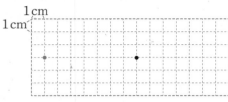

모눈 한 칸의 크기는 1 cm입니다. 점을 오른쪽으로 7 cm 이동하기 전의 위치이므로 점을 왼쪽으로 7 cm 이동한 위치에 그립니다.

3

모양 조각을 어느 방향으로 밀어도 모양은 변하지 않습니다.

4 ⓔ 아래쪽으로 3 cm 밀어야 합니다. / ⓔ 오른쪽으로 6 cm 밀어야 합니다.

가 조각은 아래쪽으로 3 cm, 나 조각은 오른쪽으로 6 cm 밀면 다음과 같이 빨간색 사각형을 완성할 수 있습니다.

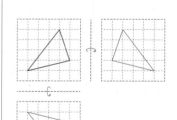

1 풀이 참조

도형을 오른쪽으로 뒤집으면 도형의 왼쪽과 오른쪽이 서로 바뀌고, 도형을 아래쪽으로 뒤집으면 도형의 위쪽과 아래쪽이 서로 바뀝니다.

2 2개

H⬍H I⬍I
H I

위쪽으로 뒤집고 오른쪽으로 뒤집었을 때 처음 모양과 같은 알파벳은 H, I로 모두 2개입니다.

3 ㉡, ㉫

시계 방향으로 180°만큼 돌린 도형과 시계 반대 방향으로 180°만큼 돌린 도형은 같습니다.

4

시계 반대 방향으로 90°만큼 2번 돌린 도형은 시계 반대 방향으로 180°만큼 돌린 도형과 같습니다.

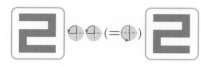

5 ㉒ 시계 반대 방향으로 90° 만큼 돌린 것입니다. 또는 시계 방향으로 270°만큼 돌린 것입니다.

왼쪽 도형을 시계 반대 방향으로 90°만큼 돌리면 오른쪽 도형이 됩니다.
또는 왼쪽 도형을 시계 방향으로 270°만큼 돌리면 오른쪽 도형이 됩니다.

---

3 평면도형 뒤집고 돌리기, 무늬 꾸미기

1

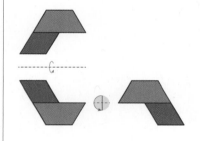

2

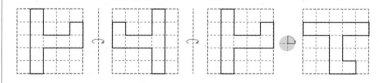

참고
도형을 오른쪽으로 2번 뒤집으면 처음 도형과 같으므로 주어진 도형을 오른쪽으로 2번 뒤집고 시계 방향으로 90°만큼 돌린 도형은 주어진 도형을 시계 방향으로 90°만큼 돌린 도형과 같습니다.

---

3 ㉢

㉠ 도형을 어느 방향으로 밀어도 모양은 변하지 않습니다.
㉡ 도형을 오른쪽으로 짝수 번(2번, 4번, 6번, ...) 뒤집으면 처음 도형과 같습니다.
㉢ 시계 방향으로 90°만큼 11번 돌린 도형은 시계 방향으로 90°만큼 3번 돌린 도형과 같습니다.

4 ㉡

㉠ 돌리기   ㉡ 뒤집기   ㉢ 돌리기
따라서 무늬를 만든 방법이 다른 하나는 ㉡입니다.

5 풀이 참조

(예)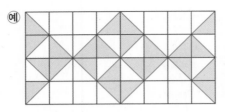

왼쪽의 모양을 시계 반대 방향으로 90°만큼 돌리는 것을 반복하여 모양을 만

들고, 그 모양을 오른쪽으로 밀어서 무늬를 만들었습니다.

[흰색 바둑돌을 3번 이동]
① 왼쪽으로 4칸 이동하기
② ((위쪽) , 아래쪽)으로 3칸 이동하기
③ (왼쪽 , (오른쪽))으로 1칸 이동하기
[흰색 바둑돌을 4번 이동]
① 위쪽으로 2칸 이동하기   ② ((왼쪽) , 오른쪽)으로 2칸 이동하기
③ ((위쪽) , 아래쪽)으로 1칸 이동하기   ④ ((왼쪽) , 오른쪽)으로 1칸 이동하기

[3번 이동]   [4번 이동]

1-1 오른쪽, 4, 2 /
위쪽, 1, 오른쪽, 2,
아래쪽, 2

오른쪽 그림과 같이 검은색 바둑돌을 지나지 않게 흰
색 바둑돌을 3번, 4번 이동하는 것을 각각 표시하고,
이동한 방향과 칸 수를 써넣습니다.

[3번 이동]   [4번 이동]

1-2 오른쪽, 6 /
6, 위쪽, 6 /
3, 위쪽, 3,
오른쪽, 3

그림과 같이 빨간색 점을 지나지 않게 거북을 2번, 3번, 4번 이동하는 것을 각각 표시하
고, 이동한 방향과 칸 수를 써넣습니다.

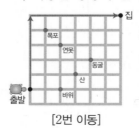 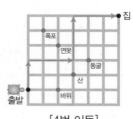

[2번 이동]   [3번 이동]   [4번 이동]

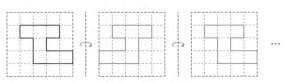

1번 뒤집은 도형　　2번 뒤집은 도형

도형을 오른쪽으로 2번, 4번, … 뒤집으면 처음 도형과 같아지므로

도형을 오른쪽으로 17번 뒤집은 도형은 오른쪽으로 (①1번 , 2번) 뒤집은 도형과 같습니다.

2-1 풀이 참조

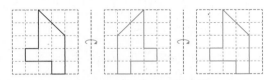

도형을 같은 방향으로 2번 뒤집으면 처음 도형과 같습니다.

서술형 **2-2**

예 도형을 아래쪽으로 12번 뒤집으면 처음 도형과 같아지므로 아래쪽으로 13번 뒤집은
도형은 아래쪽으로 1번 뒤집은 도형과 같습니다.

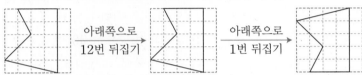

채점 기준	배점
몇 번 뒤집으면 처음 도형과 같아지는지 찾았나요?	2점
아래쪽으로 13번 뒤집었을 때의 도형을 알맞게 그렸나요?	3점

2-3

도형을 오른쪽으로 11번 뒤집으면 오른쪽으로 1번 뒤집은 도형과 같고,

위쪽으로 3번 뒤집으면 위쪽으로 1번 뒤집은 도형과 같습니다.

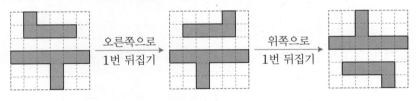

참고
오른쪽(왼쪽)으로 뒤집은 다음 위쪽(아래쪽)으로 뒤집은 도형은 처음 도형을 시계 방향(시계 반대 방향)으
로 180°만큼 돌린 도형과 같습니다.

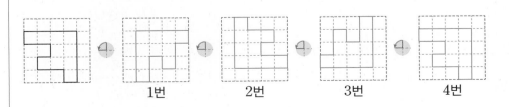

　　　　1번　　　　2번　　　　3번　　　　4번

도형을 시계 반대 방향으로 90°만큼 4번 돌리면 처음 도형과 같아지므로

시계 반대 방향으로 90°만큼 11번 돌렸을 때의 도형은

시계 반대 방향으로 90°만큼 3번 돌렸을 때의 도형과 같습니다.

시계 반대 방향으로 90°만큼 3번 돌렸을 때의 도형은 시계 반대 방향으로 270°만큼 돌렸을 때의 도형과 같고 이것은 시계 방향으로 90°만큼 돌렸을 때의 도형과 같습니다.

➡ (⟳만큼 3번)=⟳=⟳

3-1 풀이 참조

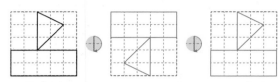

도형을 시계 방향으로 180°만큼 2번 돌리면 처음 도형과 같습니다.

3-2 풀이 참조

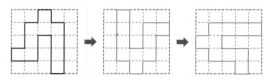

도형을 시계 방향으로 90°만큼 4번, 8번 돌리면 처음 도형과 같아지므로 시계 방향으로 90°만큼 10번 돌린 도형은 시계 방향으로 90°만큼 2번 돌린 도형과 같습니다.

가운데 도형을 시계 반대 방향으로 270°만큼 돌렸을 때의 도형은 시계 방향으로 90°만큼 돌렸을 때의 도형과 같습니다.

3-3

도형을 오른쪽으로 18번 뒤집으면 처음 도형과 같고,

시계 반대 방향으로 180°만큼 5번 돌렸을 때의 도형은 시계 반대 방향으로 180°만큼 1번 돌렸을 때의 도형과 같습니다.

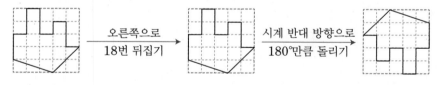

참고

한 바퀴는 360°이고, 360°=180°×2입니다.

같은 방향으로 180°만큼 2번, 4번, 6번, ... 돌린 도형은 처음 도형과 같습니다.

3-4

아래쪽으로 5번 뒤집은 도형은 아래쪽으로 1번 뒤집은 도형과 같습니다.

⟳만큼 돌린 도형은 ⟳만큼 돌린 도형과 같으므로 ⟳만큼 4번 돌린 도형은 ⟳만큼 4번 돌린 도형과 같습니다.

⟳만큼 4번 돌린 도형은 처음 도형과 같습니다.

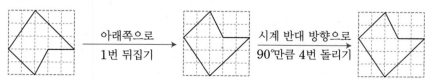

오른쪽으로 3번 뒤집은 도형은 오른쪽으로 1번 뒤집은 도형과 같습니다.
오른쪽으로 3번 뒤집고 위쪽으로 1번 뒤집은 도형은 다음과 같습니다.

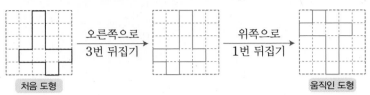

움직인 도형은 처음 도형의 위쪽과 아래쪽이 서로 바뀌었고 왼쪽과 오른쪽이 서로 바뀌
었으므로 처음 도형을 시계 방향으로 180°만큼 또는 시계 반대 방향으로 180°만큼
(밀기 , 뒤집기 , (돌리기)) 한 도형과 같습니다.

4-1 ©

아래쪽으로 5번 뒤집은 도형은 아래쪽으로 1번 뒤집은 도형과 같고, 왼쪽으로 3번 뒤집
은 도형은 왼쪽으로 1번 뒤집은 도형과 같습니다.

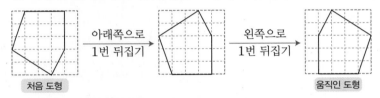

움직인 도형은 처음 도형의 위쪽과 아래쪽이 서로 바뀌었고 왼쪽과 오른쪽이 서로 바뀌
었으므로 처음 도형을 시계 방향으로 180°만큼 또는 시계 반대 방향으로 180°만큼 돌
리기 한 도형과 같습니다.

4-2 위쪽이나 아래쪽으로
뒤집기

오른쪽으로 7번 뒤집은 도형은 오른쪽으로 1번 뒤집은 도형과 같습니다.

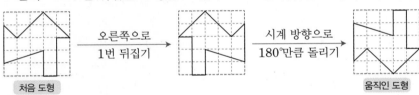

움직인 도형은 처음 도형의 위쪽과 아래쪽이 서로 바뀌었으므로 처음 도형을 위쪽이나
아래쪽으로 뒤집은 도형과 같습니다.

4-3 왼쪽이나 오른쪽으로
뒤집기

시계 반대 방향으로 90°만큼 6번 돌리면 시계 반대 방향으로 90°만큼 2번 즉, 180°만
큼 돌리는 것과 같고, 위쪽으로 9번 뒤집은 도형은 위쪽으로 1번 뒤집은 도형과 같습
니다.

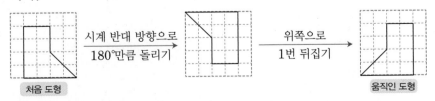

움직인 도형은 처음 도형의 왼쪽과 오른쪽이 서로 바뀌었으므로 처음 도형을 왼쪽이나
오른쪽으로 뒤집은 도형과 같습니다.

움직인 도형을 시계 반대 방향으로 90°만큼 돌리고 아래쪽으로 7번 뒤집으면
처음 도형이 됩니다.

① 움직인 도형을 시계 반대 방향으로 90°만큼 돌린 도형을 그리면

② ①의 도형을 아래쪽으로 7번 뒤집은 도형을 그리면

처음 도형

5-1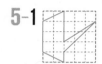

움직인 도형을 위쪽으로 뒤집고 시계 방향으로 90°만큼 돌리면 처음 도형이 됩니다.

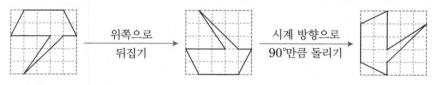

주의

처음 도형을 그릴 때 움직이는 순서에 주의합니다.

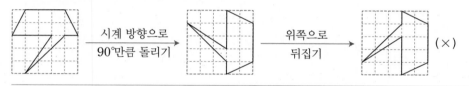

5-2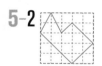

움직인 도형을 위쪽으로 5번 뒤집고 시계 반대 방향으로 90°만큼 돌리면 처음 도형이
됩니다.

이때 위쪽으로 5번 뒤집은 도형은 위쪽으로 1번 뒤집은 도형과 같습니다.

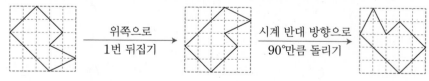

5-3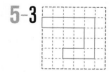

움직인 도형을 시계 방향으로 180°만큼 돌리고 왼쪽으로 9번 뒤집으면 처음 도형이 됩
니다.

이때 왼쪽으로 9번 뒤집은 도형은 왼쪽으로 1번 뒤집은 도형과 같습니다.

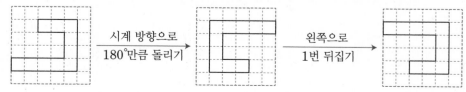

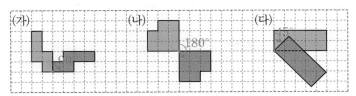

빨간색 점을 기준으로

(가)는 시계 방향으로 90°만큼 돌린 것이고,

(나)는 시계 방향으로 180°만큼 돌린 것이고,

(다)는 시계 방향으로 45°만큼 돌린 것입니다.

따라서 도형을 시계 방향으로 돌린 각도가 가장 큰 것은 (나)입니다.

6-1 (가)

빨간색 점을 기준으로

(가)는 시계 반대 방향으로 45°만큼 돌린 것이고,

(나)는 시계 반대 방향으로 90°만큼 돌린 것입니다.

따라서 도형을 시계 반대 방향으로 돌린 각도가 더 작은 것은 (가)입니다.

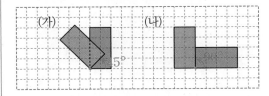

6-2 (나)

빨간색 점을 기준으로

(가)는 시계 방향으로 45°만큼 돌린 것이고,

(나)는 시계 방향으로 135°만큼 돌린 것입니다.

따라서 도형을 시계 방향으로 돌린 각도가 더 큰 것은 (나)입니다.

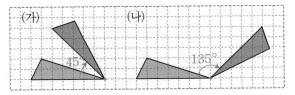

6-3 (나)

빨간색 점을 기준으로

(가)는 시계 반대 방향으로 180°만큼 돌린 것이고,

(나)는 시계 반대 방향으로 45°만큼 돌린 것이고,

(다)는 시계 반대 방향으로 90°만큼 돌린 것입니다.

따라서 도형을 시계 반대 방향으로 돌린 각도가 가장 작은 것은 (나)입니다.

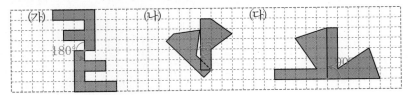

수의 크기를 비교하면 $9 > 8 > 5 > 1 > 0$이므로

만들 수 있는 가장 큰 세 자리 수는 | 9 | 8 | 5 | 입니다.

만든 수를 시계 방향으로 180°만큼 돌리면

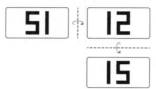 입니다.

따라서 두 수의 차는 $985 - 586 = 399$입니다.

7-1 15

수 카드를 오른쪽으로 뒤집으면 왼쪽과 오른쪽이 서로 바뀌고, 아래쪽으로 뒤집으면 위쪽과 아래쪽이 서로 바뀝니다.

| 51 | 12 |

| | 15 |

7-2 6개

· 위쪽으로 뒤집은 모양

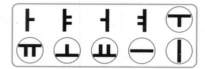

· 시계 방향으로 180°만큼 돌린 모양

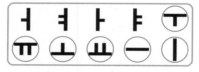

위쪽으로 뒤집은 모양과 시계 방향으로 180°만큼 돌렸을 때의 모양이 같은 것은
ㅗ, ㅛ, ㅜ, ㅠ, ㅡ, ㅣ로 모두 6개입니다.

7-3 1358

수의 크기를 비교하면 $0 < 1 < 2 < 8$이므로 만들 수 있는 가장 작은 네 자리 수는

| 1 | 0 | 2 | 8 | 입니다.

㉠ | 8 | 5 | 0 | 1 | | 1 | 0 | 2 | 8 |

㉡ | 1 | 0 | 5 | 8 |

㉢ | 1 | 0 | 2 | 8 | | 8 | 2 | 0 | 1 |

➡ ㉠ + ㉡ − ㉢ = $8501 + 1058 - 8201 = 1358$

⊙은 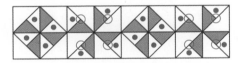 모양을 (돌리기 , (뒤집기)) 하여 만든 무늬입니다.

⊙은 ⎿ 모양을 ((돌리기) , 뒤집기) 하여 만든 무늬입니다.

⊙은 (⎿ , ⎿ , ⎿) 모양을 ((돌리기) , 뒤집기) 하여 만든 무늬입니다.

따라서 ⎿ 모양을 돌리거나 뒤집어서 만들 수 없는 무늬는 ⊙입니다.

8-1 가

가는 주어진 모양을 시계 방향으로 90°만큼 돌리는 것을 반복하여 만든 무늬입니다.

나는 모양을 오른쪽으로 뒤집어서 모양을 만들고 그 모양을 아래쪽으로 뒤집어서 만든 무늬입니다.

8-2 8개

 모양을 돌리기 하여 만들 수 있는 모양은 ⎿ , ⎿ , ⎿ , ⎿ 입니다.

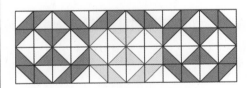

➡ ○표 한 모양이 돌리기 하여 만든 것으로 모두 8개입니다.

주의

⎿ 모양은 ⎿ 모양을 뒤집기 한 ⎿ 모양을 돌리기 하여 만든 모양입니다.

8-3 풀이 참조

⎿ 모양을 오른쪽으로 뒤집는 것을 반복하여 모양을 만들고 그 모양을 아래쪽으로 뒤집어서 만든 무늬입니다.

1 풀이 참조

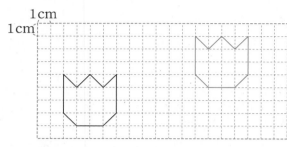

모눈 한 칸의 크기는 1 cm입니다.
도형을 오른쪽으로 10칸 옮기고 위쪽으로 3칸 옮깁니다.

2 마, 라

㉠: 마 조각을 시계 방향으로 90°만큼 돌립니다.
㉡: 라 조각을 시계 반대 방향으로 90°만큼 돌립니다.

3

보기 는 글자를 왼쪽이나 오른쪽으로 뒤집고 시계 방향으로 90°만큼 돌린 것입니다.

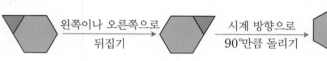

4

처음 도형은 [   ]을 아래쪽으로 뒤집은 도형입니다. ➡

처음 도형을 🕐만큼 돌린 도형은 🕐만큼 돌린 도형과 같습니다. ➡

5

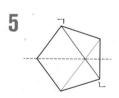

점선을 기준으로 접었을 때 서로 겹치는 점을 찾으면 점 ㄱ은 점 ㄹ,
점 ㄴ은 점 ㄷ이므로 점 ㄷ과 점 ㄹ을 연결한 선분인 선분 ㄷㄹ은
선분 ㄱㄴ과 겹칩니다.

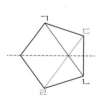

6 1시간 20분

(예) 거울에 비친 모양이므로 왼쪽 또는 오른쪽으로 뒤집은 모양을 읽으면
시계가 가리키는 시각은 3시 40분입니다.
따라서 수학 공부를 한 시간은 5시－3시 40분＝1시간 20분입니다.

채점 기준	배점
거울에 비친 시각을 구했나요?	3점
수학 공부를 한 시간은 몇 시간 몇 분인지 구했나요?	2점

7

도장을 찍으면 글자는 왼쪽이나 오른쪽으로 뒤집은 모양으로 찍힙니다.
따라서 도장에는 찍힌 글자를 왼쪽이나 오른쪽으로 뒤집은 모양을 새겨야 합니다.

주의
GOOD를 오른쪽으로 뒤집은 모양을 알아볼 때 새겨야 할 모양을 ꓷOOꓷ라고 생각하지 않도록 주의합니다. 오른쪽으로 뒤집으면 알파벳의 순서도 바뀝니다.

8 F

명령어대로 이동하여 칸을 색칠하면 **F**가 나타납니다.

9 서술형 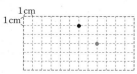 / 풀이 참조

예 도형을 시계 방향으로 90°만큼 돌리는 규칙입니다.

채점 기준	배점
규칙을 찾아 설명했나요?	3점
규칙에 맞게 알맞은 도형을 그렸나요?	2점

참고
도형을 시계 반대 방향으로 270°만큼 돌리는 규칙도 정답입니다.

10

움직인 방향과 순서를 거꾸로 하여 이동하면 이동하기 전의 위치를 알 수 있습니다.
아래쪽으로 5 cm, 왼쪽으로 4 cm 이동 ➡ 위쪽으로 3 cm, 오른쪽으로 6 cm 이동

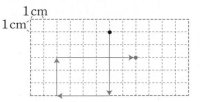

11

선 가를 기준으로 오른쪽으로 뒤집으면 도형의 왼쪽과 오른쪽이 서로 바뀌고 이것을 처음 도형과 이어 시계 반대 방향으로 270°만큼 돌리면 시계 방향으로 90°만큼 돌린 것과 같습니다.

참고
선 가를 기준으로 오른쪽으로 뒤집은 도형과 처음 도형을 이어 그린 것은 선 가를 따라 접었을 때 완전히 겹쳐집니다. 그린 도형과 같은 도형을 5학년에서 선대칭도형이라고 합니다.

12 ㉣

따라서 ♠가 있는 칸은 ㉣입니다.

5 막대그래프

1 막대그래프

1 선물, 학생 수

막대그래프에서 가로는 선물을 나타내고 세로는 학생 수를 나타냅니다.

2 받고 싶어 하는 생일 선물별 학생 수, 1명

막대의 길이는 받고 싶어 하는 생일 선물별 학생 수를 나타냅니다.
세로 눈금 5칸이 5명을 나타내므로 세로 눈금 한 칸은 1명을 나타냅니다.

3 4명

표에서 합계가 20이므로
(옷을 받고 싶어 하는 학생 수)=20−(5+7+1+3)=4(명)

4 4칸

세로 눈금 5칸이 5명을 나타내므로 세로 눈금 한 칸은 1명을 나타냅니다.
옷을 받고 싶어 하는 학생은 4명이므로 막대의 길이를 4칸으로 나타내야 합니다.

5 표

표에서 합계를 보면 조사한 전체 학생 수를 쉽게 알 수 있습니다.

6 풀이 참조

예 받고 싶어 하는 생일 선물별 학생 수의 많고 적음을 한눈에 비교하기 쉽습니다.

2 막대그래프 내용 알아보기

1 5반

막대의 길이가 가장 긴 반은 5반이므로 안경을 쓴 학생이 가장 많은 반은 5반입니다.

2 1반, 4반

막대의 길이가 같은 반을 찾으면 1반과 4반입니다.

3 1반, 4반, 5반

3반보다 막대의 길이가 더 긴 반은 1반, 4반, 5반이므로
3반보다 안경을 쓴 학생 수가 더 많은 반은 1반, 4반, 5반입니다.

4 46명

1반: 9명, 2반: 6명, 3반: 8명, 4반: 9명, 5반: 14명
➡ 9+6+8+9+14=46(명)

5 35명

가로 눈금 5칸이 25명을 나타내므로 가로 눈금 한 칸은 25÷5=5(명)을 나타냅니다.
장구를 배우고 싶어 하는 학생 수: 5×9=45(명)
단소를 배우고 싶어 하는 학생 수: 5×2=10(명)
➡ 45−10=35(명)

가로 눈금 5칸이 25명을 나타내므로 가로 눈금 한 칸은 $25 \div 5 = 5$(명)을 나타냅니다.

장구의 막대는 단소의 막대보다 7칸 더 길므로 장구를 배우고 싶어 하는 학생은 단소를 배우고 싶어 하는 학생보다 $5 \times 7 = 35$(명) 더 많습니다.

6 ㉠ 가야금 / 풀이 참조

㉠ 가야금을 배우고 싶어 하는 학생이 가장 많으므로 가야금을 배우는 방과 후 수업을 하면 좋을 것 같습니다.

3 막대그래프로 나타내기

1 28명

$14 + 8 + 4 + 2 = 28$(명)

2 학생 수

막대그래프의 가로에 활동을 나타내면 세로에는 학생 수를 나타내야 합니다.

3 7칸

전기 아껴 쓰기 활동을 하려는 학생은 14명이고 세로 눈금 한 칸이 2명을 나타내므로 전기 아껴 쓰기 활동은 눈금 7칸으로 나타내야 합니다.

4 풀이 참조

㉠
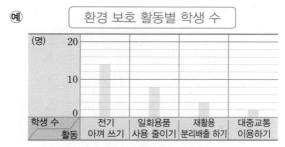

세로 눈금 5칸이 10명을 나타내므로 세로 눈금 한 칸은 $10 \div 5 = 2$(명)을 나타냅니다.

전기 아껴 쓰기: $14 \div 2 = 7$(칸), 일회용품 사용 줄이기: $8 \div 2 = 4$(칸),

재활용 분리배출 하기: $4 \div 2 = 2$(칸), 대중교통 이용하기: $2 \div 2 = 1$(칸)

5 풀이 참조

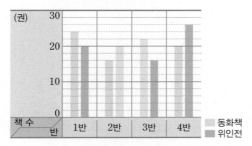

• 4반의 동화책은 20권이므로 2반의 위인전도 20권입니다.

• 3반의 위인전은 16권이므로 3반의 동화책은 $16 + 6 = 22$(권)입니다.

막대그래프에서 활동별 막대의 눈금 수를 각각 세어 모두 더해 보면
8＋7＋3＋5＝23(칸)입니다.
23칸이 46명을 나타내므로 세로 눈금 한 칸은 2명을 나타냅니다.
따라서 캠핑을 하고 싶어 하는 학생은 16명입니다.

1-1 100명

㉺ 일본의 막대 8칸이 80명을 나타내므로 세로 눈금 한 칸은 10명을 나타냅니다.
중국의 막대는 10칸이므로 고궁을 관람한 중국인은 100명입니다.

채점 기준	배점
세로 눈금 한 칸의 크기를 구했나요?	2점
고궁을 관람한 중국인 수를 구했나요?	3점

1-2 180명

수학의 막대 5칸이 25명을 나타내므로 가로 눈금 한 칸은 5명을 나타냅니다.
국어: 8칸 → 40명, 수학: 25명, 사회: 8칸 → 40명,
과학: 9칸 → 45명, 영어: 6칸 → 30명
따라서 연우네 학교 4학년 학생은 모두 40＋25＋40＋45＋30＝180(명)입니다.

(장미를 좋아하는 사람 수)＝64－(18＋10＋14)＝22(명)
장미를 좋아하는 사람은 22명이고 가장 많은 사람들이 좋아하는 꽃은 장미이므로
세로 눈금은 22명까지 나타낼 수 있어야 합니다.
세로 눈금 한 칸이 2명을 나타내도록 그린다면 세로 눈금은 적어도 11칸 필요합니다.

2-1 17칸

(체육 시간에 줄넘기를 하고 싶어 하는 학생 수)＝70－(20＋16)＝34(명)
체육 시간에 줄넘기를 하고 싶어 하는 학생이 34명이고 가장 많은 학생들이 체육 시간에
하고 싶어 하는 운동은 줄넘기이므로 세로 눈금은 34명까지 나타낼 수 있어야 합니다.
세로 눈금 한 칸이 2명을 나타내도록 그린다면
세로 눈금은 적어도 34÷2＝17(칸) 필요합니다.

2-2 8명

㉺ 당근을 좋아하는 학생을 □명이라 하면
오이를 좋아하는 학생은 (□＋2)명입니다.
조사한 학생이 모두 25명이므로 □＋2＋□＋8＋5＝25, □＋□＝10, □＝5입니다.
오이는 7명, 당근은 5명이므로 가장 많은 학생들이 좋아하는 채소는 감자입니다.
따라서 세로 눈금은 적어도 8명까지 나타낼 수 있어야 합니다.

채점 기준	배점
오이와 당근을 좋아하는 학생 수를 각각 구했나요?	3점
세로 눈금은 적어도 몇 명까지 나타낼 수 있어야 하는지 구했나요?	2점

2-3 7칸

떡볶이를 좋아하는 학생은 30명이고 막대가 10칸이므로
세로 눈금 한 칸은 3명을 나타냅니다.
(김밥을 좋아하는 학생 수)=84−(15+18+30)=21(명)
김밥을 좋아하는 학생이 21명이고 세로 눈금 한 칸이 3명을 나타내므로
김밥은 세로 눈금 7칸으로 그려야 합니다.

128~129쪽

세로 눈금 5칸이 25컵을 나타내므로 세로 눈금 한 칸은 5컵을 나타냅니다.
오렌지주스: 7칸 → 35컵, 포도주스: 9칸 → 45컵, 망고주스: 6칸 → 30컵,
사과주스: 10칸 → 50컵이므로 팔린 전체 과일주스는 160컵입니다.

➡ $\dfrac{\text{(팔린 포도주스 수)}}{\text{(팔린 전체 과일주스 수)}}=\dfrac{45}{160}$

3-1 $\dfrac{5}{21}$

세로 눈금 5칸이 5명을 나타내므로 세로 눈금 한 칸은 1명을 나타냅니다.
4학년: 5명, 5학년: 7명, 6학년: 9명
(전체 입상한 학생 수)=5+7+9=21(명)

➡ $\dfrac{\text{(4학년 입상한 학생 수)}}{\text{(전체 입상한 학생 수)}}=\dfrac{5}{21}$

3-2 11700원

가로 눈금 5칸이 15권을 나타내므로 가로 눈금 한 칸은 3권을 나타냅니다.
동화책: 18권, 위인전: 24권
(동화책을 판매한 금액)=250×18=4500(원)
(위인전을 판매한 금액)=300×24=7200(원)
➡ (동화책과 위인전을 판매한 금액)=4500+7200=11700(원)

130~131쪽

좋아하는 TV 프로그램별 학생 수

프로그램	만화	예능	영화	뉴스	합계
학생 수(명)	10	8	5	3	26

좋아하는 TV 프로그램별 학생 수

만화			
예능			
영화			
뉴스			
프로그램 / 학생 수	0	5	10 (명)

① 막대그래프에서 영화의 막대가 5칸이므로 영화를 좋아하는 학생은 5명입니다.
② (만화를 좋아하는 학생 수)=(영화를 좋아하는 학생 수)×2
　　　　　　　　　　　　　=5×2=10(명)
③ (뉴스를 좋아하는 학생 수)=26−(10+8+5)=3(명)
④ 표와 막대그래프를 완성합니다.

61 정답과 풀이

4-1 풀이 참조

좋아하는 나라별 학생 수 → 가고 싶어 하는 나라별 학생 수

가고 싶어 하는 나라별 학생 수

나라	미국	중국	일본	합계
학생 수(명)	10	8	7	25

가고 싶어 하는 나라별 학생 수

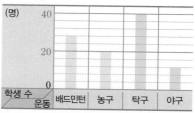

세로 눈금 5칸이 5명을 나타내므로 세로 눈금 한 칸은 1명을 나타냅니다.

막대그래프에서 일본의 막대가 7칸이므로 일본에 가고 싶어 하는 학생은 7명입니다.

(미국에 가고 싶어 하는 학생 수)=7+3=10(명)

전체 학생이 25명이므로

(중국에 가고 싶어 하는 학생 수)=25-(10+7)=8(명)

따라서 막대그래프에서 미국은 10칸, 중국은 8칸인 막대를 그립니다.

4-2 풀이 참조

좋아하는 운동별 학생 수

운동	배드민턴	농구	탁구	야구	합계
학생 수(명)	28	20	40	12	100

좋아하는 운동별 학생 수

가장 인기가 적은 운동을 좋아하는 학생이 12명이므로

표에서 12명인 운동은 탁구와 야구 중 하나입니다.

막대그래프에서 탁구와 야구 중 막대의 길이가 더 짧은 것은 야구이므로

야구를 좋아하는 학생이 12명입니다.

세로 눈금 3칸이 12명을 나타내므로 세로 눈금 한 칸은 4명을 나타냅니다.

탁구: 10칸 ➡ 40명

합계: 28+20+40+12=100(명)

막대그래프에서 세로 눈금 한 칸이 4명을 나타내므로

배드민턴은 7칸, 농구는 5칸인 막대를 그립니다.

그래프 안에 세로 눈금의 수를 써넣는 것도 잊지 않고 나타냅니다.

132~133쪽

월별 강수량

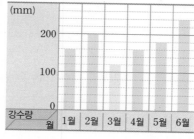

① 세로 눈금 5칸이 100 mm를 나타내므로 세로 눈금 한 칸은 20 mm를 나타냅니다.

② 각 월의 강수량은 1월: 160 mm, 2월: 200 mm, 4월: 160 mm,

　5월: 180 mm, 6월: 240 mm입니다.

③ 3월의 강수량을 ■ mm라 하면 $160+200+■=160+180+240-100$

　➡ $360+■=480$, $■=120$

④ 막대그래프에서 3월의 막대를 6칸으로 그립니다.

5-1 풀이 참조

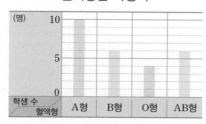

혈액형별 학생 수

세로 눈금 5칸이 5명을 나타내므로 세로 눈금 한 칸은 1명을 나타냅니다.

막대그래프에서 A형은 10명, O형은 4명이고 B형을 □명이라 하면

AB형도 □명이므로 $10+□+4+□=26$, $□+□=12$, $□=6$

따라서 B형과 AB형인 학생은 각각 6명이므로

막대그래프에 B형, AB형의 막대를 각각 6칸으로 그립니다.

5-2 풀이 참조

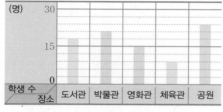

주말에 방문한 장소별 학생 수

박물관의 막대는 7칸이고 21명을 나타내므로 세로 눈금 한 칸은 3명을 나타냅니다.

각 장소를 방문한 학생 수는 영화관: 5칸 ➡ 15명, 공원: 8칸 ➡ 24명입니다.

체육관을 방문한 학생 수를 □명이라 하면 도서관을 방문한 학생 수는 $(□×2)$명입니다.

87명을 조사하였으므로 $□×2+21+15+□+24=87$, $□×3=27$, $□=9$

도서관을 방문한 학생은 18명, 체육관을 방문한 학생은 9명이므로 막대그래프에 도서관은 6칸, 체육관은 3칸인 막대를 그립니다.

그래프 안에 세로 눈금의 수를 써넣는 것도 잊지 않고 나타냅니다.

134~135쪽

① 남자와 여자의 막대의 길이의 차는

　월요일: 2칸, 화요일: 0칸, 수요일: 4칸, 목요일: 1칸, 금요일: 1칸입니다.

② 막대의 길이의 차가 가장 큰 요일은 수요일입니다.

③ 세로 눈금 5칸이 50명을 나타내므로 세로 눈금 한 칸은 10명을 나타냅니다.

④ 수요일의 남자 관람객은 40명, 여자 관람객은 80명이므로

　관람객은 모두 120명입니다.

6-1 16명

남학생과 여학생의 막대의 길이의 차가
1학년: 2칸, 2학년: 1칸, 3학년: 4칸, 4학년: 1칸, 5학년: 3칸, 6학년: 0칸이므로
막대의 길이의 차가 가장 큰 학년은 3학년입니다.
세로 눈금 5칸이 20명을 나타내므로 세로 눈금 한 칸은 $20 \div 5 = 4$(명)을 나타냅니다.
3학년의 두 막대의 길이의 차가 4칸이므로 남학생과 여학생 수의 차는 16명입니다.

참고
3학년의 남학생은 28명, 여학생은 44명이므로 남학생과 여학생 수의 차는 $44 - 28 = 16$(명)입니다.

6-2 14000 kg

세로 눈금 5칸이 10000 kg을 나타내므로 세로 눈금 한 칸은 2000 kg을 나타냅니다.
가 마을의 사과와 배 생산량의 합은 $18000 + 30000 = 48000$(kg)이므로
라 마을의 사과 생산량은 $48000 - 22000 = 26000$(kg)입니다.
(네 마을의 사과 생산량) $= 18000 + 24000 + 16000 + 26000 = 84000$(kg)
(네 마을의 배 생산량) $= 30000 + 20000 + 26000 + 22000 = 98000$(kg)
따라서 네 마을의 사과 생산량과 배 생산량의 차는
$98000 - 84000 = 14000$(kg)입니다.

136~137쪽

① 왼쪽 막대그래프에서 세로 눈금 한 칸은 100원을 나타내므로 빵 한 개의 값은 700원
입니다.
② 오른쪽 막대그래프에서 가로 눈금 한 칸은 2개를 나타내므로 산 빵은 16개입니다.
③ (빵을 사는 데 쓴 돈) $= 700 \times 16 = 11200$(원)

서술형 **7-1** 180개

⑩ 왼쪽 막대그래프에서 세로 눈금 한 칸은 1개를 나타내므로
딸기 맛 사탕은 한 봉지에 9개 들어 있습니다.
오른쪽 막대그래프에서 가로 눈금 한 칸은 2봉지를 나타내므로
딸기 맛 사탕은 20봉지를 구매했습니다.
➡ (구매한 딸기 맛 사탕 수) $= 9 \times 20 = 180$(개)

채점 기준	배점
딸기 맛 사탕의 한 봉지에 들어 있는 사탕 수와 구매한 봉지 수를 각각 구했나요?	3점
딸기 맛 사탕을 몇 개 구매했는지 구했나요?	2점

7-2 4대

왼쪽 막대그래프에서 세로 눈금 한 칸은 3명을 나타내므로
지수네 반인 4반의 학생은 $3 \times 9 = 27$(명)입니다.
오른쪽 막대그래프에서 세로 눈금 한 칸은 1명을 나타내므로
B 자동차에는 한 대에 7명이 탈 수 있습니다.
$27 \div 7 = 3 \cdots 6$이므로 7명씩 3대에 타면 6명이 남습니다.
따라서 B 자동차는 적어도 4대 필요합니다.

서술형 **1** 풀이 참조

⑺ 그래프: ⑩ 두 반의 가장 많은 학생들이 좋아하는 음식을 알 수 있습니다.

⑻ 그래프: ⑩ 음식별로 어느 반 학생들이 더 좋아하는지 알 수 있습니다.

채점 기준	배점
⑺ 또는 ⑻ 그래프의 알기 좋은 점을 하나만 설명했나요?	3점
⑺와 ⑻ 그래프의 알기 좋은 점을 모두 설명했나요?	2점

참고

⑺ 그래프는 음식별로 2개의 반에서 좋아하는 학생 수를 하나의 막대로 나타낸 것이고 ⑻ 그래프는 음식 별로 2개의 반에서 좋아하는 학생 수를 각각의 막대로 나타낸 것입니다.

서술형 **2** 풀이 참조

⑩ • 노인 인구수가 늘어날수록 노인 복지 시설 수가 늘어납니다.

• 해마다 노인 복지 시설 수가 늘어나고 있습니다.

채점 기준	배점
두 그래프를 보고 알 수 있는 것을 1가지 썼나요?	3점
두 그래프를 보고 알 수 있는 것을 또 1가지 썼나요?	2점

3 30명

가로 눈금 한 칸은 10명을 나타냅니다.

A 편의점: 남자 손님 100명, 여자 손님 30명 → 130명

B 편의점: 남자 손님 70명, 여자 손님 90명 → 160명

C 편의점: 남자 손님 80명, 여자 손님 60명 → 140명

D 편의점: 남자 손님 60명, 여자 손님 90명 → 150명

손님이 가장 많은 곳: B 편의점, 160명
손님이 가장 적은 곳: A 편의점, 130명 ⟫ ➡ $160-130=30$(명)

4 27명

막대의 길이가 1반: 7칸, 2반: 5칸, 3반: 9칸, 4반: 6칸이므로

막대의 길이의 합은 $7+5+9+6=27$(칸)입니다.

27칸이 81명을 나타내고 $81÷27=3$이므로 세로 눈금 한 칸은 3명을 나타냅니다.

➡ (3반의 신청한 학생 수)$=3×9=27$(명)

5 49일

세로 눈금 한 칸이 1일을 나타내므로 비 온 날수는 3월은 8일, 4월은 4일입니다.

5월에 비 온 날수를 ☐일이라 하면 6월에 비 온 날수는 (☐+2)일이고 비 온 날이 모두 24일이므로

$8+4+$☐$+$☐$+2=24$, ☐$+$☐$=10$, ☐$=5$

5월에 비 온 날수는 5일, 6월에 비 온 날수는 7일입니다.

5월은 31일, 6월은 30일까지 있으므로 5월과 6월에 비가 오지 않은 날은 모두

$(31-5)+(30-7)=26+23=49$(일)입니다.

주의

5월과 6월에 비가 온 날수가 아닌 비가 오지 않은 날수를 구하는 것임에 주의합니다.

6 18점

한 학생당 화살 10개를 쏘았으므로 (8점짜리 화살 수)＋(5점짜리 화살 수)＝10을 이용하여 각 점수에 맞힌 화살 수를 구합니다.

이름	채하		진우		상호		경철	
과녁의 점수	8점	5점	8점	5점	8점	5점	8점	5점
맞힌 화살 수(개)	5	5	1	9	7	3	4	6
점수(점)	$8 \times 5 + 5 \times 5 = 65$		$8 \times 1 + 5 \times 9 = 53$		$8 \times 7 + 5 \times 3 = 71$		$8 \times 4 + 5 \times 6 = 62$	

점수가 가장 높은 학생은 상호(71점)이고 점수가 가장 낮은 학생은 진우(53점)입니다.
➡ $71 - 53 = 18$(점)

7 6번

세로 눈금 한 칸이 1번을 나타내므로 ⚀: 5번, ⚁: 8번, ⚄: 10번, ⚃: 7번 나왔습니다.
(1의 눈의 수의 합)＋(3의 눈의 수의 합)＋(5의 눈의 수의 합)＋(6의 눈의 수의 합)
$= 1 \times 5 + 3 \times 8 + 5 \times 10 + 6 \times 7 = 5 + 24 + 50 + 42 = 121$
(2의 눈이 나온 횟수)＋(4의 눈이 나온 횟수)＝$40 - (5 + 8 + 10 + 7) = 10$(번)
(2의 눈의 수의 합)＋(4의 눈의 수의 합)＝$153 - 121 = 32$
2의 눈이 0번, 4의 눈이 10번 나왔을 때 $2 \times 0 + 4 \times 10 = 40$
2의 눈이 1번, 4의 눈이 9번 나왔을 때 $2 \times 1 + 4 \times 9 = 38$
⋮
2의 눈이 4번, 4의 눈이 6번 나왔을 때 $2 \times 4 + 4 \times 6 = 32$
따라서 4의 눈이 나온 횟수는 6번입니다.

> **참고**
> (2의 눈이 나온 횟수)＋(4의 눈이 나온 횟수)＝10(번),
> (2의 눈의 수의 합)＋(4의 눈의 수의 합)＝32에서 2와 4의 눈이 나온 횟수를 구하려면 표를 만들어 수가 변하는 규칙을 알아봅니다.
>
> | 2의 눈이 나온 횟수(번) | 0 | 1 | 2 | 3 | 4 | 5 | 6 | 7 | 8 | 9 | 10 |
> |---|---|---|---|---|---|---|---|---|---|---|---|
> | 4의 눈이 나온 횟수(번) | 10 | 9 | 8 | 7 | 6 | 5 | 4 | 3 | 2 | 1 | 0 |
> | 2와 4의 눈의 수의 합 | 40 | 38 | 36 | 34 | 32 | 30 | 28 | 26 | 24 | 22 | 20 |
>
> $-2 \quad -2 \quad -2 \quad -2 \quad -2 \quad -2 \quad -2 \quad -2 \quad -2 \quad -2$
>
> 따라서 2의 눈이 나온 횟수가 4번, 4의 눈이 나온 횟수가 6번일 때 2와 4의 눈의 수의 합은 32입니다.

8 (1) 풀이 참조
　　(2) 410개
　　(3) 풀이 참조

(1)
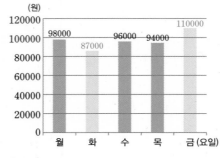
요일별 초콜릿과 젤리의 판매 금액

왼쪽 막대그래프에서 가로 눈금 한 칸이 10개를 나타내므로
화요일에 팔린 젤리는 90개이고, 초콜릿은 $90 - 30 = 60$(개)입니다.
➡ (화요일의 판매 금액)＝$700 \times 60 + 500 \times 90 = 87000$(원)
왼쪽 막대그래프에서 금요일에 팔린 초콜릿은 100개, 젤리는 80개입니다.

➡ (금요일의 판매 금액)$=700 \times 100 + 500 \times 80 = 110000$(원)

세로 눈금에 주의하여 오른쪽 막대그래프를 완성합니다.

주의

세로 눈금 한 칸은 20000원을 나타내므로 87000원은 80000과 100000 사이에서 80000에 더 가깝도록 그리고, 110000원은 100000과 120000 사이에서 한가운데 선에 맞게 그리도록 합니다.

---

(2) 왼쪽 막대그래프에서 목요일에 팔린 초콜릿은 70개이고,

오른쪽 막대그래프에서 목요일의 판매 금액이 94000원이므로

목요일에 팔린 젤리의 수를 $\square$개라 하면

$700 \times 70 + 500 \times \square = 94000$, $49000 + 500 \times \square = 94000$,

$500 \times \square = 94000 - 49000$, $500 \times \square = 45000$,

$5 \times 9 = 45$이므로 $\square = 90$

➡ (월요일부터 금요일까지 팔린 젤리의 수)

　　$= 70 + 90 + 80 + 90 + 80 = 410$(개)

(3) 예 • 수요일에는 초콜릿과 젤리가 같은 수만큼 팔렸습니다.

　　• 초콜릿과 젤리가 가장 많이 팔린 요일은 금요일입니다.

　　• 화요일의 판매 금액이 가장 적습니다.

　　• 화요일에 초콜릿이 가장 적게 팔렸습니다.

여러 가지로 답할 수 있습니다.

6 규칙 찾기

1 풀이 참조

40187	40287	40387	40487	40587
50187	50287	50387	50487	50587
60187	60287	60387	60487	60587
70187	70287	70387	70487	70587
80187	80287	80387	80487	80587

수 배열표에서 가장 큰 수 80587을 찾은 다음 10100씩 작아지는 수를 찾아 색칠합니다.
80587부터 시작하여 ＼ 방향 수의 배열이므로
$80587 - 70487 - 60387 - 50287 - 40187$

참고
· 오른쪽(→ 방향)으로 100씩 커집니다.   · 아래쪽(↓ 방향)으로 10000씩 커집니다.
· ＼ 방향으로 10100씩 커집니다.   · ／ 방향으로 9900씩 커집니다.

2 23958, 10158

$21558 - 20358 = 1200$이므로 오른쪽으로 1200씩 커지는 규칙입니다.
➡ $\blacksquare = 22758 + 1200 = 23958$
$22758 - 7758 = 15000$이므로 아래쪽으로 15000씩 작아지는 규칙입니다.
➡ $\bullet = 25158 - 15000 = 10158$

3 풀이 참조 / 9, 12

예 $300 + 101 = 401 \rightarrow 4 + 1 = 5$이므로 두 수의 덧셈의 결과에서 각 자리 숫자의 합을 씁니다.
$500 + 103 = 603 \rightarrow 6 + 3 = 9$, $700 + 104 = 804 \rightarrow 8 + 4 = 12$

4 4

$50 \times 3 = 150 \rightarrow 1$, $100 \times 3 = 300 \rightarrow 2$, $150 \times 3 = 450 \rightarrow 1$, $200 \times 3 = 600 \rightarrow 2$
이므로 수 배열표에서 두 수의 곱에 있는 0의 수를 쓰는 규칙입니다.
$150 \times 4 = 600$이므로 $\blacksquare = 2$, $200 \times 6 = 1200$이므로 $\bullet = 2$
➡ $\blacksquare + \bullet = 2 + 2 = 4$

1

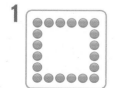

바둑돌의 수는 다음과 같습니다.
첫째: $1 \times 4 = 4$, 둘째: $2 \times 4 = 8$, 셋째: $3 \times 4 = 12$, 넷째: $4 \times 4 = 16$
➡ 다섯째: $5 \times 4 = 20$

2 1＋2＋3＝6,
1＋2＋3＋4＝10 /
28개

쌓기나무의 수는 다음과 같습니다.

첫째: 1

둘째: 1＋2＝3

셋째: 1＋2＋3＝6

넷째: 1＋2＋3＋4＝10

⋮

일곱째: 1＋2＋3＋4＋5＋6＋7＝28

3 5개

흰색 바둑돌과 검은색 바둑돌을 번갈아 놓으며 바둑돌이 1개, 3개, 5개, 7개, ... 늘어나는 규칙입니다.

다섯째에 놓일 흰색 바둑돌은 1＋5＋9＝15(개), 검은색 바둑돌은 3＋7＝10(개)이므로 흰색 바둑돌과 검은색 바둑돌 수의 차는 15－10＝5(개)입니다.

4 36장

색종이의 수는 다음과 같습니다.

첫째: 1

둘째: 1＋3＝2×2＝4

셋째: 1＋3＋5＝3×3＝9

⋮

여섯째: 6×6＝36

3 계산식의 배열에서 규칙

148~149쪽

1 101×55＝5555

101에 십의 자리와 일의 자리 숫자가 같은 두 자리 수를 곱하면 곱하는 수의 일의 자리 수가 4개인 네 자리 수가 됩니다.

➡ ㉠＝101×55＝5555

2 2900＋1300－1000
＝3200

2100, 2200, 2300, ...과 같이 100씩 커지는 수에 500, 600, 700, ...과 같이 100씩 커지는 수를 더하고 200, 300, 400, ...과 같이 100씩 커지는 수를 빼면 계산 결과는 100＋100－100＝100씩 커집니다.

계산 결과 3200은 넷째 식의 계산 결과인 2700보다 500만큼 더 크므로 더해지는 수, 더하는 수, 빼는 수도 각각 넷째 식보다 500만큼 더 큽니다.

➡ 2900＋1300－1000＝3200

3 (1) 1234567
(2) 88888881111111

(1) 123456에 1이 7개인 일곱 자리 수를 더하면 계산 결과는 1234567입니다.

(2) 9가 7개인 일곱 자리 수에 일의 자리 숫자가 9이고 8이 6개인 일곱 자리 수를 곱하면 계산 결과는 8이 7개, 1이 7개인 88888881111111입니다.

4 20000007 × 4
　 ＝80000028

곱해지는 수: 0이 한 개씩 늘어납니다.

계산 결과: 8과 2 사이에 0이 한 개씩 늘어납니다.

➡ 20000007 × 4＝80000028

5 3333333333

곱해지는 수: 3이 한 개씩 늘어납니다.

곱하는 수: 9가 한 개씩 늘어납니다.

더하는 수: 6이 한 개씩 늘어납니다.

계산 결과: 33부터 3이 두 개씩 늘어납니다.

➡ 33333 × 99999＋66666＝3333333333

따라서 ㉠에 알맞은 수는 3333333333입니다.

4. 등호(=)를 사용한 식

1 (1) 0　(2) 28
　 (3) 5　(4) 3

(1) 어떤 수에서 0을 빼도 그 크기는 변하지 않으므로 47은 47－0과 크기가 같습니다.

(2) 두 수를 바꾸어 더해도 그 크기는 같으므로 17＋28은 28＋17과 크기가 같습니다.

(3) 두 수를 바꾸어 곱해도 그 크기는 같으므로 12×5는 5×12와 크기가 같습니다.

(4) 31을 3번 더한 것은 31과 3의 곱과 크기가 같습니다.

2 풀이 참조

예 [7] [×] [3] [＝] [3] [×] [7]

등호(＝) 양쪽의 크기가 같아야 하므로 7×3＝3×7로 나타낼 수 있습니다.

3 예 4＋12＝16 /
　 예 4＋12＝12＋4 /
　 예 15＋10－1＝4×6 /
　 예 4×6＝6×4

계산 결과가 16인 식 4＋12, 16, 12＋4 중에서 두 양을 골라 등호(＝)를 사용하여 하나의 식으로 나타냅니다.

계산 결과가 24인 식 15＋10－1, 4×6, 6×4 중에서 두 양을 골라 등호(＝)를 사용하여 하나의 식으로 나타냅니다.

보충 개념

4＋12＝12＋4 ➡ 두 수를 바꾸어 더해도 그 크기는 같습니다.

4×6＝6×4 ➡ 두 수를 바꾸어 곱해도 그 크기는 같습니다.

4 47, 57, 67

더해지는 수가 64에서 54, 44, 34로 10, 20, 30만큼 작아지면 더하는 수는 37에서 10, 20, 30만큼 커져야 등호(＝) 양쪽의 계산 결과가 같습니다.

10만큼 작아집니다.　　20만큼 작아집니다.　　30만큼 작아집니다.

64＋37＝54＋47　　64＋37＝44＋57　　64＋37＝34＋67

10만큼 커집니다.　　20만큼 커집니다.　　30만큼 커집니다.

5 4

나누어지는 수 60이 30의 2배이므로 나누는 수도 2의 2배인 4가 되어야 등호(=) 양쪽의 계산 결과가 같습니다.

$$30 \div 2 = 60 \div \text{(돌)}$$

$\times 2$ (위), $\times 2$ (아래)

따라서 (돌)에 알맞은 수는 4입니다.

6 ㉠, ㉣

$\div 7$

㉠ $28 \times 2 = 4 \times 28$

$\times 14$

5만큼 작아집니다.

㉡ $56 - 14 = 51 - 9$

5만큼 작아집니다.

10만큼 작아집니다.

㉢ $13 + 42 = 3 + 52$

10만큼 커집니다.

10만큼 커집니다.

㉣ $30 - 15 = 40 - 20$

5만큼 커집니다.

따라서 옳지 않은 식은 ㉠, ㉣입니다.

대표문제 1

$100 + 11 = 111 \Rightarrow 1 + 1 + 1 = 3$
$100 + 12 = 112 \Rightarrow 1 + 1 + 2 = 4$
$100 + 13 = 113 \Rightarrow 1 + 1 + 3 = 5$
수 배열표의 규칙은 두 수의 덧셈의 결과에서 각 자리 숫자의 합입니다.
$101 + 15 = 116$이므로 ■$= 1 + 1 + 6 = 8$이고,
$103 + 14 = 117$이므로 ●$= 1 + 1 + 7 = 9$입니다.

1-1 3, 4

두 수의 덧셈의 결과에서 십의 자리 숫자를 쓰는 규칙입니다.
$1001 + 30 = 1031$의 십의 자리 숫자는 3이므로 ★$= 3$이고,
$1005 + 40 = 1045$의 십의 자리 숫자는 4이므로 ▲$= 4$입니다.

1-2 8

두 수의 곱셈의 결과에서 일의 자리 숫자를 쓰는 규칙입니다.
$77 \times 6 \rightarrow 7 \times 6 = 42$에서 일의 자리 숫자는 2이므로 ㉠$= 2$이고,
$88 \times 7 \rightarrow 8 \times 7 = 56$에서 일의 자리 숫자는 6이므로 ㉡$= 6$입니다.
$\Rightarrow$ ㉠$+$㉡$= 2 + 6 = 8$

주의
두 수의 곱셈의 결과에서 일의 자리 숫자를 쓰는 규칙이므로 77×6, 88×7을 모두 계산하지 않고 일의 자리 수끼리의 곱을 구하여 일의 자리 숫자만 찾도록 합니다.

1-3 48317

58367부터 시작하여 ↘ 방향으로 2010씩 작아지는 규칙입니다.

따라서 ♣에 알맞은 수는 50327보다 2010만큼 더 작은 수인 48317입니다.

다른 풀이

수 배열표에서 왼쪽(← 방향)으로 10씩 작아지고, 위쪽(↑ 방향)으로 2000씩 작아집니다. 따라서 왼쪽 가장 위의 수인 50327의 왼쪽 수는 50327보다 10만큼 더 작은 50317이고, 50317의 위쪽 수는 50317보다 2000만큼 더 작은 48317입니다. 따라서 ♣에 알맞은 수는 48317입니다.

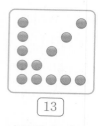

13

바둑돌이 위쪽, 오른쪽, ↗ 방향으로 각각 1개씩 늘어나는 규칙입니다.

첫째: 1

둘째: $1+3=4$

셋째: $1+3+3=7$

넷째: $1+3+3+3=10$

다섯째: $1+3+3+3+3=13$

서술형 2-1 16개

예 바둑돌이 2개, 4개, 6개, ...로 2개씩 늘어나는 규칙입니다.

(여덟째에 놓일 바둑돌의 수)$=2\times8=16$(개)

채점 기준	배점
바둑돌의 배열에서 규칙을 찾았나요?	2점
여덟째에 놓일 바둑돌의 수를 구했나요?	3점

2-2 91개

바둑돌이 3개, 5개, 7개, ... 늘어나는 규칙입니다.

순서	첫째	둘째	셋째	넷째	다섯째	여섯째
식	1	$1+3$	$4+5$	$9+7$	$16+9$	$25+11$
	1×1	2×2	3×3	4×4	5×5	6×6
수	1	4	9	16	25	36

➡ (첫째부터 여섯째까지 필요한 바둑돌의 수)$=1+4+9+16+25+36=91$(개)

2-3 49개

순서		첫째	둘째	셋째	넷째	...	■째
식	검은색 바둑돌	1×1	2×2	3×3	4×4	...	$■\times■$
	흰색 바둑돌	2×4	3×4	4×4	5×4	...	$(■+1)\times4$

흰색 바둑돌이 32개이면 $(■+1)\times4=32$, $■+1=8$, $■=7$이므로 일곱째입니다.

따라서 일곱째에 놓인 검은색 바둑돌은 $7\times7=49$(개)입니다.

$16+20=19+$㉠에서
더해지는 수가 16에서 19로 3만큼 커졌으므로
더하는 수가 20에서 3만큼 작아져야 등호(=) 양쪽의 계산 결과가 같습니다.
➡ ㉠$=20-3=17$
$47-25=$㉡-30에서
빼는 수가 25에서 30으로 5만큼 커졌으므로
빼지는 수가 47에서 5만큼 커져야 등호(=) 양쪽의 계산 결과가 같습니다.
➡ ㉡$=47+5=52$
따라서 ㉠$+$㉡$=17+52=69$입니다.

3-1 31

$24÷6=96÷$㉠에서 나누어지는 수가 24에서 96으로 4배이므로 나누는 수가 6의
4배이어야 등호(=) 양쪽의 계산 결과가 같습니다.
➡ ㉠$=6×4=24$
$14×25=$㉡$×50$에서 곱하는 수가 25에서 50으로 2배이므로 곱해지는 수가 14를
2로 나눈 몫이어야 등호(=) 양쪽의 계산 결과가 같습니다.
➡ ㉡$=14÷2=7$
따라서 ㉠과 ㉡의 합은 $24+7=31$입니다.

다른 풀이
직접 계산하여 ㉠과 ㉡에 알맞은 수를 각각 구할 수 있습니다.
$24÷6=96÷$㉠, $4=96÷$㉠ ➡ ㉠$=96÷4=24$
$14×25=$㉡$×50$, $350=$㉡$×50$ ➡ ㉡$=350÷50=7$

지도 가이드
직접 계산하여 ㉠과 ㉡에 알맞은 수를 각각 구할 수 있지만 등호(=) 양쪽의 관계를 이용하여 ㉠과 ㉡에
각각 알맞은 수를 구하도록 지도해 주세요.

3-2 28

$41+$■$=30+11+7$에서 41은 30과 11로 가르기할 수 있으므로
$41+$■$=\underline{30+11}+7$, ■$=7$입니다.
　　　　　└─•41

$56-34=53-$▲에서 빼지는 수가 56에서 53으로 3만큼 작아졌으므로 빼는 수가 34
에서 3만큼 작아져야 하므로 ▲$=34-3=31$입니다.

$34+34=$★$+58$에서 더하는 수가 34에서 58로 24만큼 커졌으므로 더해지는 수는
34에서 24만큼 작아져야 하므로 ★$=34-24=10$입니다.

따라서 ■$+$▲$-$★$=7+31-10=28$입니다.

3-3 유클리드

3만큼 작아집니다.　　7만큼 커집니다.　　5배가 됩니다.　　3배가 됩니다.

$50-8=47-5$　$13+9=20+2$　$12÷2=60÷10$　$10×9=30×3$

3만큼 작아집니다.　　7만큼 작아집니다.　　5배가 됩니다.　　3으로 나눈 몫입니다.

➡ ㉠$=5$　　　➡ ㉡$=9$　　　➡ ㉢$=2$　　　➡ ㉣$=3$

따라서 찾은 글자로 단어를 만들어 보면 '유클리드'입니다.

4

① 덧셈식의 규칙: 1부터 2씩 커지는 수를 1개, 3개, 5개, 7개, 9개, … 더합니다.

② 계산 결과의 규칙: 덧셈식의 가운데 수를 두 번 곱한 것과 같습니다.

③ 일곱째 덧셈식

$$1+3+5+7+9+11+13+15+17+19+21+23+25=169$$

4-1 $1234 \times 8 + 4$
$= 9876$

1, 12, 123, …과 같이 자리 수가 한 개씩 늘어나는 수에 8을 곱하고 1, 2, 3, …과 같이 1씩 커지는 수를 더하면 계산 결과는 9, 98, 987, …과 같이 자리 수가 한 개씩 늘어납니다.

4-2 100001×11111
$= 1111111111$

11, 101, 1001, …과 같이 가운데 0이 한 개씩 늘어나는 수에 1, 11, 111, …과 같이 1이 한 개씩 늘어나는 수를 곱하면 계산 결과는 11부터 1이 2개씩 늘어납니다.

4-3 49999995

1, 11, 111, …과 같이 1이 한 개씩 늘어나는 수에 45를 곱하면 계산 결과는 4와 5 사이에 9가 곱해지는 수의 1의 수보다 한 개 적은 수가 됩니다.

$$\underline{1111111} \times 45 = 49999995$$

1이 7개이므로 9는 6개

5

① **보기** 의 계산 규칙

$$10 + 11 + 12 = 33 = 11 \times 3$$
$$8 + 9 + 10 + 11 + 12 = 50 = 10 \times 5$$

② 35는 5개의 수의 합이므로 $35 = ■ \times 5$에서 $■ = 7$입니다.

➡ $5 + 6 + 7 + 8 + 9 = 35$

140은 7개의 수의 합이므로 $140 = ▲ \times 7$에서 $▲ = 20$입니다.

➡ $17 + 18 + 19 + 20 + 21 + 22 + 23 = 140$

5-1 5, 5

$$\underline{2+4} = 2 \times (2+1) \qquad \underline{2+4+6} = 3 \times (3+1) \qquad \underline{2+4+6+8} = 4 \times (4+1)$$

2개 $\qquad\qquad$ 3개 $\qquad\qquad$ 4개

$$\underline{2+4+6+8+10} = 5 \times (5+1)$$

5개

5-2 650

2부터 50까지 2씩 커지는 수는 모두 25개입니다.

$$\underline{2+4+6+8+10+ \cdots +46+48+50} = 25 \times (25+1) = 25 \times 26 = 650$$

25개

5-3 (1) 590 (2) 1188

(1) $50+52+54+56+58+60+62+64+66+68=118\times5=590$

$$118$$

(2) $103+104+105+106+107+108+109+110+111+112+113$

$$216$$

$$=216\times5+108=1080+108=1188$$

두 줄의 수의 합을 등호(=)가 있는 하나의 식으로 나타내어 가, 나, 다, 라를 구합니다.

가$+7+6=6+5+4$, 가$+7=5+4$, 가$=2$

-3 $+3$

$9+5+$나$=6+5+4$, $9+$나$=6+4$, 나$=1$

-3 $+3$

$7+5+$다$=6+5+4$, $7+$다$=6+4$, 다$=3$

-1 $+1$

$6+$나$+$라$=9+5+$나, $6+$라$=9+5$, 라$=8$

$+3$ -3

6-1

8	1	6
3	5	7
4	9	2

두 줄의 수의 합을 등호(=)가 있는 하나의 식으로 나타냅니다.

8	가	나
3	다	7
4	9	라

가$+$다$+9=3+$다$+7$, 가$+9=3+7$, 가$=1$

-2 $+2$

나$+7+$라$=4+9+$라, 나$+7=4+9$, 나$=6$

$+2$ -2

$8+3+4=3+$다$+7$, $8+4=$다$+7$, 다$=5$

-3 $+3$

$8+3+4=4+9+$라, $8+3=9+$라, 라$=2$

$+1$ -1

마방진은 →, ↓, ↘, ↗ 방향으로 놓인 수들의 합이 모두 같음을 이용하여 빈칸에 알맞은 수를 구할 수 있습니다.

8	가	나
3	다	7
4	9	라

8+3+4=15이므로 한 줄에 놓인 수들의 합은 모두 15입니다.
3+다+7=15, 10+다=15 ➡ 다=5
4+9+라=15, 13+라=15 ➡ 라=2
가+5+9=15, 가+14=15 ➡ 가=1
나+7+2=15, 나+9=15 ➡ 나=6

마방진의 성질을 이용하여 빈칸에 알맞은 수를 구할 수 있지만 등호(=) 양쪽의 관계를 이용하여 빈칸에 알맞은 수를 구하도록 지도해 주세요.

6-2

10	3	8
5	7	9
6	11	4

두 줄의 수의 합을 등호(=)가 있는 하나의 식으로 나타냅니다.

10	가	8
나	7	9
6	다	라

10+가+8=8+7+6, 10+가=7+6, 가=3

나+7+9=8+7+6, 나+9=8+6, 나=5

10+가+8=가+7+다, 10+8=7+다, 다=11

3+7+다=6+다+라, 3+7=6+라, 라=4

6-3

15	1	11
5	9	13
7	17	3

두 줄의 수의 합을 등호(=)가 있는 하나의 식으로 나타냅니다.

가	1	11
5	9	나
다	17	라

가+1+11=1+9+17, 가+11=9+17, 가=15

1+9+17=5+9+나, 1+17=5+나, 나=13

가+1+11=가+5+다, 1+11=5+다, 다=7

7+17+라=1+9+17, 7+라=1+9, 라=3

순서		첫째	둘째	셋째
점의 수	수	4	7	10
	식	4	4+3×1	4+3×2
선의 수	수	6	12	18
	식	6×1	6×2	6×3

점은 4개부터 3개씩, 선은 6개부터 6개씩 늘어납니다.

(100째 모양의 선의 수)=6×100=600(개)

7-1 13개

점은 1개부터 3개씩 늘어나는 규칙입니다.

순서	첫째	둘째	셋째	넷째	다섯째
수	1	4	7	10	13
식	1	1+3	4+3	7+3	10+3

7-2 42개

순서	첫째	둘째	셋째	넷째
빨간색 타일의 수	1	2	3	4
파란색 타일의 수	0	2×2−2	3×3−3	4×4−4

빨간색 타일이 7개인 것은 일곱째 모양입니다.

➡ (일곱째 모양의 파란색 타일의 수)=7×7−7=49−7=42(개)

7-3 24개

삼각형을 처음 만들 때 면봉이 3개 필요하고

삼각형을 한 개 더 만들 때마다 면봉은 2개씩 더 필요합니다.

(■개의 삼각형을 만들 때 필요한 면봉 수)=3+2×(■−1)

(삼각형 24개를 만들 때 필요한 면봉 수)=3+2×(24−1)=3+2×23=49(개)

(삼각형 25개를 만들 때 필요한 면봉 수)=3+2×(25−1)=3+2×24=51(개)

따라서 면봉 50개로 만들 수 있는 삼각형은 24개입니다.

① ┌┼┐ 안에 있는 5개의 수를 가운데 수인 9를 기준으로 나타내면

2=9−7, 8=9−1, 10=9+1, 16=9+7이므로

2+8+9+10+16=(9−7)+(9−1)+9+(9+1)+(9+7)=9×5입니다.

따라서 ┌┼┐ 안에 있는 5개의 수의 합은 (가운데 수)×5입니다.

② 5개의 수의 합이 65이므로 가운데 수를 ■라 하면 ■×5=65에서 ■=13입니다.

13을 기준으로 5개의 수는 6, 12, 13, 14, 20이므로

5개의 수 중 가장 큰 수는 20입니다.

8-1 7, 14, 21

□ 안에 있는 3개의 수 중 가운데 수를 □라 하면 3개의 수는 □−7, □, □+7이므로

(3개의 수의 합)=(□−7)+□+(□+7)=□×3=(가운데 수)×3입니다.

3개의 수의 합이 42이고 42=14×3이므로 3개의 수 중 가운데 수는 14입니다.

가장 작은 수는 14−7=7, 가장 큰 수는 14+7=21입니다.

서술형 **8-2** 21층

예) 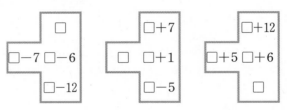 안에 있는 4개의 수 중 둘째로 큰 수를 □라 하면

4개의 수는 □+6, □, □−1, □−6이므로 (□+6)+□+(□−1)+(□−6)=59,

□×4−1=59, □×4=60, □=15입니다.

15+6=21이므로 현수는 21층에 삽니다.

채점 기준	배점
4개의 수 중 기준이 되는 수를 구했나요?	3점
현수가 사는 층을 구했나요?	2점

참고

□ 안에 있는 4개의 수 중에서 어떤 수를 □라 하여 가장 큰 수를 구할 수 있습니다.

9

① 각 줄의 첫째 수들의 규칙을 알아봅니다.

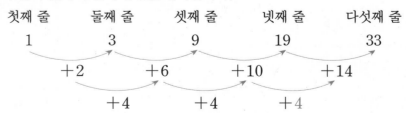

② 찾은 규칙을 이용하여 여덟째 줄의 첫째 수를 구합니다.

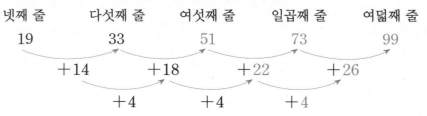

9-1 풀이 참조

파스칼의 삼각형은 첫째 줄에 1을 쓰고 둘째 줄부터 처음과 끝에 1을 쓰고 가운데 수는 바로 위의 왼쪽 수와 오른쪽 수를 더해서 씁니다.

9-2 69

맨 윗줄에 놓인 수들의 규칙을 알아봅니다.

$$1 \quad 2 \quad 5 \quad 10 \quad 17 \quad 26 \quad 37$$
$$+1 \quad +3 \quad +5 \quad +7 \quad +9 \quad +11$$

$37+13=50$, $50+15=65$이므로 ★이 있는 세로줄의 첫째 수는 65입니다.
★이 있는 세로줄은 65, 66, 67, 68, 69이므로 ★에 알맞은 수는 69입니다.

MATH MASTER

170~174쪽

1 100개

순서	첫째	둘째	셋째
식	1	1+3	1+3+5

➡ (10째에 쌓을 쌓기나무 수)$=1+3+5+7+9+11+13+15+17+19$
$=100$(개)

참고
두 수씩 짝을 지어 더합니다.

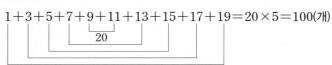

$$1+3+5+7+9+11+13+15+17+19=20\times5=100(개)$$
20

2 5쌍

더해지는 수가 28에서 32로 4만큼 커졌으므로 더하는 수는 ㉠에서 ㉡으로 4만큼 작아져야 등호(=) 양쪽의 계산 결과가 같습니다.
(㉠, ㉡)은 (5, 1), (6, 2), (7, 3), (8, 4), (9, 5)로 모두 5쌍입니다.

3 488889,
5888889,
68888889,
788888889,
8888888889

21, 321, 4321, …과 같이 자리 수가 한 개씩 늘어나는 수에 9를 곱하면 계산 결과의 가장 높은 자리 숫자는 1, 2, 3, …이 되고 마지막 자리 숫자는 9이며 그 두 숫자 사이에 8이 한 개씩 늘어납니다.

4 64개

순서	첫째	둘째	셋째	넷째	다섯째
╲ 방향 선의 수	1	1	2	2	3
╱ 방향 선의 수	1	2	2	3	3
점의 수	1	2	4	6	9

╲ 방향 선의 수를 □라 하고 ╱ 방향 선의 수를 ○라 하면 점의 수는 □×○입니다.
각 방향의 선의 수의 규칙을 알아봅니다.
╲ 방향 선은 1부터 같은 수가 2번씩 반복되므로 15째의 ╲ 방향 선은 8개이고
홀수 째에서 두 방향의 선의 수는 같으므로 15째의 ╱ 방향 선도 8개입니다.
➡ (15째에 찍은 점의 수)=8×8=64(개)

5 풀이 참조 / (위에서부터)
10, 15, 20, 25 / 18, 24, 30, 36

예 각 줄의 첫째 수는 1, 2, 3, 4, 5, 6으로 1씩 커지고
각 줄의 수는 첫째 수의 1배, 2배, 3배, 4배, ...입니다.

채점 기준	배점
수 배열의 규칙을 찾아 썼나요?	2점
□ 안에 알맞은 수를 써넣었나요?	3점

참고
수 배열에서 5가 있는 가로줄은 5씩 커지고, 6이 있는 가로줄은 6씩 커집니다.

6 37, 44, 45, 46, 53

11을 기준으로 3=11−8, 10=11−1, 12=11+1, 19=11+8입니다.
(11−8)+(11−1)+11+(11+1)+(11+8)=11×5=55이므로
5개의 수의 합은 가운데 수의 5배입니다.
5개의 수의 합이 225이고 가운데 수를 □라 하면
□×5=225, □=45이므로 5개의 수는
45−8=37, 45−1=44, 45, 45+1=46, 45+8=53입니다.

7 (1) 11 (2) 1

(1) 16+18=34 → 3+4=7, 50+32=82 → 8+2=10,
75+21=96 → 9+6=15, 63+30=93 → 9+3=12
➡ 위의 두 수를 더한 값의 각 자리 숫자를 더한 수를 아래 칸에 씁니다.
➡ 47+9=56 → 5+6=11
(2) 40÷30=1…10, 28÷24=1…4, 72÷12=6, 64÷25=2…14
➡ 위의 두 수 중 큰 수를 작은 수로 나누었을 때의 나머지를 아래 칸에 씁니다.
➡ 55÷27=2…1

8 2개

가 저울의 양쪽에서 똑같이 ⬛ 3개와 ⚪ 1개를 덜어 내면 입니다.

저울 양쪽의 무게가 같으므로 식으로 나타내면 ⚪=⬛+⬛+⬛입니다.

나 저울의 ◯+■+■+■에서 ■+■+■ 대신에 ◯을 넣으면

◯+■+■+■=◯+◯입니다.

따라서 나 저울의 오른쪽에는 ◯을 2개 올려야 합니다.

9 $\dfrac{11}{15}, \dfrac{20}{27}$

분모의 규칙을 알아봅니다.

3　7　11　□　19　23　■
　+4　+4　+4　+4　+4　+4

□=11+4=15, ■=23+4=27

분자의 규칙을 알아봅니다.

2　5　8　△　14　17　▲
　+3　+3　+3　+3　+3　+3

△=8+3=11, ▲=17+3=20

➡ $\dfrac{△}{□}=\dfrac{11}{15}, \dfrac{▲}{■}=\dfrac{20}{27}$

10 24478

15678　　17678　　17378　　19378　　19078　　21078
　　+2000　　−300　　+2000　　−300　　+2000

번갈아 가며 2000만큼 더 커지고 300만큼 더 작아지는 규칙이므로

15678부터 셋째, 다섯째, 일곱째, 아홉째 수는 2000−300=1700씩 커지는 규칙입니다.

①　　　③　　　⑤　　　⑦　　　⑨
15678 − 17378 − 19078 − 20778 − 22478

아홉째 수가 22478이므로 10째 수는 22478보다 2000만큼 더 큰 24478입니다.

11 (1) 15째　(2) 46

(1) 각 카드의 첫째 수는 1, 2, 3, …이므로 ■째 카드의 첫째 수는 ■입니다.

19가 처음 나오는 카드는 19가 다섯째 수인 │15, 16, 17, 18, 19│이므로 15째 카드입니다.

(2) 카드마다 5개의 수가 있으므로 218÷5=43…3에서 218째 수는 44째 카드의 셋째 수입니다.

44째 카드는 44부터 시작하므로 │44, 45, 46, 47, 48│에서 셋째 수는 46입니다.

Brain👍

FIVE PLUS SIX PLUS SEVEN=20

1 큰 수

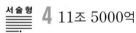

1 6억 3500만,
6억 5250만

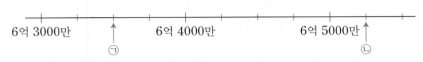

큰 눈금 한 칸의 크기가 1000만이고, 작은 눈금 한 칸의 크기는 1000만을 4로 나눈 것 중의 하나이므로 250만입니다.
㉠은 6억 3000만에서 250만씩 2번 뛰어 센 수이므로 6억 3500만입니다.
㉡은 6억 5000만에서 250만씩 1번 뛰어 센 수이므로 6억 5250만입니다.

2 ㉢

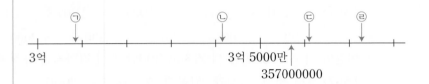

3 866500원

10000원짜리 지폐   65장 ➡ 650000원 ⎤
1000원짜리 지폐 203장 ➡ 203000원 ⎬ ➡ (모금한 돈)＝650000＋203000＋13500
100원짜리 동전 135개 ➡   13500원 ⎦   ＝866500(원)

서술형 4 11조 5000억

㉮ 10조 5000억에서 3번 뛰어 세어 11조 2500억이 되었으므로 3번 뛰어 세어 7500억만큼 더 커진 것입니다. 따라서 2500억씩 뛰어 센 것입니다.
㉠은 11조 2500억에서 2500억씩 1번 뛰어 센 수이므로 11조 5000억입니다.

채점 기준	배점
뛰어 센 규칙을 찾았나요?	3점
㉠에 알맞은 수를 구했나요?	2점

5 5702100

5억 7021만을 100배 한 수 ➡ 570210000을 100배 한 수 ➡ 57021000000
➡ 5702100의 10000배

6 36012754

3㉠㉡12㉢㉣4라 하면
백만의 자리 숫자는 천만의 자리 숫자의 2배이므로 ㉠＝3×2＝6입니다.
십만의 자리 숫자와 천의 자리 숫자의 곱이 0이므로 ㉡×2＝0, ㉡＝0입니다.
백의 자리 숫자는 일의 자리 숫자보다 3만큼 더 크므로 ㉢＝4＋3＝7이고,
0부터 7까지의 모든 수를 사용하므로 ㉣＝5입니다.
따라서 3㉠㉡12㉢㉣4는 36012754입니다.

7 3개

24조 237억 5□41만은 2402375□410000입니다.

십	일	천	백	십	일	천	백	십	일	천	백	십	일
조				억				만					
2	4	0	2	3	7	5	3	3	2	1	3	8	9
2	4	0	2	3	7	5	□	4	1	0	0	0	0

(큰 수 / 작은 수)

3>□이고, □ 안에 3이 들어갈 수 없으므로 □ 안에 들어갈 수 있는 수는 0, 1, 2로 모두 3개입니다.

8 ㉡

두 수는 모두 12자리 수이므로 높은 자리 수부터 차례로 비교합니다.
천억, 백억의 자리 수는 각각 같고 억의 자리 수가 4<7이므로 ㉠의 □ 안에 어떤 수가 들어가도 ㉡이 더 큽니다.

1 1831만,
5855억 1831만

아래 자리부터 계산하고 같은 자리 수끼리의 합이 10이거나 10보다 크면 바로 윗자리로 받아올림하여 계산합니다.

2 1000000배 또는
100만 배

㉠은 천억의 자리 숫자이므로 300000000000을 나타내고,
㉡은 십만의 자리 숫자이므로 　　　　　300000을 나타냅니다.
천억의 자리는 십만의 자리의 1000000배이고 ㉠과 ㉡의 자리 숫자가 3으로 같으므로
㉠은 ㉡의 1000000(100만)배입니다.

3 20023366

0<2<3<6이고 0은 가장 높은 자리에 올 수 없으므로 수 카드를 각각 두 번씩 사용하여 만들 수 있는 가장 작은 8자리 수는 20023366입니다.

4 356장

100만은 1000000이므로 356800000원을 100만 원짜리 수표로 바꾸면 3억 5600만 원까지 바꿀 수 있습니다.
356000000은 1000000이 356개인 수이므로 100만 원짜리 수표로 최대 356장까지 바꿀 수 있습니다.

5 약 285조 km 또는
약 285000000000000 km

　1광년: 약 9조 5000억 km
10배↓　　　↓10배
10광년: 약 95조 km
　3배↓　　　↓3배
30광년: 약 285조 km

6 4조 1000억

1조 5000억에서 2조 7000억이 되었으므로 1조 2000억만큼 더 커진 것입니다.
4번 뛰어 세어 1조 2000억만큼 더 커졌으므로 3000억씩 뛰어 센 것입니다.
따라서 3조 2000억에서 3000억씩 3번 뛰어 세면
3조 2000억 ─ 3조 5000억 ─ 3조 8000억 ─ 4조 1000억입니다.

7 7938120654

①, ②에서 □□□□1□□□□□
③에서 □93□1□□□□□
④에서 천의 자리 숫자는 억의 자리 숫자보다 9만큼 더 작으므로 9─9＝0입니다.
➡ □93□1□0□□□
⑤에서 ㉠93□1㉡0□□□라 하면 ㉠＋㉡＝9이고 가장 큰 수를 만들어야 하므로 남은
수 2, 4, 5, 6, 7, 8 중 7＋2＝9에서 ㉠＝7, ㉡＝2입니다. ➡ 793□120□□□
남은 4, 5, 6, 8을 사용하여 가장 큰 10자리 수를 만들면 7938120654입니다.

8 2031년

예 900만씩 뛰어 세기를 합니다.
1억 2000만 ─ 1억 2900만 ─ 1억 3800만 ─ 1억 4700만 ─ 1억 5600만
　(2022년)　　　(2023년)　　　(2024년)　　　(2025년)　　　(2026년)
─ 1억 6500만 ─ 1억 7400만 ─ 1억 8300만 ─ 1억 9200만 ─ 2억 100만
　(2027년)　　　(2028년)　　　(2029년)　　　(2030년)　　　(2031년)
따라서 수출액이 2억 달러보다 많아지는 해는 2억 100만 달러인 2031년입니다.

채점 기준	배점
900만씩 뛰어 세기를 했나요?	3점
수출액이 2억 달러보다 많아지는 해를 구했나요?	2점

9 40033499

4000만에 가장 가까운 수는 천만의 자리 숫자가 3이면서 가장 큰 수이거나 천만의 자
리 숫자가 4이면서 가장 작은 수입니다.
천만의 자리 숫자가 3이면서 가장 큰 수는 39944300이고
4000만과의 차는 40000000─39944300＝55700입니다.
천만의 자리 숫자가 4이면서 가장 작은 수는 40033499이고
4000만과의 차는 40033499─40000000＝33499입니다.
따라서 55700＞33499이므로 4000만에 가장 가까운 수는 40033499입니다.

10 7, 8, 9

㉠에서 두 수는 모두 10자리 수이므로 높은 자리 수부터 차례로 비교하면 만의 자리 수
까지는 같습니다. □＞4이고, □＝4이면 백의 자리 수가 2＜3이므로 4는 들어갈 수
없습니다. ➡ □＝5, 6, 7, 8, 9
㉡에서 두 수는 모두 8자리 수이므로 높은 자리 수부터 차례로 비교하면 천의 자리 수까
지는 같습니다. 6＜□이고, □＝6이면 십의 자리 수가 4＞3이므로 6은 들어갈 수 없
습니다. ➡ □＝7, 8, 9
따라서 □ 안에 공통으로 들어갈 수 있는 수는 7, 8, 9입니다.

2 각도

1 65°

(각 ㄱㅅㅂ)=(각 ㅂㅅㅁ)=■라 하면

■+■+50°=180° ➡ ■+■=180°−50°=130°에서

130°=65°+65°이므로 ■=65°입니다.

(각 ㅂㅅㅁ)+50°+(각 ㄷㅅㄹ)=180°이므로

65°+50°+(각 ㄷㅅㄹ)=180°입니다.

➡ (각 ㄷㅅㄹ)=180°−65°−50°=65°

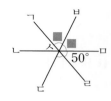

2 14개

• 6개짜리 둔각: ①②③④⑤⑥, ②③④⑤⑥⑦, ③④⑤⑥⑦⑧,

④⑤⑥⑦⑧⑨, ⑤⑥⑦⑧⑨⑩ ➡ 5개

• 7개짜리 둔각: ①②③④⑤⑥⑦, ②③④⑤⑥⑦⑧, ③④⑤⑥⑦⑧⑨,

④⑤⑥⑦⑧⑨⑩ ➡ 4개

• 8개짜리 둔각: ①②③④⑤⑥⑦⑧, ②③④⑤⑥⑦⑧⑨, ③④⑤⑥⑦⑧⑨⑩

➡ 3개

• 9개짜리 둔각: ①②③④⑤⑥⑦⑧⑨, ②③④⑤⑥⑦⑧⑨⑩

➡ 2개

따라서 크고 작은 둔각은 모두 5+4+3+2=14(개)입니다.

3 55°

직사각형의 네 각은 모두 직각입니다.

삼각형의 세 각의 크기의 합은 180°이므로

㉯=180°−45°−90°=45°입니다.

㉰+10°+㉯=90°, ㉰+10°+45°=90°이므로

㉰=90°−10°−45°=35°입니다.

따라서 삼각형의 세 각의 크기의 합은 180°이므로

㉮=180°−90°−35°=55°입니다.

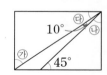

4 205°

일직선에 놓이는 각의 크기의 합은 180°이고,

사각형의 네 각의 크기의 합은 360°입니다.

㉢=180°−110°=70°

㉠+㉢+125°+80°=360°

➡ ㉠=360°−70°−125°−80°=85°

㉣=180°−125°=55°

55°+㉤+㉣+90°=360° ➡ ㉤=360°−55°−55°−90°=160°

한 바퀴는 360°이므로

㉡+80°+㉤=360°, ㉡=360°−80°−160°=120°입니다.

따라서 ㉠+㉡=85°+120°=205°입니다.

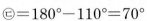

서술형 **5** 85°

㉮ 삼각형의 세 각의 크기의 합은 180°이고 ㉡=㉠+15°, ㉢=㉠+45°이므로
㉠+㉠+15°+㉠+45°=180°, ㉠+㉠+㉠+60°=180°,
㉠+㉠+㉠=180°−60°, ㉠+㉠+㉠=120°, ㉠=40°입니다.
따라서 세 각은 40°, 40°+15°=55°, 40°+45°=85°이므로 가장 큰 각은 85°입니다.

채점 기준	배점
㉠의 각도를 구했나요?	3점
가장 큰 각은 몇 도인지 구했나요?	2점

6 9시 15분

시계에서 숫자 눈금 한 칸이 30°이므로 긴바늘이 150° 움직이려면 숫자 눈금 5칸을 움직여야 합니다.
8시 50분에서 긴바늘이 숫자 10을 가리키므로 숫자 눈금 5칸을 움직이면 긴바늘이 숫자 3을 가리키게 됩니다.
따라서 긴바늘이 150° 움직인 후의 시각은 9시 15분입니다.

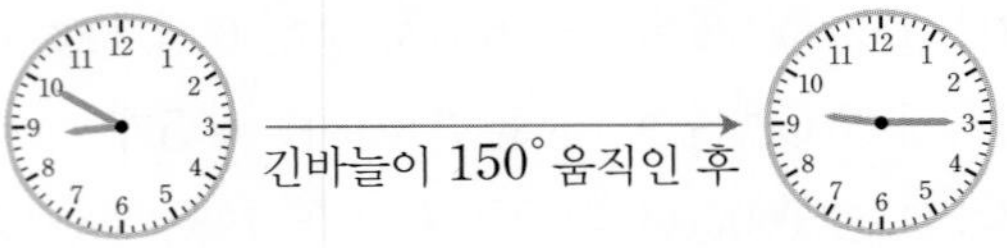

7 540°

도형은 2개의 사각형으로 나눌 수 있습니다.
(도형의 6개의 각의 크기의 합)=(사각형의 네 각의 크기의 합)×2
=360°×2=720°
㉠+㉡+㉢+㉣+90°+90°=720°이므로
㉠+㉡+㉢+㉣=720°−90°−90°=540°입니다.

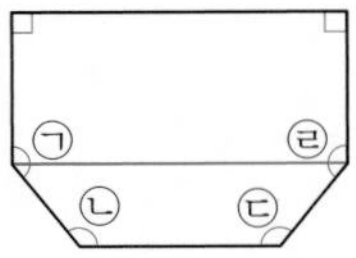

8 360°

도형의 6개의 각의 크기의 합은 360°×2=720°이므로
㉦+㉧+㉨+㉩+㉪+㉫=720°입니다.
일직선에 놓이는 각의 크기의 합은 180°이므로
㉠+㉦+㉡+㉧+㉢+㉨+㉣+㉩+㉤+㉪+㉥+㉫
=180°×6=1080°입니다.
따라서 표시한 각의 크기의 합은
㉠+㉡+㉢+㉣+㉤+㉥=1080°−(㉦+㉧+㉨+㉩+㉪+㉫)
=1080°−720°=360°입니다.

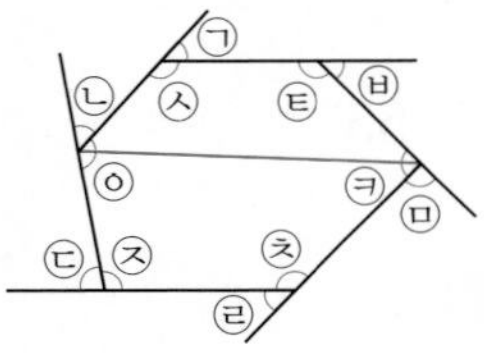

다시푸는 MATH MASTER

11~14쪽

1 120°

삼각형의 세 각의 크기의 합은 180°이고,
일직선에 놓이는 각의 크기의 합은 180°입니다.
㉢=180°−60°−90°=30°
㉣=180°−90°=90°
㉡=180°−30°−90°=60°
➡ ㉠=180°−60°=120°

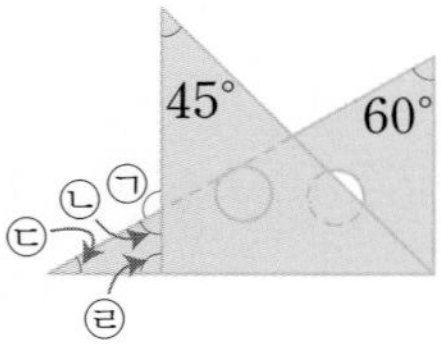

2 3시, 9시

시계에는 숫자 눈금이 12칸 있고 12칸이 360°이므로 숫자 눈금 한 칸은 30°입니다.
30°×3=90°이므로 두 시곗바늘이 이루는 작은 쪽의 각도가 90°일 때 두 시곗바늘 사
이에는 숫자 눈금이 3칸 있습니다.
따라서 두 시곗바늘이 이루는 작은 쪽의 각도가 90°인 경우는 3시와 9시입니다.

3 100°

㉠=㉡-30°이고 사각형의 네 각의 크기의 합은 360°이므로
㉠+㉡+75°+115°=360°, ㉡-30°+㉡+75°+115°=360°,
㉡+㉡+160°=360°, ㉡+㉡=360°-160°=200°, ㉡=100°입니다.

4 20°

일직선에 놓이는 각의 크기의 합은 180°이므로
★+㉠+20°=180°이고, ★+㉡=180°입니다.
따라서 ★+㉠+20°=★+㉡이고, ㉠+20°=㉡이므로
㉡-㉠=20°입니다.

5 180°

마주 보는 두 각의 크기가 같으므로 ㉡=130°입니다.
사각형의 네 각의 크기의 합은 360°이므로
130°+㉠+130°+㉠=360°, ㉠+㉠=360°-130°-130°=100°, ㉠=50°입니다.
➡ ㉠+㉡=50°+130°=180°

6 150°

삼각형의 세 각의 크기의 합은 180°이므로
㉡=180°-20°-70°=90°이고,
㉢=180°-60°-70°=50°입니다.
사각형의 네 각의 크기의 합은 360°이므로
㉠=360°-50°-70°-90°=150°입니다.

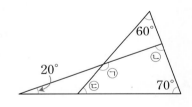

7 40°

(각 ㄱㄴㄹ)=(각 ㄹㄴㄷ)=●, (각 ㄱㄹㄴ)=(각 ㄹㄷㄴ)=▲라 하면
삼각형 ㄹㄴㄷ에서 110°+●+▲=180°, ●+▲=180°-110°=70°입니다.
삼각형 ㄱㄴㄷ에서 (각 ㄴㄱㄷ)+●+●+▲+▲=180°,
(각 ㄴㄱㄷ)=180°-70°-70°=40°입니다.

8 70°

(각 ㄴㄱㄷ)=(각 ㄴㄷㄱ)=■라 하면 삼각형의 세 각의 크기의 합은 180°이므로
■+40°+■=180°, ■+■=180°-40°=140°, ■=70°입니다.
일직선에 놓이는 각의 크기의 합은 180°이므로
70°+(각 ㄱㄷㄹ)=180°, (각 ㄱㄷㄹ)=180°-70°=110°입니다.
사각형의 네 각의 크기의 합은 360°이므로
80°+110°+(각 ㄷㄹㅁ)+100°=360°,
(각 ㄷㄹㅁ)=360°-80°-110°-100°=70°입니다.

9 80°

삼각형 ㄱㄴㄷ에서 (각 ㄱㄴㄷ)=(각 ㄱㄷㄴ)=■라 하면
삼각형의 세 각의 크기의 합은 180°이므로
40°+■+■=180°, ■+■=180°-40°, ■+■=140°, ■=70°입니다.
(각 ㄹㅁㄷ)=(각 ㄹㄷㅁ)=●라 하면 일직선에 놓이는 각의 크기의 합은 180°이므로
■+60°+●=180°, 70°+60°+●=180°, ●=180°-70°-60°=50°입니다.
삼각형 ㄹㄷㅁ의 세 각의 크기의 합은 180°이므로
㉮+50°+50°=180°, ㉮=180°-50°-50°=80°입니다.

10 20°

⑩ ㉠=㉡이므로 ㉠+㉠+(각 ㄱㄹㄴ)=180°이고, (각 ㄱㄹㄴ)+㉢=180°이므로
㉢=㉠+㉠입니다. ㉢=㉣이므로 ㉣=㉠+㉠입니다.
(각 ㄴㄱㄷ)+㉡+㉣=180°, 60°+㉠+㉠+㉠=180°,
㉠+㉠+㉠=180°-60°=120°, ㉠=120°÷3=40°
따라서 각 ㄹㄱㄷ은 60°-40°=20°입니다.

채점 기준	배점
㉠과 ㉣의 관계를 식으로 나타냈나요?	2점
㉠의 각도를 구했나요?	2점
각 ㄹㄱㄷ의 크기를 구했나요?	1점

11 40°

종이의 접은 부분과 접힌 부분은 모양과 크기가 같으므로
(각 ㄹㅅㄷ)=(각 ㅁㅅㄹ)=20°입니다.
일직선에 놓이는 각의 크기의 합은 180°이므로
(각 ㄴㅅㅂ)=180°-20°-20°=140°입니다.
사각형 ㄱㄴㅅㅂ의 네 각의 크기의 합은 360°이므로
90°+90°+140°+(각 ㄱㅂㅅ)=360°,
(각 ㄱㅂㅅ)=360°-90°-90°-140°=40°입니다.

3 곱셈과 나눗셈

1 21

525=3×7×5×5에서 5는 두 번 곱해져 있으므로 3과 7을 각각 한 번씩 더 곱해야
제곱수가 됩니다.
525×3×7=(3×7×5×5)×3×7=(3×5×7)×(3×5×7)=105×105

2 48

⑩ 몫이 가장 큰 나눗셈식을 만들려면 나누어지는 수를 가장 크게 하고, 나누는 수를 가
장 작게 합니다. 만들 수 있는 가장 큰 세 자리 수는 974이고, 만들 수 있는 가장 작은
두 자리 수는 20입니다.
따라서 974÷20=48…14이므로 몫은 48입니다.

채점 기준	배점
몫이 가장 큰 나눗셈식을 만드는 방법을 알고 있나요?	1점
만들 수 있는 가장 큰 세 자리 수와 가장 작은 두 자리 수를 각각 구했나요?	2점
가장 큰 몫을 구했나요?	2점

3 20개

$630 \div 25 = 25 \cdots 5$

지우개 630개를 25명의 학생들에게 25개씩 나누어 주면 5개가 남습니다.

학생이 25명이므로 지우개는 적어도 $25 - 5 = 20$(개) 더 필요합니다.

4 36480원

(연필 4타) $= 12 \times 4 = 48$(자루)

(연필 2타) $= 12 \times 2 = 24$(자루)

(520원씩 판 연필 4타의 값) $= 520 \times 48 = 24960$(원)

(480원씩 판 연필 2타의 값) $= 480 \times 24 = 11520$(원)

➡ (연필을 판 돈) $= 24960 + 11520 = 36480$(원)

5 26시간 15분

3주는 21일입니다.

(3주 동안 독서를 한 시간) $= 45 \times 21 = 945$(분) ➡ 15시간 45분

(3주 동안 컴퓨터를 한 시간) $= 30 \times 21 = 630$(분) ➡ 10시간 30분

따라서 3주 동안 독서와 컴퓨터를 한 시간은

15시간 45분 $+$ 10시간 30분 $=$ 25시간 75분 $=$ 26시간 15분입니다.

6 23개

(필요한 쓰레기통 수) $=$ (연못의 둘레) $\div$ (간격)

$\qquad\qquad\qquad\quad = 391 \div 17 = 23$(개)

7 1100

$(47 \odot 15) = (47 + 5) \times (15 - 5) = 52 \times 10 = 520$

$(15 \odot 34) = (15 + 5) \times (34 - 5) = 20 \times 29 = 580$

➡ $(47 \odot 15) + (15 \odot 34) = 520 + 580 = 1100$

8 (위에서부터) 1, 5, 8, 5, 7, 5

$$\begin{array}{r} 2\ ⊙\ 7 \\ \times\quad 3\ ⓛ \\ \hline 1\ 0\ ⓒ\ 5 \\ 6\ ⓔ\ 1\quad \\ \hline ⓜ\ ⓗ\ 9\ 5 \end{array}$$

• $7 \times$ ⓛ의 일의 자리 수가 5이므로 ⓛ$=5$입니다.

• ⓒ$+1=9$이므로 ⓒ$=8$입니다.

• 2⊙$7 \times 5 = 1085$에서 $217 \times 5 = 1085$이므로 ⊙$=1$입니다.

• $217 \times 3 = 651$이므로 ⓔ$=5$입니다.

• $1085 + 6510 = 7595$이므로 ⓜ$=7$, ⓗ$=5$입니다.

9 987

• 가장 큰 세 자리 수인 999를 넣어 몫이 가장 큰 경우를 계산해 봅니다.

$999 \div 26 = 38 \cdots 11$ ➡ ⊙$+$ⓛ$=38+11=49$

• 나머지가 될 수 있는 가장 큰 수는 25이고 이때의 몫은 38보다 1만큼 더 작은 37입니다. ➡ ⊙$+$ⓛ$=37+25=62$

따라서 ⊙$+$ⓛ이 가장 크게 되는 경우는 몫이 37, 나머지가 25일 때이므로 이때의 세 자리 수는 $26 \times 37 + 25 = 987$입니다.

1 10

어떤 수를 □라 하면 □×31＝1922, □＝1922÷31＝62입니다.
따라서 바르게 계산하면 62÷13＝4…10이므로 나머지는 10입니다.

2 약 3520 km

1일 8시간＝24시간＋8시간＝32시간
자율 주행 자동차는 1시간에 약 110 km를 가므로
1일 8시간 동안 약 110×32＝3520(km)를 갈 수 있습니다.

3 50 cm

(작은 직사각형의 가로)＝143÷11＝13(cm)
(작은 직사각형의 세로)＝180÷15＝12(cm)
➡ (작은 직사각형의 둘레)＝13＋12＋13＋12＝50(cm)

4 70688

곱이 가장 큰 (세 자리 수)×(두 자리 수)를 만들려면 가장 큰 수를 두 자리 수의 십의
자리에 놓고, 둘째로 큰 수를 세 자리 수의 백의 자리에 놓아야 합니다.
754×92＝69368, 752×94＝70688, 742×95＝70490
따라서 가장 큰 곱은 70688입니다.

5 504, 544, 584

구하려는 수를 □라 하면 □＝40×(몫)＋24이고,
□의 백의 자리 수가 5이므로 40×(몫)＋24＞499, 40×(몫)＞475입니다.
475÷40＝11…35이므로 몫은 11보다 큰 수입니다.
따라서 구하려는 수는 40×12＋24＝504, 40×13＋24＝544,
40×14＋24＝584입니다.

6 108690원

(오렌지 수)＝160－93＝67(개)
(키위를 판 돈)＝650×93＝60450(원)
(오렌지를 판 돈)＝720×67＝48240(원)
➡ (키위와 오렌지를 판 돈)＝60450＋48240＝108690(원)

7 (위에서부터) 3, 1, 2, 5, 1, 2, 1

```
        ㉠ 2
   5) ㉡ 6 ㉢
      1 ㉣
      ㉤ ㉥
        ㉦ 0
          2
```

- 5×2＝10이므로 ㉦＝1입니다.
- ㉤㉥－10＝2에서 ㉤㉥＝12이므로 ㉤＝1, ㉥＝2입니다.
- 6－㉣＝1이므로 ㉣＝5입니다.
- ㉢＝㉥이므로 ㉢＝2입니다.
- ㉡－1＝0이므로 ㉡＝1입니다.
- 5×㉠＝15이므로 ㉠＝3입니다.

8 43

$500 \times 40 = 20000$이므로 □ 안에 40부터 넣어 계산해 봅니다.

□=40일 때 $463 \times 40 = 18520$

□=41일 때 $463 \times 41 = 18983$

□=42일 때 $463 \times 42 = 19446$

□=43일 때 $463 \times 43 = 19909$ ➡ $20000 - 19909 = 91$

□=44일 때 $463 \times 44 = 20372$ ➡ $20372 - 20000 = 372$

19909와 20372 중에서 20000에 더 가까운 수는 19909입니다.

따라서 □ 안에 알맞은 수는 43입니다.

서술형 **9** ㉮ 문구점, 750원

예 ㉮ 문구점은 볼펜 5자루를 살 때마다 1자루를 더 주므로 18자루를 사려면 15자루만 사면 됩니다.

➡ (㉮ 문구점에서 18자루를 살 때 필요한 돈)=$350 \times 15 = 5250$(원)

㉯ 문구점은 볼펜 9자루를 살 때마다 150원씩 할인해 주므로 18자루를 사면 300원을 할인해 줍니다.

➡ (㉯ 문구점에서 18자루를 살 때 필요한 돈)=$350 \times 18 - 300$
$= 6300 - 300 = 6000$(원)

따라서 ㉮ 문구점에서 살 때 $6000 - 5250 = 750$(원) 더 싸게 살 수 있습니다.

채점 기준	배점
㉮ 문구점에서 18자루를 살 때 필요한 돈을 구했나요?	2점
㉯ 문구점에서 18자루를 살 때 필요한 돈을 구했나요?	2점
어느 문구점에서 살 때 얼마 더 싸게 살 수 있는지 구했나요?	1점

10 15개

$10 \div 6 = 1 \cdots 4$이고, $99 \div 6 = 16 \cdots 3$이므로 6으로 나누었을 때 나머지가 4가 되는 두 자리 수는 몫이 1부터 15까지일 때입니다.

따라서 ㉮가 될 수 있는 수는 모두 15개입니다.

4 평면도형의 이동

다시 푸는

최상위

1 왼쪽, 4 /
위쪽, 2, 왼쪽, 2 /
위쪽, 3, 오른쪽, 1

그림과 같이 검은색 바둑돌을 지나지 않게 흰색 바둑돌을 2번, 3번, 4번 이동하는 것을 각각 표시하고, 이동한 방향과 칸 수를 써넣습니다.

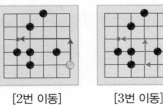

[2번 이동]　　　[3번 이동]　　　[4번 이동]

2

도형을 오른쪽으로 9번 뒤집으면 오른쪽으로 1번 뒤집은 도형과 같고,
위쪽으로 5번 뒤집으면 위쪽으로 1번 뒤집은 도형과 같습니다.

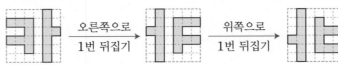

3

아래쪽으로 7번 뒤집은 도형은 아래쪽으로 1번 뒤집은 도형과 같습니다.
⟳만큼 돌렸을 때의 도형은 ⟲만큼 돌렸을 때의 도형과 같으므로
⟳만큼 5번 돌렸을 때의 도형은 ⟲만큼 5번 돌렸을 때의 도형과 같습니다.
⟳만큼 5번 돌렸을 때의 도형은 ⟳만큼 1번 돌렸을 때의 도형과 같습니다.

4 위쪽이나 아래쪽으로
뒤집기

왼쪽으로 9번 뒤집은 도형은 왼쪽으로 1번 뒤집은 도형과 같습니다.

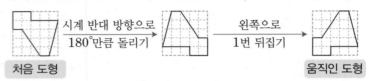

움직인 도형은 처음 도형의 위쪽과 아래쪽이 서로 바뀌었으므로 처음 도형을 위쪽이나
아래쪽으로 뒤집은 도형과 같습니다.

5

움직인 도형을 시계 방향으로 270°만큼 돌리고 오른쪽으로 5번 뒤집으면 처음 도형이
됩니다. 이때 오른쪽으로 5번 뒤집은 도형은 오른쪽으로 1번 뒤집은 도형과 같습니다.

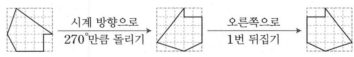

6 ©, ©, ©

빨간색 점을 기준으로 ⊙은 시계 방향으로 180°만큼 돌린 것이고, ©은 시계 방향으로
135°만큼 돌린 것이고, ©은 시계 방향으로 90°만큼 돌린 것입니다.

7 728

(예) 만들 수 있는 가장 작은 네 자리 수는 1058이므로 ⊙은 1028, ©은 8201, ©은
8501입니다. 따라서 ⊙+©−©=1028+8201−8501=728입니다.

채점 기준	배점
가장 작은 네 자리 수를 만들었나요?	1점
⊙, ©, ©을 각각 구했나요?	2점
⊙+©−©을 구했나요?	2점

참고

수의 크기를 비교하면 0<1<5<8이므로 만들 수 있는 가장 작은 네 자리 수는 **1058**입니다.

8 풀이 참조

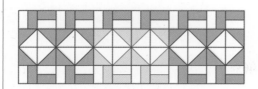

 모양을 오른쪽으로 미는 것을 반복하여 모양을 만들고 그 모양을 아래쪽으로 뒤집어서 만든 무늬입니다.

1 풀이 참조

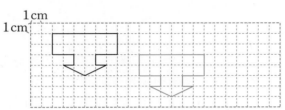

모눈 한 칸의 크기는 1 cm입니다. 도형을 오른쪽으로 8칸 옮기고 아래쪽으로 2칸 옮깁니다.

2 마, 라

㉠: 마 조각을 위쪽이나 아래쪽으로 뒤집습니다.
㉡: 라 조각을 시계 방향으로 90°만큼 돌립니다.

3

보기 는 글자를 왼쪽이나 오른쪽으로 뒤집고 시계 반대 방향으로 90°만큼 돌린 것입니다.

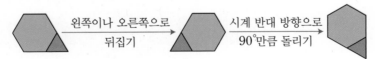

왼쪽이나 오른쪽으로
뒤집기

시계 반대 방향으로
90°만큼 돌리기

4

처음 도형은 을 ◔만큼 돌린 도형입니다. ◔만큼 돌린 도형은 ◔만큼 돌린 도형과 같습니다. ➡

처음 도형을 위쪽으로 뒤집은 도형은 오른쪽과 같습니다. ➡

5

점선을 기준으로 접었을 때 서로 겹치는 점을 찾으면 점 ㄱ은 점 ㄹ, 점 ㄴ은 점 ㄷ이므로 점 ㄷ과 점 ㄹ을 연결한 선분인 선분 ㄷㄹ은 선분 ㄱㄴ과 겹칩니다.

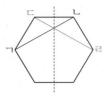

6 1시간 10분

 거울에 비친 모양이므로 왼쪽 또는 오른쪽으로 뒤집은 모양을 읽으면 시계가 가리키는 시각은 6시 50분입니다.
(책을 읽은 시간)=8시−6시 50분=1시간 10분

7

도장을 찍으면 글자는 왼쪽이나 오른쪽으로 뒤집은 모양으로 찍힙니다.
따라서 도장에는 찍힌 글자를 왼쪽이나 오른쪽으로 뒤집은 모양을 새겨야 합니다.

8 ㅂ

명령어대로 이동하며 칸을 색칠하면 ㅂ이 나타납니다.

서술형 **9** 풀이 참조 /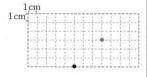

예 도형을 시계 방향으로 90°만큼 돌리는 규칙입니다.

채점 기준	배점
규칙을 찾아 설명했나요?	3점
규칙에 맞게 알맞은 도형을 그렸나요?	2점

10

점을 움직인 방향과 순서를 거꾸로 하여 이동하면 이동하기 전의 위치를 알 수 있습니다.
위쪽으로 6 cm, 왼쪽으로 2 cm 이동 ➡ 아래쪽으로 3 cm, 오른쪽으로 5 cm 이동

11

선 가를 기준으로 아래쪽으로 뒤집으면 도형의 위쪽과 아래쪽이 서로 바뀌고 이것을 처음 도형과 이어 시계 방향으로 270°만큼 돌리면 시계 반대 방향으로 90°만큼 돌린 것과 같습니다.

12 ㉢

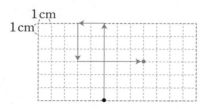 

따라서 ★이 있는 칸은 ㉢입니다.

5 막대그래프

1 120명

강아지의 막대 5칸이 20명을 나타내므로 가로 눈금 한 칸은 4명을 나타냅니다.

고양이: 8칸 → 32명, 토끼: 3칸 → 12명, 강아지 → 20명, 코끼리: 10칸 → 40명,

사자: 4칸 → 16명

따라서 은지네 학교 4학년 학생은 모두 32+12+20+40+16=120(명)입니다.

2 13칸

제기차기를 좋아하는 학생은 32명이고 막대가 16칸이므로 세로 눈금 한 칸은 2명을 나타냅니다.

(투호를 좋아하는 학생 수)=100-(18+32+24)=26(명)

투호를 좋아하는 학생이 26명이고 세로 눈금 한 칸이 2명을 나타내므로

투호는 세로 눈금 13칸으로 그려야 합니다.

서술형
3 20400원

⟮예⟯ 가로 눈금 5칸이 15개를 나타내므로 가로 눈금 한 칸은 3개를 나타냅니다.

판매한 지우개는 12개, 각도기는 24개입니다.

(지우개를 판매한 금액)=200×12=2400(원)

(각도기를 판매한 금액)=750×24=18000(원)

➡ (지우개와 각도기를 판매한 금액)=2400+18000=20400(원)

채점 기준	배점
지우개와 각도기를 판매한 금액을 각각 구했나요?	3점
지우개와 각도기를 판매한 금액을 구했나요?	2점

4 풀이 참조

가고 싶어 하는 나라별 학생 수

나라	영국	프랑스	일본	미국	합계
학생 수(명)	16	8	12	14	50

가고 싶어 하는 나라별 학생 수

가장 인기가 많은 나라에 가고 싶어 하는 학생이 16명이므로 표에서 16명인 나라는 영국과 프랑스 중 하나입니다.

막대그래프에서 영국과 프랑스 중 막대의 길이가 더 긴 것은 영국이므로 영국에 가고 싶어 하는 학생이 16명입니다.

세로 눈금 8칸이 16명을 나타내므로 세로 눈금 한 칸은 2명을 나타냅니다.

프랑스: 4칸 ➡ 8명

합계: 16+8+12+14=50(명)

막대그래프에서 세로 눈금 한 칸이 2명을 나타내므로 일본은 6칸, 미국은 7칸인 막대를 그립니다.

그래프 안에 세로 눈금의 수를 써넣는 것도 잊지 않고 나타냅니다.

5 풀이 참조

가고 싶어 하는 현장 체험 학습 장소별 학생 수

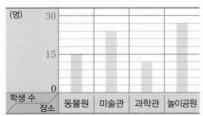

놀이공원의 막대는 9칸이고 27명을 나타내므로 세로 눈금 한 칸은 3명을 나타냅니다.

동물원: 5칸 ➡ 15명

과학관을 가고 싶어 하는 학생을 □명이라 하면 미술관을 가고 싶어 하는 학생은 (□×2)명입니다. 78명을 조사하였으므로 $15+□×2+□+27=78$, $□×3=36$, $□=12$

미술관을 가고 싶어 하는 학생은 24명, 과학관을 가고 싶어 하는 학생은 12명이므로 막대그래프에 미술관은 8칸, 과학관은 4칸인 막대를 그립니다. 그래프 안에 세로 눈금의 수를 써넣는 것도 잊지 않고 나타냅니다.

6 1000명

세로 눈금 5칸이 1000명을 나타내므로 세로 눈금 한 칸은 200명을 나타냅니다.

가 마을의 사람 수는 $2000+2800=4800$(명)이므로

다 마을의 여자는 $4800-2600=2200$(명)입니다.

(나와 다 마을의 남자 수의 합)$=2400+2600=5000$(명)

(나와 다 마을의 여자 수의 합)$=1800+2200=4000$(명)

따라서 나와 다 마을의 남자 수와 여자 수의 차는 $5000-4000=1000$(명)입니다.

7 4번

왼쪽 막대그래프에서 세로 눈금 한 칸은 3명을 나타내므로

윤호네 반인 2반의 학생은 $3×7=21$(명)입니다.

오른쪽 막대그래프에서 세로 눈금 한 칸은 1명을 나타내므로

나 놀이 기구에는 한 번에 6명이 탈 수 있습니다.

$21÷6=3⋯3$이므로 3번 운행하면 3명이 남습니다.

따라서 나 놀이 기구는 적어도 4번 운행해야 합니다.

다시 푸는

M A T H
MASTER

서술형 **1** 풀이 참조

㈎ 그래프: ⑩ 계절별로 남학생과 여학생 중 어느 학생들이 더 좋아하는지 알 수 있습니다.

㈏ 그래프: ⑩ 가장 많은 학생들이 좋아하는 계절을 알 수 있습니다.

채점 기준	배점
㈎ 또는 ㈏ 그래프의 알기 좋은 점을 하나만 설명했나요?	3점
㈎와 ㈏ 그래프의 알기 좋은 점을 모두 설명했나요?	2점

참고

㈎ 그래프는 계절별로 좋아하는 남학생 수, 여학생 수를 각각의 막대로 나타낸 것이고 ㈏ 그래프는 계절별로 남학생 수와 여학생 수를 하나의 막대로 나타낸 것입니다.

2 풀이 참조

⑩ 월별 최고 기온이 올라갈수록 차가운 음료 판매량이 늘어나고 있습니다.

3 30점

가로 눈금 한 칸은 2문제를 나타냅니다.
영지가 틀린 문제 수: 6문제 → 영지가 맞힌 문제 수: 14문제
수현이가 틀린 문제 수: 2문제 → 수현이가 맞힌 문제 수: 18문제
20문제에 100점 만점이므로 한 문제는 5점씩입니다.
정민: $5 \times 12 = 60$(점), 영지: $5 \times 14 = 70$(점),
수현: $5 \times 18 = 90$(점), 형민: $5 \times 16 = 80$(점)
따라서 수학 점수가 가장 높은 학생과 가장 낮은 학생의 점수의 차는
$90 - 60 = 30$(점)입니다.

4 2시간 15분

막대의 길이는 진우가 8칸, 준수가 5칸, 영일이가 9칸, 해진이가 6칸이므로
막대의 길이의 합은 $8 + 5 + 9 + 6 = 28$(칸)입니다.
28칸이 7시간을 나타내므로 세로 눈금 4칸은 1시간을 나타내고 세로 눈금 한 칸은 15분을 나타냅니다.
따라서 영일이가 컴퓨터를 사용한 시간은 $15 \times 9 = 135$(분)이므로 2시간 15분입니다.

5 6명

세로 눈금 한 칸이 1명을 나타내므로 운동이 취미인 학생은 8명, 독서가 취미인 학생은 4명입니다.
음악 감상이 취미인 학생을 □명이라 하면 요리가 취미인 학생은 (□+2)명이고 전체 학생이 22명이므로
$8 + 4 + □ + 2 + □ = 22$, $□ + □ = 8$, $□ = 4$
따라서 요리가 취미인 학생은 $4 + 2 = 6$(명)입니다.

6 16점

한 학생당 화살 10개를 쏘았으므로 (7점짜리 화살 수)+(3점짜리 화살 수)=10을 이용하여 각 점수에 맞힌 화살 수를 구합니다.

이름	주혜		정원		영준		경수	
과녁의 점수	7점	3점	7점	3점	7점	3점	7점	3점
맞힌 화살 수(개)	6	4	3	7	7	3	5	5
점수(점)	$7 \times 6 + 3 \times 4 = 54$		$7 \times 3 + 3 \times 7 = 42$		$7 \times 7 + 3 \times 3 = 58$		$7 \times 5 + 3 \times 5 = 50$	

점수가 가장 높은 학생은 영준(58점)이고 점수가 가장 낮은 학생은 정원(42점)입니다.
➡ $58 - 42 = 16$(점)

7 10번

세로 눈금 한 칸이 1번을 나타내므로 ⚀: 7번, ⚁: 3번, ⚂: 6번, ⚃: 5번 나왔습니다.
(1의 눈의 수의 합)+(2의 눈의 수의 합)+(4의 눈의 수의 합)+(6의 눈의 수의 합)
$= 1 \times 7 + 2 \times 3 + 4 \times 6 + 6 \times 5$
$= 7 + 6 + 24 + 30 = 67$
(3의 눈이 나온 횟수)+(5의 눈이 나온 횟수)
$= 36 - (7 + 3 + 6 + 5) = 15$(번)

(3의 눈의 수의 합)+(5의 눈의 수의 합)=132-67=65

3의 눈이 0번, 5의 눈이 15번 나왔을 때 $3×0+5×15=75$

3의 눈이 1번, 5의 눈이 14번 나왔을 때 $3×1+5×14=73$

$\vdots$

3의 눈이 5번, 5의 눈이 10번 나왔을 때 $3×5+5×10=65$

따라서 5의 눈이 나온 횟수는 10번입니다.

8 (1) 풀이 참조
　　(2) 풀이 참조

(1) 요일별 팔린 동화책과 만화책 수　　　　요일별 동화책과 만화책의 판매 금액

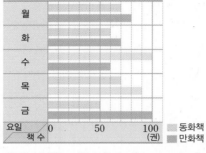

왼쪽 막대그래프에서 가로 눈금 한 칸이 10권을 나타내므로

수요일에 팔린 만화책은 60권이고, 동화책은 $60+40=100$(권)입니다.

➡ (수요일의 판매 금액)$=5000×100+3000×60=680000$(원)

왼쪽 막대그래프에서 금요일에 팔린 동화책은 50권, 만화책은 100권입니다.

➡ (금요일의 판매 금액)$=5000×50+3000×100=550000$(원)

왼쪽 막대그래프에서 목요일에 팔린 동화책은 70권, 만화책 수를 □권이라 하면 오른쪽 막대그래프에서 목요일의 판매 금액은 620000원이므로

$5000×70+3000×□=620000$, $350000+3000×□=620000$,

$3000×□=620000-350000$, $3000×□=270000$, $3×9=27$이므로 $□=90$

(2) **예** • 수요일의 판매 금액이 가장 많습니다.

　　• 화요일의 판매 금액이 가장 적습니다.

　　• 금요일에 동화책이 가장 적게 팔렸습니다.

여러 가지로 답할 수 있습니다.

6 규칙 찾기

1 69208

예 70213부터 시작하여 ↘ 방향으로 201씩 작아지는 규칙입니다.

따라서 ♣에 알맞은 수는 69409보다 201만큼 더 작은 수인 69208입니다.

채점 기준	배점
수 배열표에서 규칙을 찾았나요?	2점
♣에 알맞은 수를 구했나요?	3점

2 66개

순서		첫째	둘째	셋째	넷째	⋯	■째
식	검은색 바둑돌	1	1+2	1+2+3	1+2+3+4	⋯	1+2+3+4 +⋯+■
	흰색 바둑돌	2+3	3+4	4+5	5+6	⋯	(■+1)+(■+2)

흰색 바둑돌이 25개이면 (■+1)+(■+2)=25, ■+■=22, ■=11이므로 11째입니다.

따라서 11째에 놓인 검은색 바둑돌은 $1+2+3+\cdots+11=66$(개)입니다.

3 데카르트

5만큼 작아집니다.
$35+6=30+11 \Rightarrow \bigcirc=6$
5만큼 커집니다.

2배가 됩니다.
$24 \div 3 = 48 \div 6 \Rightarrow \bigcirc = 3$
2배가 됩니다.

2배가 됩니다.
$9 \times 10 = 18 \times 5 \Rightarrow \bigcirc = 5$
2로 나눈 몫입니다.

같습니다.
$52 - 9 = 72 - 20 - 9 \Rightarrow \bigcirc = 9$
같습니다.

따라서 찾은 글자로 단어를 만들어 보면 '데카르트'입니다.

4 77777×99999
   $= 7777622223$

7, 77, 777, ⋯과 같이 7이 한 개씩 늘어나는 수에 9, 99, 999, ⋯와 같이 9가 한 개씩 늘어나는 수를 곱하면 계산 결과는 63, 7623, 776223, ⋯과 같이 6 앞에 7이 한 개씩 늘어나고 3 앞에 2가 한 개씩 늘어납니다.

5 (1) 272 (2) 909

(1) $20+24+28+32+36+40+44+48 = 68 \times 4 = 272$
(2) $93+95+97+99+101+103+105+107+109$
   $= 202 \times 4 + 101 = 808 + 101 = 909$

6

16	2	12
6	10	14
8	18	4

두 줄의 수의 합을 등호(=)가 있는 하나의 식으로 나타냅니다.

16	가	12
나	10	14
다	라	4

−2
$16+가+12=12+14+4, \ 16+가=14+4, \ 가=2$
+2

−6
$나+10+14=12+14+4, \ 나+10=12+4, \ 나=6$
+6

+4
$12+10+다=12+14+4, \ 10+다=14+4, \ 다=8$
−4

−6
$16+가+12=가+10+라, \ 16+12=10+라, \ 라=18$
+6

7 17개

도형을 처음 만들 때 면봉이 5개 필요하고 도형을 한 개 더 만들 때마다 면봉은 4개씩 더 필요합니다.

(■개의 도형을 만들 때 필요한 면봉 수)$=5+4\times(■-1)$

(도형 16개를 만들 때 필요한 면봉 수)$=5+4\times(16-1)=5+4\times15=65$(개)

(도형 17개를 만들 때 필요한 면봉 수)$=5+4\times(17-1)=5+4\times16=69$(개)

따라서 면봉 70개로 만들 수 있는 도형은 17개입니다.

8 22

안에 있는 5개의 수 중 가장 작은 수를 □라 하면

5개의 수는 □, □$+1$, □$+2$, □$+7$, □$+9$이므로

□$+($□$+1)+($□$+2)+($□$+7)+($□$+9)=129$, □$\times5+19=129$,

□$\times5=110$, □$=22$입니다.

따라서 합이 129인 5개의 수 중에서 가장 작은 수는 22입니다.

9 76

맨 왼쪽 세로줄에 놓인 수들의 규칙을 알아봅니다.

$1, 4=2\times2, 9=3\times3, 16=4\times4, 25=5\times5$이므로

$6\times6=36, 7\times7=49, 8\times8=64, 9\times9=81$입니다.

★이 있는 가로줄의 첫째 수는 81입니다.

따라서 ★이 있는 가로줄은 81, 80, 79, 78, 77, 76이므로 ★에 알맞은 수는 76입니다.

---

1 256개

순서	첫째	둘째	셋째
식	1	1+3	1+3+5

➡ (16째에 쌓을 쌓기나무 수)$=1+3+5+7+9+\cdots+31=256$(개)

2 4쌍

빼지는 수가 41에서 36으로 5만큼 작아졌으므로 빼는 수는 ㉠에서 ㉡으로 5만큼 작아져야 등호($=$) 양쪽의 계산 결과가 같습니다.

(㉠, ㉡)은 (6, 1), (7, 2), (8, 3), (9, 4)로 모두 4쌍입니다.

3 88880, 888880, 8888880, 88888880, 888888880, 8888888880

9, 98, 987, …과 같이 자리 수가 한 개씩 늘어나는 수에 9를 곱하고 1, 2, 3, …과 같이 1씩 커지는 수를 빼면 계산 결과는 80, 880, 8880, …과 같이 8이 한 개씩 늘어납니다.

4 64조각

자른 횟수(번)	1	2	3	4
조각의 수(조각)	2	2×2	$2 \times 2 \times 2$	$2 \times 2 \times 2 \times 2$

따라서 규칙에 따라 여섯 번 자르면 $2 \times 2 \times 2 \times 2 \times 2 \times 2 = 64$(조각)이 됩니다.

서술형
5 풀이 참조, 10

예 각 줄의 첫째 수는 1, 2, 3, 4, 5, …로 1씩 커지고
각 줄의 수는 첫째 수부터 1씩 커집니다.

채점 기준	배점
수 배열의 규칙을 찾아 썼나요?	2점
♥에 알맞은 수를 구했나요?	3점

6 54, 56, 63, 70, 72

12를 기준으로 $3 = 12 - 9$, $5 = 12 - 7$, $19 = 12 + 7$, $21 = 12 + 9$입니다.
$(12 - 9) + (12 - 7) + 12 + (12 + 7) + (12 + 9) = 12 \times 5 = 60$이므로 5개의 수의 합은 가운데 수의 5배입니다.
5개의 수의 합이 315이고 가운데 수를 □라 하면 $□ \times 5 = 315$, $□ = 63$이므로
5개의 수는 $63 - 9 = 54$, $63 - 7 = 56$, 63, $63 + 7 = 70$, $63 + 9 = 72$입니다.

7 25

$4 + 10 = 14$, $1 + 2 + 15 = 18$, $2 + 9 + 12 = 23$, $3 + 5 + 7 = 15$
➡ 앞의 수의 각 자리 숫자를 더한 후 뒤의 수를 더한 것입니다.
➡ $4 + 8 + 13 = 25$

8 2개

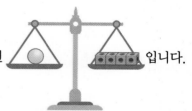

가 저울의 양쪽에서 똑같이 🎲 4개와 ⚪ 1개를 덜어 내면 ⚪ = 🎲🎲🎲 입니다.

저울 양쪽의 무게가 같으므로 식으로 나타내면 ⚪ = 🎲 + 🎲 + 🎲 + 🎲 입니다.
나 저울의 ⚪ + 🎲 + 🎲 + 🎲 + 🎲 에서 🎲 + 🎲 + 🎲 + 🎲 대신에 ⚪을 넣으면
⚪ + 🎲 + 🎲 + 🎲 + 🎲 = ⚪ + ⚪ 입니다.
따라서 나 저울의 오른쪽에는 ⚪을 2개 올려야 합니다.

9 $\dfrac{13}{23}$, $\dfrac{25}{44}$

분모의 규칙을 알아봅니다.
2 9 16 □ 30 37 ■
   +7 +7 +7 +7 +7 +7

$□ = 16 + 7 = 23$, $■ = 37 + 7 = 44$
분자의 규칙을 알아봅니다.
1 5 9 △ 17 21 ▲
  +4 +4 +4 +4 +4 +4

$△ = 9 + 4 = 13$, $▲ = 21 + 4 = 25$
➡ $\dfrac{△}{□} = \dfrac{13}{23}$, $\dfrac{▲}{■} = \dfrac{25}{44}$

10 40891

$$73491 \quad 73891 \quad 66891 \quad 67291 \quad 60291 \quad 60691$$
$$\quad +400 \quad -7000 \quad +400 \quad -7000 \quad +400$$

번갈아 가며 400만큼 더 커지고 7000만큼 더 작아지는 규칙이므로

73491부터 셋째, 다섯째, 일곱째, 아홉째, 11째 수는 6600씩 작아지는 규칙입니다.

    ①   ③   ⑤   ⑦   ⑨   ⑪

73491－66891－60291－53691－47091－40491

11째 수가 40491이므로 12째 수는 40491보다 400만큼 더 큰 40891입니다.

11 (1) 14째   (2) 81

(1) 각 카드의 첫째 수는 1, 3, 5, …이므로 ■째 카드의 첫째 수는 ■×2－1입니다.

   카드의 다섯째 수는 홀수이므로 30이 처음 나오는 카드는 30이 넷째 수인

   27, 28, 29, 30, 31 입니다.

   ■×2－1＝27, ■＝14에서 14째 카드입니다.

(2) 카드마다 5개의 수가 있으므로 198÷5＝39…3에서 198째 수는 40째 카드의 셋째 수입니다.

   40째 카드는 40×2－1＝79부터 시작하므로 79, 80, 81, 82, 83 에서 셋째 수는 81입니다.